"十三五"国家重点图书
纺织前沿技术出版工程

环境光催化净化功能
纺织品关键技术

董永春　主编

中国纺织出版社有限公司

内 容 提 要

基于光催化技术的环境净化功能纺织品能够利用太阳光实现环境污染物的净化功能,是一类重要的环境净化材料。本书介绍了环境净化纺织品的定义、作用和分类方法等,并在系统介绍光催化技术原理和应用的基础上,针对环境中所存在的不同污染物,重点介绍了基于不同光催化技术的环境净化功能纺织品的制备方法、作用原理和应用技术。

本书能使读者从多角度了解现代纺织工业中出现的新材料和新技术,适合纺织、材料、环境等专业的科研人员、技术人员和院校相关专业的师生阅读,对于研发适应时代发展的功能纺织品具有指导和借鉴作用。

图书在版编目(CIP)数据

环境光催化净化功能纺织品关键技术/董永春主编. --北京:中国纺织出版社有限公司, 2020.8

"十三五"国家重点图书 纺织前沿技术出版工程
ISBN 978-7-5180-7310-8

Ⅰ. ①环… Ⅱ. ①董… Ⅲ. ①光催化—应用—生态纺织品—研究 Ⅳ. ①TS1

中国版本图书馆 CIP 数据核字(2020)第 060826 号

责任编辑:孔会云　　特约编辑:陈怡晓　　责任校对:楼旭红
责任印制:何　建

中国纺织出版社有限公司出版发行
地址:北京市朝阳区百子湾东里 A407 号楼　邮政编码:100124
销售电话:010—67004422　传真:010—87155801
http://www.c-textilep.com
中国纺织出版社天猫旗舰店
官方微博 http://weibo.com/2119887771
北京玺诚印务有限公司印刷　各地新华书店经销
2020 年 8 月第 1 版第 1 次印刷
开本:710×1000　1/16　印张:20.25
字数:300 千字　定价:128.00 元

前　言

地球是人类赖以生存的家园,然而随着人类文明的不断进步,特别是工业现代化的快速发展,自然环境不断受到破坏,生态危机时有发生,不仅严重威胁人体健康,而且影响人类社会的可持续发展。因此对生态环境的保护和环境污染的控制刻不容缓,而环境净化材料在其中发挥着极为重要的作用。

近年来,我国纺织工业正处于创建世界一流纺织强国的进程中,功能纺织品的研发方兴未艾,新产品层出不穷。环境净化纺织品是一类具有控制和消除环境中不同污染物的功能纺织品,由于纤维材料的结构特性,环境净化纺织品显示出优良的净化效率,特别是光催化技术的引入使其净化特性更加突出,在水体和室内空气环境的净化、生物污染控制以及自清洁材料的加工和制备中得到了广泛关注和应用。

为此,我们本着应用纺织科学技术解决环境污染问题的初心,在十余年的科研和教学积淀的基础上,尤其是结合近年来研究工作的体会和感悟,将纤维科学、光催化技术和环境化学等相结合,较系统地介绍了环境净化纺织品的概念、分类和作用等,并对多种基于不同光催化技术的环境净化纺织品的制备方法、作用原理和应用技术等进行了较为详尽的总结和介绍,初步构建了基于光催化技术的环境净化纺织品制造和应用体系。

本书跨越纺织工程和环境科学两个学科领域,一方面使纺织工程领域的读者了解和掌握环境净化技术对纺织品的基本要求,有针对性地开发适合环境净化需要的纺织产品;另一方面使环境科学领域的读者增加对纤维材料和纺织品加工的认识,有目的性地将纤维材料应用于污染物控制技术中,以达到保护生态环境和实现可持续发展的根本目标。

全书由董永春教授主持编写,李冰和王鹏参加了部分章节的编写工作。边立然、顾家玉、牛迁迁、文洪杰、孙璇、严英文、江标和于宽宽等完成了部分文献的收集、翻译和相关章节初稿的写作以及书稿格式整理和图表绘制等工作,在此一并表示衷心的感谢。

本书所使用的文献主要来自天津工业大学纺织学院纺织化学与环境科学课题组十余年来发表的中英文期刊论文、会议论文、专利和书籍以及部分优秀博士和硕士毕业论文等资料。此外,我们还选择性地引用了其他大学和研究机构近年来所发

1

表的相关研究论文等文献。最后,特别感谢本课题组的合作方南开大学国家环境保护城市空气颗粒物污染防治重点实验室、福州大学国家光催化工程技术研究中心、中国科学院生态环境研究中心、中国纺织科学研究院和江苏腾盛纺织科技集团等多年来对我们研究工作的大力支持和帮助。

此书的出版意在抛砖引玉,由于作者学术水平有限,在文献的采集加工和编写过程中难免出现纰漏和偏颇之处,尚请读者和同行不吝赐教以正之。

董永春谨识
2019 年中秋于沽上精武镇

目　　录

第1章　环境净化纺织品的概念、主要特点和制备技术 ……………………… 1

1.1　环境污染及其控制技术 ……………………………………………… 1

1.2　环境净化纺织品的定义、特点和分类 …………………………………… 2

　1.2.1　环境净化纺织品的定义 ……………………………………… 2

　1.2.2　环境净化纺织品的特点 ……………………………………… 3

　1.2.3　环境净化纺织品的分类 ……………………………………… 3

1.3　环境净化纺织品的主要制备技术 ……………………………………… 3

　1.3.1　纺丝技术 ……………………………………………………… 4

　1.3.2　后整理技术 …………………………………………………… 6

　1.3.3　纤维表面改性技术 …………………………………………… 8

1.4　光催化技术在环境净化纺织品中的应用 ……………………………… 11

第2章　光催化技术理论与应用原理 ……………………………………… 14

2.1　光催化的概念 …………………………………………………………… 14

2.2　常用光催化剂的结构特征和分类 ……………………………………… 14

　2.2.1　高分子金属配合物光催化剂的结构和催化性能 …………… 15

　2.2.2　纳米半导体光催化剂的结构特征 …………………………… 17

2.3　两类重要光催化剂的作用原理 ………………………………………… 19

　2.3.1　基于高分子铁配合物的非均相 Fenton 反应光催化剂 …… 19

　2.3.2　纳米 TiO_2 光催化剂 ………………………………………… 21

2.4　光催化效应高分子金属配合物的制备技术 …………………………… 25

　2.4.1　高分子金属配合物的主要合成方法 ………………………… 25

2.4.2 高分子金属配合物的类型 ·· 26

2.5 纳米 TiO_2 光催化剂的主要合成方法 ································· 26

   2.5.1 固相法 ··· 27

   2.5.2 气相法 ··· 27

   2.5.3 液相法 ··· 27

2.6 其他光催化剂及其合成技术 ··· 29

   2.6.1 纳米 ZnO ·· 29

   2.6.2 金属酞菁化合物 ·· 30

   2.6.3 MOFs 材料 ·· 33

   2.6.4 Ag_3PO_4 ··· 36

   2.6.5 Cu_2O ··· 37

第3章 基于光催化技术的水体净化纺织品制备与应用 ················ 39

3.1 印染废水中的主要污染物及其净化技术 ························· 39

   3.1.1 印染废水的主要组成 ·· 39

   3.1.2 印染废水的水质分析 ·· 40

   3.1.3 印染废水的主要处理技术 ·· 41

3.2 改性 PAN 纤维金属配合物制备和光吸收性能 ················· 44

   3.2.1 不同改性 PAN 纤维配体的合成方法 ······························ 44

   3.2.2 不同改性 PAN 纤维配体与 Fe^{3+} 的配位反应 ····················· 46

   3.2.3 偕胺肟改性 PAN 纤维双金属配合物的制备 ······················ 49

   3.2.4 不同改性 PAN 纤维金属配合物的光吸收性能 ···················· 51

3.3 改性 PTFE 纤维金属配合物的制备和光吸收性能 ············· 52

   3.3.1 丙烯酸对 PTFE 纤维的表面接枝聚合改性反应 ··················· 53

   3.3.2 聚丙烯酸改性 PTFE 纤维与 Fe^{3+} 的配位反应 ···················· 54

   3.3.3 聚丙烯酸改性 PTFE 纤维与其他金属离子的配位反应 ············· 56

   3.3.4 聚丙烯酸改性 PTFE 纤维双金属配合物的制备 ··················· 58

3.3.5　改性 PTFE 纤维金属配合物的光吸收性能 ·················· 59

3.3.6　磺酸基改性 PTFE 纤维铁配合物的制备 ················· 60

3.4　改性 PP 纤维金属配合物的制备和光吸收性能 ·················· 64

3.4.1　丙烯酸对 PP 纤维的表面接枝改性反应 ················· 64

3.4.2　聚丙烯酸改性 PP 纤维与金属离子的配位反应 ············ 66

3.4.3　聚丙烯酸改性 PP 纤维铁配合物的光吸收性能 ············ 69

3.5　改性棉纤维金属配合物的制备和光吸收性能 ··················· 70

3.5.1　多元羧酸对棉纤维改性反应原理 ······················· 71

3.5.2　多元羧酸对棉织物的改性反应工艺 ····················· 72

3.5.3　多元羧酸改性棉织物与 Fe^{3+} 的配位反应 ················ 75

3.5.4　羟基羧酸改性棉纤维铁配合物的制备 ··················· 76

3.5.5　乙二胺四乙酸(EDTA)改性棉纤维铁配合物的制备 ······· 79

3.5.6　改性棉纤维铁配合物的光吸收性能 ····················· 81

3.6　海藻纤维铁配合物的制备与光吸收性能 ······················· 82

3.6.1　海藻纤维的结构与主要特性 ··························· 82

3.6.2　海藻纤维与金属离子的配位反应 ······················· 83

3.6.3　海藻纤维与其他含羧酸纤维配位反应性能比较 ············ 85

3.6.4　海藻纤维铁配合物的光吸收性 ························· 90

3.7　羊毛纤维金属配合物的制备和光吸收性能 ····················· 91

3.7.1　羊毛纤维与 Fe^{3+} 的配位反应 ························· 91

3.7.2　不同直径和鳞片结构的羊毛纤维铁配合物的制备 ·········· 93

3.7.3　羊毛纤维铁铜双金属配合物的制备 ····················· 95

3.7.4　染色羊毛纤维的应用 ································· 96

3.7.5　羊毛纤维金属配合物的光吸收性能 ····················· 97

3.8　基于纤维金属配合物的水体净化纺织品成形技术 ················ 97

3.8.1　PAN/PP 混纺针织物的制备和应用 ····················· 98

3.8.2　PAN/PET 包芯纱线网状机织物的制备与应用 ··········· 102

3.8.3　海藻纤维/棉/PET 包芯纱线机织物的制备与应用 ·············· 108

3.9　基于纳米纤维的水体净化纺织品的制备技术 ··············· 110

3.9.1　使用静电纺丝技术制备 PAN 纳米纤维膜 ·············· 111

3.9.2　偕胺肟改性 PAN 纳米纤维铁配合物的制备 ·············· 113

3.9.3　混合改性 PAN 纳米纤维铁配合物的制备 ·············· 115

3.9.4　改性 PAN 纳米纤维铁配合物的光吸收性能 ·············· 119

3.10　基于其他光催化技术的水体净化纺织品制备 ··············· 120

3.10.1　金属酞菁负载纤维织物 ·············· 120

3.10.2　Ag_3PO_4 负载纤维织物 ·············· 122

3.10.3　MOFs 负载纤维织物 ·············· 123

3.10.4　Cu_2O 负载纤维织物 ·············· 124

3.11　水体净化纺织品的光催化作用原理和应用 ··············· 126

3.11.1　改性 PAN 纤维金属配合物对染料降解反应的催化作用 ·············· 126

3.11.2　含羧酸纤维铁配合物的光催化特性 ·············· 140

3.11.3　不同多元羧酸改性棉纤维铁配合物的光催化作用 ·············· 147

3.11.4　Fe-PAA-g-PP/SPS 体系的光催化氧化降解性能 ·············· 151

3.11.5　EDTA 改性棉纤维铁配合物对 Cr(Ⅵ)的光催化还原去除 ·············· 156

3.11.6　CA/EDTA 改性棉纤维铁配合物对染料和 Cr(Ⅵ)的同时去除 ····· 164

第4章　基于光催化技术的空气净化纺织品制备与应用 ··············· 166

4.1　室内空气中的主要污染物及其净化方法 ··············· 166

4.1.1　室内空气主要污染物及其来源 ·············· 166

4.1.2　室内空气典型污染物性质和危害 ·············· 167

4.1.3　室内空气污染物的主要控制技术 ·············· 169

4.2　基于纳米 TiO_2 的空气净化纺织品制备技术 ··············· 171

4.2.1　使用纳米 TiO_2 水分散液对织物后整理 ·············· 171

4.2.2　使用纳米 TiO_2 水溶胶对织物后整理 ·············· 181

4.3　基于金属酞菁的空气净化纺织品制备技术 ⋯⋯⋯⋯⋯⋯⋯⋯ 191

4.3.1　金属酞菁化合物的合成方法 ⋯⋯⋯⋯⋯⋯⋯⋯ 191

4.3.2　金属酞菁化合物在纤维表面的负载工艺 ⋯⋯⋯⋯⋯ 193

4.3.3　金属酞菁负载纤维对空气中含硫化合物的净化作用 ⋯ 194

4.4　纳米 TiO_2 负载织物空气净化性能改进技术 ⋯⋯⋯⋯⋯⋯⋯⋯ 195

4.4.1　染料敏化纳米 TiO_2 负载织物 ⋯⋯⋯⋯⋯⋯⋯⋯⋯ 195

4.4.2　纳米 Ag/TiO_2 负载织物 ⋯⋯⋯⋯⋯⋯⋯⋯⋯⋯ 203

4.4.3　纳米 Ag_3PO_4/TiO_2 负载织物 ⋯⋯⋯⋯⋯⋯⋯⋯ 205

4.4.4　纳米 CdS/TiO_2 负载织物 ⋯⋯⋯⋯⋯⋯⋯⋯⋯⋯ 206

4.4.5　纳米 TiO_2/活性碳纤维复合材料 ⋯⋯⋯⋯⋯⋯⋯ 208

4.4.6　电气石/纳米 TiO_2 负载羊毛过滤材料 ⋯⋯⋯⋯⋯ 210

4.5　纳米 TiO_2 负载织物对室内空气污染物的净化原理 ⋯⋯⋯⋯⋯ 212

4.5.1　对甲醛的光催化降解反应 ⋯⋯⋯⋯⋯⋯⋯⋯⋯⋯ 212

4.5.2　对氨气的光催化氧化降解反应 ⋯⋯⋯⋯⋯⋯⋯⋯ 213

4.5.3　对 VOCs 的光催化氧化降解反应 ⋯⋯⋯⋯⋯⋯⋯ 215

第5章　基于光催化技术的生物污染控制用纺织品的制备与应用 ⋯⋯⋯⋯ 218

5.1　生物污染源及其主要净化技术 ⋯⋯⋯⋯⋯⋯⋯⋯⋯⋯⋯⋯⋯ 218

5.1.1　生物污染源的分类 ⋯⋯⋯⋯⋯⋯⋯⋯⋯⋯⋯⋯ 218

5.1.2　人类生活环境中的微生物污染 ⋯⋯⋯⋯⋯⋯⋯⋯ 220

5.1.3　生物污染的控制技术 ⋯⋯⋯⋯⋯⋯⋯⋯⋯⋯⋯ 222

5.2　基于光催化技术的生物污染净化纺织品制备方法 ⋯⋯⋯⋯⋯⋯ 224

5.2.1　纳米 TiO_2 负载织物 ⋯⋯⋯⋯⋯⋯⋯⋯⋯⋯⋯⋯ 224

5.2.2　纳米 ZnO 负载织物 ⋯⋯⋯⋯⋯⋯⋯⋯⋯⋯⋯⋯ 228

5.2.3　多元羧酸改性棉纤维铁配合物 ⋯⋯⋯⋯⋯⋯⋯⋯ 231

5.3　基于复合技术的生物污染净化纺织品制备方法 ⋯⋯⋯⋯⋯⋯⋯ 233

5.3.1　Ag/纳米 TiO_2 复合技术 ⋯⋯⋯⋯⋯⋯⋯⋯⋯⋯ 233

5.3.2 壳聚糖/纳米 TiO_2 复合技术 ……………………… 235

5.3.3 AgBr/ZnO/BiOBr 复合技术 ………………………… 236

5.4 生物污染净化纺织品的光催化作用原理 …………… 238

5.4.1 纳米 TiO_2 负载织物的抗菌机理 ………………… 238

5.4.2 纳米 ZnO 负载织物的抗菌机理 ………………… 240

5.4.3 基于纳米 Ag/TiO_2 复合技术的抗菌机理 ……… 243

第6章 基于光催化技术的自清洁纺织品的制备与应用 ……… 245

6.1 表面自清洁技术的概念、分类和作用 ……………… 245

6.2 基于纳米 TiO_2 自清洁纺织品制备技术 …………… 247

6.2.1 浸轧工艺 ………………………………………… 247

6.2.2 涂层工艺 ………………………………………… 252

6.2.3 浸染工艺 ………………………………………… 255

6.3 自清洁纺织品对不同染料的去除作用和机理 ……… 259

6.3.1 偶氮染料 ………………………………………… 259

6.3.2 杂环染料 ………………………………………… 260

6.3.3 三种不同结构染料的比较 ……………………… 261

6.3.4 自清洁过程中染料降解机理 …………………… 263

6.4 自清洁纺织品对实际污垢的去除效应 ……………… 266

6.4.1 自清洁棉织物 …………………………………… 266

6.4.2 自清洁涤纶织物 ………………………………… 270

6.4.3 自清洁羊毛织物 ………………………………… 270

第7章 基于光催化技术的环境净化纺织品循环利用与生态毒理学 ……… 272

7.1 纤维材料的生物降解性 ……………………………… 272

7.1.1 纤维材料在自然环境中的主要降解途径 ……… 272

7.1.2 纤维材料的生物降解反应基本过程 …………… 273

7.1.3　常见纤维的生物降解特性 ……………………………………… 274

7.2　环境净化用光催化剂的毒理学 ……………………………………… 276

7.2.1　纳米 TiO_2 光催化剂 ……………………………………… 276

7.2.2　纳米 ZnO 光催化剂 ……………………………………… 279

7.2.3　金属离子的毒理学性质 ……………………………………… 279

7.2.4　其他化合物 ……………………………………… 281

7.3　环境净化纺织品在制备和应用中的力学性能变化 …………………… 281

7.3.1　纤维金属配合物 ……………………………………… 282

7.3.2　纳米 TiO_2 负载织物 ……………………………………… 289

7.4　环境净化纺织品作为光催化剂的失活和再生 ………………………… 292

7.4.1　关于催化剂的失活与再生理论 ……………………………… 292

7.4.2　纤维金属配合物的失活和再生 ……………………………… 294

7.4.3　纳米 TiO_2 负载织物的耐久性改善和循环利用 ………………… 297

参考文献 ……………………………………………………………………… 301

第1章 环境净化纺织品的概念、主要特点和制备技术

1.1 环境污染及其控制技术

近三十年来，我国工业现代化和经济的快速发展，生态环境污染问题日趋严重，影响了人民生活质量的提高和社会的可持续发展。目前我国年平均工业废水排放总量已逾千亿吨，水体中持久性有机污染物和重金属离子不仅影响水生生物的生长和繁殖，毒害生物体的神经和血管系统，也可能引发人体疾病，甚至导致癌症等。为了控制水体污染物含量，减少其对环境和生物的危害，目前已经开发出基于物理学、化学和生物学等原理的多种工业废水处理技术。其中吸附法、絮凝法、氧化法、生物法和膜过滤等技术是废水处理技术的典型代表。

吸附法操作过程简单易行，但存在易饱和及难以净化彻底等问题。生物法主要包括好氧处理技术和厌氧处理技术，可以有效去除污水中的有机污染物，但是存在总有机碳去除率低、对 pH 适应性差和对污染物有选择性等缺点。凝絮法和氧化法都是基于化学反应的废水处理方法，其中前者虽然工艺流程简单、操作方便，但是运行成本高，产生的化学污泥多且需要进一步的处理，后者则存在步骤烦琐，反应过程缓慢，成本偏高和易产生有害物质而导致水体二次污染等问题。膜过滤技术能够很好地去除废水中的持久性有机污染物和重金属离子，对废水的净化性能优良，但是其运行成本过高，难以大规模应用。近年来在化学氧化法基础上发展起来的高级氧化技术（AOTs）已经引起了学术界和工业界的广泛关注，这是因为其对以有机染料为代表的有机污染物具有快速降解和高效去除的特点，特别是利用基于非均相 Fenton 反应的高级氧化技术，不仅具有氧化速率快、去除效率高、使用范围广和无二次污染等优势，而且还可以开发出种类较多的环境净化材料，在工业化废水污染控制和水体修复等方面显示出巨大的发展潜力。

另外，改革开放以来，人们生活居住条件明显改善。在室内装饰中，化学合

成装饰材料和家用电器得到广泛使用，引发了普遍性的室内环境空气污染问题，对人体健康造成威胁。研究表明，引起室内空气污染的主要物质是甲醛、氨气和以苯系物为代表的挥发性有机化合物（VOCs）等，而其中对人体危害最严重的是甲醛，它已被世界卫生组织（WHO）确定为致癌和致畸性物质。室内空气中氨气和VOCs的污染加剧，导致居住人群发生多种不适和病痛。为使人类免受甲醛等污染物的侵害，近年来，关于室内空气污染物的处理方法层出不穷，其中物理吸附法和化学氧化技术等是目前广泛使用的典型室内空气净化方法。基于活性炭材料的吸附技术尽管具有去除速率快等优点，但当其达到吸附平衡后，被吸附的甲醛易受室内环境的影响出现脱附现象，长期净化效果不佳。而基于纳米 TiO_2 等半导体光催化剂的光催化氧化技术具有净化效率高、应用范围广且运行成本相对较低等特点，不仅能够利用太阳光催化氧化分解空气污染物，并能将其转化为水和 CO_2 等无害物质，还可以被负载于多种材料表面，加工成形式多样的环境净化材料，有利于商业化应用。

1.2 环境净化纺织品的定义、特点和分类

具有环境净化功能的纺织品是环境净化材料最重要的分支之一，这主要是因为纤维材料所表现出的独特结构和性能：①具有多孔性，比表面积远大于块状或片状材料，这为功能化合物的负载和污染物的吸附提供了有利条件。②通常柔软而有弹性，种类繁多，易于工业化生产，价格低廉，易于更换。③具有可纺织性，可灵活地进行结构设计，满足不同形式的需要，可设计成多种机织物、针织物和无纺织物，根据净化场所及器件的不同要求进行成型加工。近年来国内外关于环境净化纺织品的制备和应用技术研发不断推进，在多种环境污染的控制，特别是水体净化、空气污染控制、抗菌防臭、自清洁和噪声消减等方面都显示出巨大的应用潜力和发展前景。

1.2.1 环境净化纺织品的定义

环境净化纺织品（textile for environmental care）通常是指除纤维材料及其纺织品所具有的机械力学性能之外，还具有对水体、空气或土壤等生态环境中的化学污染物、生物污染物以及噪声、电磁波和紫外线等具有抑制、分解、阻隔或吸收等特殊性能的一类功能纤维制品的总称。

1.2.2　环境净化纺织品的特点

环境净化纺织品的主要特点是对污染自然环境和人类生活空间的化合物或有害生物体等表现出控制、消除或灭杀作用，达到保护生态环境和有利于人体健康的目的。

1.2.3　环境净化纺织品的分类

根据污染物的性质，环境净化纺织品可大致分为水体净化功能纺织品、空气净化功能纺织品、土壤净化功能纺织品、抗菌防臭功能纺织品、自清洁功能纺织品、防紫外功能纺织品、电磁屏蔽功能纺织品和吸声功能纺织品等。根据使用功能或机制的不同，环境净化纺织品又可分为分解功能纺织品、吸附功能纺织品、分离功能纺织品和屏蔽功能纺织品等。其中分解功能纺织品是一类能够促进环境污染物发生化学分解或降解反应，使其毒害性降低或消除的纺织品。其中具有光催化净化功能的纺织品就是分解功能纺织品的典型代表，它能够吸收环境中的辐射光而催化其中的气态、液态或固态污染物发生显著降解反应，并转化为水和 CO_2 等无机物，具有彻底消除污染物和保护生态环境的优势。

1.3　环境净化纺织品的主要制备技术

近年来，环境净化纺织品得到迅速发展，工业化程度不断提高，开发出的产品形式多样、功能完善。目前，环境净化纺织品的主要制备方法包括纺丝技术、后整理技术和纤维表面改性技术等以及上述制备技术的组合加工工艺。在纺丝技术方面，通常是在聚合物纺丝液中添加具有净化功能的化合物，然后进行纺丝加工，得到具有环境净化功能的纤维材料。在后整理技术方面，首先使用特殊纺纱和织造技术或非织造技术获得具有特殊结构的织物，然后使用环境净化功能材料通过多种后整理技术（浸渍、浸轧、涂层和层压）等工艺，对织物进行表面处理或复合加工，得到环境净化功能纺织品。在纤维表面改性技术方面，使用接枝、配位、吸附或自组装等化学反应技术，可以对纤维进行表面改性处理，也可以使用等离子体、辐射光以及高能射线等技术对纤维进行表面加工，使其获得不同的环境净化特性。

1.3.1 纺丝技术

纺丝技术是早期制备环境净化纺织品的主要方法。将环境净化功能化合物与聚合物纺丝液混合均匀后，使用特定的纺丝机，可制备具有环境净化功能的纤维。纺丝技术分为传统纺丝技术和静电纺丝技术。

1.3.1.1 传统纺丝技术

传统纺丝技术主要包括熔体纺丝法和溶液纺丝法。

熔体纺丝法首先是将聚合物加热至熔点以上的适当温度以制备熔体，熔体经螺杆挤压机导出喷丝孔，使之形成细流状射入空气中，并经冷凝而成为纤维材料。

溶液纺丝法是选取适当溶剂将成纤高聚物溶解形成纺丝溶液，然后经纺丝机进行纺丝加工。根据凝固方式不同，溶液纺丝法又分为干法纺丝和湿法纺丝。其中干法纺丝是利用易挥发溶剂使聚合物溶解制成纺丝液，然后将纺丝液从喷丝头压出形成细丝流，通过热空气套筒使细丝流中的溶剂迅速挥发而凝固牵伸成丝。湿法纺丝是将成纤聚合物溶解于溶剂中制成纺丝溶液，将纺丝溶液由喷丝头喷出进入凝固浴中，喷出的细丝流与凝固液作用形成丝条，其特点是喷丝头孔数多，但纺丝速度较慢，适合纺制短纤维。在环境净化纤维的纺丝过程中，应将具有环境净化功能的化合物如纳米 TiO_2 粒子等加入聚合物纺丝液中，混合均匀后，通过上述纺丝方法制备功能纤维。要特别注意，为了使纳米 TiO_2 粒子混合均匀，通常使用特殊有机化合物对纳米 TiO_2 粒子进行表面接枝改性。这是由于它们的有机官能团和聚合物大分子链间存在较强的相互作用，另外在表面形成的接枝聚合物短链也会增加空间位阻效应，使纳米 TiO_2 粒子在聚合物中的分散性得到有效提高。此外，为进一步改善所制备纤维材料的净化功能，可使用下列两种方法将纳米 TiO_2 粒子等功能材料分布于纤维表层。

①皮芯型复合纺丝技术：在纺丝工艺中选用皮芯型复合纺丝组件，分别以含纳米 TiO_2 粒子的聚合物母粒和常规聚合物切片作为皮层和芯层。这样不仅能使纳米 TiO_2 粒子最大限度地暴露在外面，使其发挥最高的净化效率，还能提高纤维的力学性能。

②碱减量加工技术：使用 NaOH 水溶液对功能纤维进行表面处理，让纤维中的纳米 TiO_2 粒子尽可能地露出纤维表面。这是因为纳米 TiO_2 粒子的光催化降解反应发生在纤维表面，而加入的纳米 TiO_2 粒子进入纤维内，难以完全发挥其催化功能，会降低纤维的净化效率。

1.3.1.2　**静电纺丝技术**

近十年来，静电纺技术的快速发展使得众多合成纤维从普通纤维材料转变成为具有超细直径和巨大表面积的纳微米纤维材料，显著加强了它们的功能化特性，拓展了应用范围。静电纺丝技术的基本原理是，在聚合物溶液或熔体表面通过施加高压电源，使喷丝头和接收装置之间形成一个强大的高压电场，聚合物溶液或熔体在高压电场力的作用下带正电，致使液体或熔体表面产生电荷，由于同种电荷相斥，使液体或熔体表面的张力与电场力方向相反，当液体或熔体表面的电荷斥力大于其表面张力时，喷丝头内的聚合物溶液或熔体液滴就会克服自身的表面张力和黏弹性力，在喷丝头末端被拉成圆锥状，形成泰勒锥现象；当电场力进一步增加时，带电的溶液或熔体射流从泰勒锥的锥顶喷射出来，经过溶剂挥发和拉伸后形成的纳微米尺寸的纤维膜沉积在接收装置上（图 1-1）。聚合物溶液或熔体的喷射过程主要分为三个阶段，分别是射流的产生及其运动初始阶段、射流非稳定阶段及进一步拉伸细化和射流固化并形成纳米纤维膜阶段。

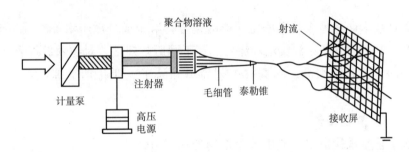

图 1-1　静电纺丝工艺原理示意图

静电纺丝的主要影响因素有聚合物溶液浓度、纺丝电压、供液速度和接收距离等。

（1）聚合物溶液浓度

聚合溶液浓度较低时，即使是可纺性好的聚合物，也会由于运动过程中表面张力作用较大而形成串珠状纤维，甚至无法成纤。而提高聚合物溶液浓度则有利于纳米纤维的均匀形成。当聚合物溶液浓度过高时，纺丝头顶端的液滴容易因溶剂挥发过快而固化堵塞纺丝头，从而阻碍纺丝过程的顺利进行。

（2）纺丝电压

只有当电压较高时，所形成的电场力才能使聚合物溶液克服表面张力形成射流进而被拉伸成纤维。纺丝电压越高，与接收装置之间形成的电场对射流的拉伸作用越大，同时射流表面的电荷密度也会增加，得到的纳米纤维的直径越细。

（3）供液速度

当供液速度较快时，流经纺丝头的聚合物溶液增多，电场力作用对所形成射流的拉伸作用不够，则形成直径较大的纳米纤维。

（4）接收距离

接收距离是指纺丝头到接收装置的距离。接收距离较小时，电场对射流的作用力大，溶剂挥发时间变短，容易形成相互粘连的纳米纤维，纤维直径随着接收距离的增加而逐渐减小。但是接收距离过长，会影响静电场稳定性，使得射流不稳定，难以形成理想的纳米纤维。需要说明的是，当在聚合物溶液中添加不可纺的环境净化材料如纳米 TiO_2 或金属酞菁等时，静电纺丝过程控制会变得难以控制。通常应选用可纺性更好的聚合物溶液构成共混纺丝液，再进行静电纺丝，或者通过可纺性好的聚合物溶液作为皮层纺丝液，通过同轴纺丝头进行静电纺丝。

1.3.2 后整理技术

后整理技术通常是将具有净化功能的化合物溶于或分散于水等溶剂中形成工作浴，然后利用浸轧法、浸染法和涂层法等不同后整理工艺对织物进行表面处理，形成环境净化功能纺织品。其具有工艺简单和易于工业化加工等优点，适用范围广。

1.3.2.1 浸轧工艺

浸轧工艺是现代染整工业中最为常用的加工方法之一，具有加工快速、整理剂分布均匀、可连续生产和重现性好等优点。在加工过程中，织物首先被浸泡在由整理剂组成的工作液（如纳米 TiO_2 水分散液等）中，然后采用轧车对浸泡后的织物施加压力，以去除多余的工作液，保证有一定量的整理剂施加到织物表面，同时利用轧辊的压力促使整理剂向纤维内部渗透。随后在一定温度条件下，对整理织物烘干去除水分，避免整理剂由于泳移作用而在织物表面分布不均匀，最后，高温焙烘使整理剂与纤维结合。在此工艺中通常利用均匀轧车进行加工，要求轧液率低，并采用二浸二轧工序（图1-2）。其中一轧织物的目的是驱赶其中存在的气体，二轧织物的目的是使整理液在表面均匀分布且渗入纤维内部。此外也可采用低给液技术，如舔液辊法和泡沫法等进行织物后处理，这使整理工艺具有节能减排的意义。在预烘阶段，温度通常设定为80~100℃，并要求给热均匀。烘干温度低而时间长能够有效防止整理剂的泳移现象，否则整理剂分布不匀，导致整理织物的力学性能显著下降。在焙烘阶段，处理温度一般为120~180℃，温度太高会导致纤维僵硬，温度太低则会使得整理剂固着不充分。重要的是，对于在织物表面负载的 TiO_2 粒子等环境净化材料而言，此工艺不仅比目前实验室常用的提拉法和沉积法等更加均匀和重现性好，而且轧辊的压力促使 TiO_2 粒子与纤维材料深层次接触，使其能够坚牢地固定在纤维表面。

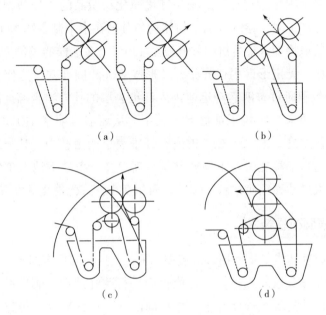

（a）　　　　　　　　　　　　（b）

（c）　　　　　　　　　　　　（d）

图 1-2　不同形式的轧车系统示意图

1.3.2.2　涂层工艺

涂层工艺是在纺织品的一面或两面涂覆一层或多层具有特殊功能的高分子材料薄膜，经焙烘等后处理加工后，形成织物和高分子薄膜复合材料的加工技术。在这种复合材料结构中，织物主要起骨架作用，高分子薄膜承担主要功能，并可能将纳米 TiO_2 粒子等环境净化材料包覆其中。由于使用了增稠剂和黏合剂，纳米 TiO_2 粒子能更加牢固地附着在纤维表面。涂层法主要分为直接涂层和间接涂层，其中直接涂层是目前主要使用的涂层技术。在涂层加工时，环境净化材料首先被均匀地分散在水中或有机溶剂中，再在其中加入增稠剂和黏合剂等，然后使用涂层装置在织物表面进行涂层加工和后续的高温焙烘，形成环境净化纺织品。在加工过程中，浆液的厚度、刮涂速度以及焙烘温度等对涂层织物的性能有较大影响。涂层浆太薄，会显著降低加工织物的功能性，太厚则会导致织物的透气性和柔软性下降。刮涂速度是影响织物表面涂层平整性的主要原因。焙烘温度过高易使织物表面的涂层因受热不匀出现微小气泡，影响涂层质量。涂层法具有工艺简单、耐洗性好、不需后续水洗以及几乎适合各种纤维织物等优点。

1.3.2.3　浸染工艺

浸染法是基于分散染料对涤纶的染色原理，使用纳米 TiO_2 等粒子通过高温高压浸染工艺对涤纶织物进行加工，制备环境净化纺织品的一种新型加工技术。在使用该方法进行加工时，将纳米 TiO_2 粉体均匀分散在水中制备纳米 TiO_2 水分散液，然后将其和涤纶织物加入染色机中并升温至130℃。在这样的条件下，涤纶的纤维分子链运动加剧，无定形区内微孔张开，形成较大瞬间孔穴，这使得小于孔穴尺寸的纳米 TiO_2 粒子通过布朗运动迅速进入纤维表层的孔穴。当温度降低后，涤纶中的微孔收缩，纳米 TiO_2 粒子被截留于其中，从而形成纳米 TiO_2 负载涤纶织物。浸染法的主要优点是纳米 TiO_2 粒子被嵌在纤维表层的微孔中，其与纤维结合更牢固，耐洗性能远高于浸轧法。主要缺点是在高温高压条件下纳米 TiO_2 粒子易发生团聚，形成的大尺寸颗粒使纳米 TiO_2 比表面积变小，其光催化活性有所降低。

1.3.3　纤维表面改性技术

纤维表面改性技术是指使用表面接枝、配位反应、层层自组装（LBL）以及高能射线（等离子体和紫外光等）对纤维表面进行改性处理，通过引入功能性基团或形成特殊表面结构等机理使纤维获得不同的环境催化特性。研究表明，很多金属配合物都具有光催化特性，特别是当金属离子配位不饱和时，其光催化性能更强。通常，将纤维材料与配合物结合主要通过两种方式实现，一是金属离子与纤维配体中的配位基团进行配位反应，生成高分子金属配合物，二是将小分子配合物以化学键方式接枝到纤维表面。近年来，将纤维材料作为高分子金属配合物的配体已经得到广泛研发，合成的多种纤维金属配合物在环境净化过程中作为光催化剂发挥着重要作用，已成为高分子金属催化剂的研究热点之一，而将具有光催化功能的金属配合物接枝于纤维表面的负载技术也在不断发展。

1.3.3.1　纤维金属配合物的合成方法

（1）常用纤维配体的结构特点和分类

通常，高分子配体作为载体在催化剂制备中的主要作用不仅是使催化剂获得优良的机械强度和热稳定性，更重要的是增加催化剂的有效表面积，同时提供合适的孔隙结构，节省活性组分的用量。此外，其还可以增强所制备催化剂的抗中毒性能，降低制备成本。纤维材料作为一种具有特殊结构和低成本的高分子配体至少具有两方面优点：一是直径小而比表面积较大，这使其更易与金属离子反应形成纤维金属配合物，为其提供更多的活性位置，增加对反应物的吸附，避免中间产物游离，提高催化活性，加快反应速度。二是多孔性纤维材料可将覆盖于活性位点的反应残留物或中间体转移到表面，有利于催化剂的再生。

纤维配体作为一种具有特殊结构和形态的高分子配体，主要分为两大类，一类是其分子结构中天然存在着配位基团的纤维配体，如羊毛、蚕丝和海藻纤维等，其配位基团多表现为氨基、酰胺基或羧基等。另一类纤维配体是基体纤维本身并不含有配位基团，但是能够通过其表面改性反应引入配位基团，使之具有配位反应性能，常用的基体纤维包括聚丙烯腈（PAN）纤维、聚四氟乙烯（PTFE）纤维、聚丙烯（PP）纤维和棉纤维等。通过不同的改性反应可以在纤维表面形成诸如偕胺肟基、羧基或氨基等多种配位基团。研究证明，采用不同的化学反应对一种或多种基体纤维进行改性以引入各种不同的配位基团，可获得性能不同的改性纤维配体。表 1-1 列出了多种基体纤维及其引入的主要配位基团的种类。

表 1-1　常用基体纤维及其表面引入的主要配位基团

纤维种类	引入基团
PAN 纤维	偕胺肟基，氨基，亚胺基，酰胺基，苯甲酰胺基，双硫腙基
PP 纤维	羧基，氨基，偕胺肟基，丙烯酰胺
PTFE 纤维	羧基，苯乙烯磺酸基
纤维素纤维	羧基，氨基，酰胺基，季铵盐基，偕胺肟基

（2）不同结构纤维金属配合物的制备技术

当纤维配体与金属离子发生配位反应时，纤维配体中纤维基体和配位基团都会对其配位反应模式及其形成配合物的结构有显著影响。其中纤维基体的影响主要表现为其大分子结构特征和表面亲疏水性的作用。这些因素的变化会为配位金属离子提供不同的微环境，直接影响两者之间的配位反应及其形成配合物的主要性能。此外，配位基团主要影响其结构特征及其处在配体结构中的位置。这些因素的变化会直接影响配体与金属离子的配位反应方式，导致分子间配位或分子内配位反应。在不同的纤维配体中，配位基团的结构和位置显著不同，聚丙烯酸改性 PP 纤维和改性 PTFE 纤维是通过丙烯酸单体在纤维表面接枝聚合而制备的，多元羧酸改性棉纤维是通过多元羧酸与棉纤维表面的羟基酯化反应而合成的，而偕胺肟改性 PAN 纤维则是利用纤维结构中氰基与盐酸羟胺的反应而得到的。进一步的分析发现，这些配位基团大多位于纤维配体大分子链的侧链结构中，如聚丙烯酸改性 PP 纤维和 PTFE 纤维中羧基都与它们的侧链相连接，而偕胺肟基团也位于改性 PAN 纤维的侧链中。但是也有纤维大分子主链含有配位基团的配体，例如海藻纤维是一种含羧基的多糖类纤维配体，作为配位基团的羧基则存在于其大分子主链的葡萄糖环结构中。在纤维金属配合物的合成过程中，提高纤维配体中配位基团的数目能够显著促进纤维配体与溶液中金属离子的配位反应，使溶液中更多的金属离子被固定在纤维表面。此外，溶液中金属离子浓度的增加也有利于配位反应。对于聚丙烯酸接枝的纤维配体，其羧酸基团位于纤维配体的侧链结构中，可通过分子间配位或分子内配位方式与金属离子发生配位反应。而海藻纤维的羧基位于其分子主链中，通常仅能够借助分子间配位方式与金属离子反应。不同结构的金属离子与纤维配体的配位反应性能也存在显著差异，与稀土金属离子如 Ce^{3+} 和 La^{3+} 相比，过渡金属离子如 Fe^{3+}、Cu^{2+} 和 Co^{2+} 等更易与一些纤维配体特别是改性 PAN 纤维和羧酸改性纤维进行配位反应，形成不同结构和光催化性能的纤维金属配合物。研究进一步证明，偕胺肟改性 PAN 纤维中，3 个偕胺肟基团和 1 个 Fe^{3+} 进行配位反应，并生成配位数为 6 的偕胺肟改性 PAN 纤维铁配合物。而一个 Ce^{3+} 或 La^{3+} 能够与 5 个偕胺肟改性 PAN 纤维反应，得到配位数为 10 的配合物。

1.3.3.2　不同金属配合物在纤维表面的负载方法

金属酞菁是一类具有大环共轭结构的金属配合物，通常能够强烈吸收可见光和近紫外光。为了减少金属酞菁分子形成多聚物，更好地发挥其光催化性能，可通过共价键、配位键和离子键等结合方式将其接枝于纤维表面。当将金属酞菁负载于纤维素纤维表面时，通常是对金属酞菁分子结构进行改性反应，引入三嗪基活性基团，然后与纤维素纤维表面的羟基发生共价交联反应。得到的纤维素纤维负载型金属酞菁具有更高的光催化活性和较好的化学稳定性。由于金属酞菁中心金属离子具有很强的配位能力，可通过与纤维表面的配位基团进行配位反应的方式，使金属酞菁负载于纤维表面。此外，通过离子键将金属酞菁负载到带异种电荷纤维表面也是较常见的负载方法。

金属有机骨架材料（metal-organic frameworks，MOFs）是由金属离子或离子簇与含羧酸或氮的有机配体通过配位反应自组装形成的具有周期性排列的网络框架晶态材料。它结合了无机与有机材料的优点，通过组装不同的二级结构单元而显示出结构与组成上的多样性，使材料具有可调控的微纳尺度规整的孔道结构、超大的比表面积和孔隙率以及较低的固体密度。在 MOFs 的功能化应用中，光催化是近年来发展迅速的领域之一。研究证明，很多 MOFs 都能够表现出类似半导体的光催化行为。与传统半导体光催化材料相比，MOFs 光催化剂在提高电子—空穴对的生成、分离和利用等方面显示出明显的优势。目前关于 MOFs 与纤维材料的结合技术通常是首先对纤维素纤维或蚕丝纤维阴离子化改性，然后使用金属离子特别是 Cu^{2+} 或 Fe^{3+} 与芳香族多元羧酸如苯三甲酸等在纤维表面发生配位反应，在生成 MOFs 的同时也将其固着于纤维表面。

1.4　光催化技术在环境净化纺织品中的应用

将光催化技术与纤维材料结合制备环境净化纺织品的研究早在 20 世纪的 70 年代到 80 年代就在日本出现。进入 21 世纪后，日本不仅在纳米 TiO_2 负载纤维织物制备和应用技术方面进行了深入研究，而且还有一些专利产品进入市场。相关研究表明，使用纳米 TiO_2 粉体、海藻酸钙和黏合剂制备的纳米 TiO_2 涂层织物具有很高的光催化活性，在紫外光辐射条件下能够去除空气中的甲醛和苯等有机物。此外，这种纳米 TiO_2 涂层织物还可经受多次洗涤而保持纳米 TiO_2 不脱落，可以用作窗帘或墙布等家用装饰织物。在纳米 TiO_2 负载纤维织物应用开发方面，日本岐阜县纤维试验场将纳米 TiO_2 粉体掺入聚酯中制成切片，经纺丝和牵伸制成光触媒纤维。然后对该纤维进行碱减量加工使其中的纳米 TiO_2 粒子尽可能地露在纤维表面而强化其光催化性能。这种纤维经织造形成具有蜂窝状组织的过滤布，在紫外线光辐射条件下显示出很好的乙醛分解能力。名古屋工业技术研究所将纳米 TiO_2 光催化剂与纺织品相结合的技术作为研究重点，反复研究纳米 TiO_2 粉体粒径和掺加量与其光催化效率的关系，力求简化纳米 TiO_2 固着纤维织物工艺过程，开发了空调过滤布、建筑篷面布和窗帘等一系列用于净化空气的工业化产品，同时还给纳米 TiO_2 负载纤维织物赋予消臭抗菌和防污的性能，在消除汽车尾气气味和提升室内空气质量方面发挥了重要作用。2005 年后瑞士化学工程研究院使用棉、羊毛和涤纶等织物通过不同工艺制备了系列纳米 TiO_2 负载纤维织物，并系统研究了其作为自清洁织物的特性，发现这些织物不仅能去除吸附于其表面的红酒、咖啡、茶和化妆品等多种污垢，而且还能够将这些污垢矿化为水和 CO_2 等。此外，伊朗等国家研究人员也利用纳米 TiO_2 和 ZnO 等开发了多种性能优良的抗菌织物。

国内关于纳米 TiO_2 固着纤维织物的研究自 20 世纪 90 年代末兴起，在环境净化领域特别是空气净化方面也出现一些报道。使用浸轧工艺对不同种类织物如涤棉平布、针刺非织造布和蜂窝活性炭滤网进行纳米 TiO_2 整理。其中针刺非织造布的纳米 TiO_2 附着量较高，去除甲醛率可达 89.7%。此外，使用粒度低于 20nm 的锐钛型纳米 TiO_2 粉体通过涂层法制备了负载有光催化性能的纳米 TiO_2 的织物。结果表明，这种纳米 TiO_2 涂层织物不仅具有较高的光催化降解能力，而且性能持久，能耐多次洗涤而被反复利用。2003 年后天津工业大学和南开大学的研究团队首先制备了稳定性好的纳米 TiO_2 水分散液，然后分别借助浸轧工艺和涂层工艺将纳米 TiO_2 光催化剂负载于棉、涤纶、麻和涤棉混纺织物等多种纤维织物表面，制备了一系列具有自主知识产权的空气净化用负载纳米 TiO_2 的纤维织物，并对其光催化降解室内氨气和甲醛等污染物的特性进行了深入和系统的研究。结果表明，负载纳米 TiO_2 的纯棉织物氨气净化性能远高于负载涤纶织物和涤/棉混纺织物。涂层法制备纳米 TiO_2 负载织物的氨气去除率稍低于浸轧法制备的纳米 TiO_2 负载织物，但是涂层法制备的 TiO_2 负载棉织物却具有更耐久的净化氨气性能。近年来该团队对纳米 TiO_2 水溶胶作为织物环境净化整理剂及其负载织物进行了系统攻关并取得了突破性进展。研发了宽光谱响应锐钛型纳米 TiO_2 水溶胶及其织物整理关键技术，并建成了包括光触媒无缝墙布和遮光窗帘等具有环境净化功能的家纺织物生产线，将纳米 TiO_2 负载织物的制备和应用技术推向新高度。此外，东华大学研究团队对纳米 TiO_2 在纺织品表面的晶化处理方式和掺杂改性进行了深入研究，制备的纳米 TiO_2 负载棉织物表现出多种功能性，在净化空气污染物方面具有一定优势。

在纤维金属配合物作为非均相 Fenton 反应光催化剂方面，21 世纪初期英国研究团队进行了初步研究，他们使用盐酸羟胺和水合肼改性反应制备了偕胺肟改性 PAN 纤维金属配合物，并用来催化 H_2O_2 对染料的氧化降解反应并取得了较好的效果。自 2007 年以来，天津工业大学的研究团队攻克了不同纤维表面配位基团的引入和优化技术，制备了基于合成纤维（PAN 纤维、PP 纤维和 PTFE 纤维等）和天然纤维（棉、羊毛和海藻纤维等）等一系列纤维金属配合物，并对它们作为非均相 Fenton 反应光催化剂的活性、应用工艺和作用机理进行了系统的研究。特别是利用聚丙烯腈（PAN）纤维的不同表面改性技术，结合过渡金属离子或稀土金属离子的配位反应，发明制备改性聚丙烯腈纤维铁配合物及其包芯纱网状织物催化材料，并将其作为非均相光 Fenton 反应光催化剂应用于染料废水的降解处理中。此外，他们还开发了多种含羧酸纤维金属配合物制备技术，基于不同纤维表面改性技术和金属离子配位反应，通过光催化性能和物理机械性能等多层面的优化调控，成功制备了低成本、高催化降解性和优良重复使用性的含羧酸纤维铁配合物及其包芯纱网状织物催化材料，并在染色废水处理和回用中获得较为理想的应用效果。

金属酞菁是另一类基于配合物的光催化剂，十几年来将金属酞菁负载到纤维载体表面制备纤维金属配合物并将其应用于有机污染物的去除方面得到了较为深入的研究。浙江理工大学的研究团队将高反应性的钴酞菁通过接枝反应负载于活性碳纤维表面制备了活性碳纤维负载钴酞菁催化剂，并证实活性碳纤维的引入显著增强了其催化活性，可实现原位催化氧化和再生，克服了小分子酞菁在降解有机污染物时易带来二次污染的问题。此外，他们还在纤维素纤维、蚕丝纤维和锦纶纤维表面负载金属酞菁，制得的纤维负载金属酞菁催化功能纤维在无光照的条件下也能够有效地催化降解偶氮类染料和硫化氢等恶臭气体。近年来 MOFs、Ag_3PO_4 和 Cu_2O 等新型光催化材料也相继被用来与纤维织物进行结合，不断为生态环境污染控制与修复和保障人体健康提供高性能的环境净化纺织品。

第 2 章　光催化技术理论与应用原理

2.1　光催化的概念

光催化（photocatalysis）属于催化化学和光化学的交叉领域，一般是指光催化反应，通常是由光吸收、光催化以及由此引发的化学变化三部分组成。2007 年，国际纯粹与应用化学联合会（IUPAC）的《光化学术语大典》（*Glossary of Terms Used in Photochemistry*）对光催化有如下定义：在紫外光、可见光或红外光辐射条件下，光催化剂（photocatalyst）吸收光后能改变化学反应的速率、初始状态以及所涉及反应成分的化学转变。而光催化剂通常被定义为在吸收辐射光的条件下能够使反应成分发生化学转变的化合物，其激发态能重复与反应成分相互作用形成反应中间产物，并且自身能够在每一次相互作用后自行复原而不进入反应产物的结构中。在自然界中，光催化现象普遍存在，其中的光催化剂也称为光触媒，其能够利用自然界存在的光能产生化学反应所需的能量而发挥催化作用，使周围的氧气和水分子被激发分解形成多种具有高氧化性的自由基。它们几乎可分解所有对自然环境和生物体有害的有机物质及部分无机物质，不仅能加速相关化学反应，使之符合自然界的发展规律，而且不导致资源浪费和附加污染的形成。20 世纪 60 年代，纳米 TiO_2 光催化剂的发现极大地促进了光催化技术的发展和应用，而光催化技术在著名的 Fenton 反应中的引入也使高级氧化技术快速进步。时至今日，光催化技术已经在水体和空气净化、抗菌除臭、防霉防藻和防污自洁等环境污染控制和修复工程领域中获得广泛应用。

2.2　常用光催化剂的结构特征和分类

目前，可作为光催化剂的材料众多，根据化学结构，常用光催化剂主要分为金属配合物和纳米半导体两大类。其中金属配合物可简单描述为由金属离子和围绕它的配位体所形成一类具有特殊化学结构的化合物。其中以过渡金属和稀土金属离子为中心原子的配合物的研究和报道较多。配体（Ligand）可以是分子或离子，也可以是小分子或有机高分子。纳米半导体类光催化剂主要包括纳米 TiO_2、ZnO、SnO_2、ZrO_2 和 CdS 等多种氧化物或硫化物，其中纳米 TiO_2 因氧化能力强、化学性质稳定无毒，成为世界上最常用的光催化剂材料。从制备具有光催化功能的环境净化纺织品的角度而言，高分子金属配合物特别是纤维铁配合物和纳米 TiO_2 负载纤维织物最具有理论研究和实际应用价值。

2.2.1　高分子金属配合物光催化剂的结构和催化性能

2.2.1.1　高分子金属配合物的概念和结构

高分子金属配合物（polymer metal complexes，PMCs）是由高分子配体和金属离子组成的金属配合物，由于其中心金属离子被有机高分子链环绕，所以高分子金属配合物兼具高分子材料的结构特征和金属离子的性质。由于高分子金属配合物结合了超分子和配位化合物的特点，不仅在分子结构方面表现出多样性，而且具有独特的催化效应，特别是使用过渡金属离子时，其催化作用表现得更加突出。此外，高分子金属配合物作为催化剂，在一定程度上能够模拟或表现出生物酶催化的特征，这使得其在多种工业催化领域具有十分诱人的发展前途。纤维金属配合物是一类具有特殊配位结构和表面形态的高分子金属配合物。纤维材料的多孔性和较大的表面积，为改善环境净化用高分子金属配合物的功能性特别是吸附作用的改善提供了有利的条件。更重要的是，由于纤维材料和金属离子种类繁多，这将能够制备形式多样的纤维金属配合物，对于改善和丰富纤维材料的功能化具有重要意义。

与一般的金属配合物相比较，高分子链在高分子金属配合物的结构与功能方面所起的独特作用主要表现在两个方面。

①可以通过对高分子链的精密设计，充分利用高分子链在金属离子附近所形成的环境作用形成配位饱和或配位不饱和的金属配合物。远离金属离子的高分子链，可通过电荷转移、氢键和静电相互作用等形成各种高分子场作用（包括疏水场、亲水场、静电场以及由于侧基不对称和立体阻碍所引起的势场作用等）。它们均可调节高分子链的高次结构，充分发挥高分子链刚柔相济的特点，实现控制高分子金属配合物的结构和稳定性、电子状态和氧化还原性质。

②高分子金属配合物具有高分子结构骨架，易于加工成柱状或管状等各种形

状，也可制成膜或形成纤维以增大其表面，显著提高了它们作为新材料的实用性。高分子金属配合物因其配位不饱性而具有催化性能，这是高分子金属配合物被研究最多的特性之一。

2.2.1.2 高分子金属配合物催化剂的主要特性

关于高分子金属配合物催化剂的研究始于 20 世纪 60 年代末，研究表明，通过精心设计可以将金属配合物与载体有机结合在一起，得到具有高活性、高选择性和稳定性的高分子金属配合物催化剂。与低分子金属配合物催化剂相比较，高分子金属配合物催化剂具有明显的优点。

①高分子金属配合物催化活性中心的孤离使其克服了均相催化剂活性中心易聚集而失活的缺点。

②高分子金属配合物中心金属配位的不饱和度是其具有催化活性的关键。

③不同种类的配位基团对高分子金属配合物催化剂性能产生一定的影响。

④高分子金属配合物的催化活性受其配位结构影响。

⑤高分子配体的尺寸和形状对高分子金属配合物的催化性能具有影响。

⑥高分子金属配合物催化剂的活性中心被高分子链包围，聚合物所产生的疏水场、静电场及不对称场等对其催化性能产生影响。

⑦高分子金属配合物中的中心金属原子可与两个或更多的配位基配位，使配位基金属键更强，可以显著改变催化剂选择性。

⑧由于高分子链的保护作用，催化剂活性基团对水和空气的稳定性增加，克服了低分子金属配合物催化剂对空气和水敏感而易失去活性以及反应后分离回收困难的缺点。

⑨由于特殊的高分子效应，高分子金属配合物催化剂的活性和选择性较高。

2.2.1.3 高分子金属配合物催化剂中的高分子效应

（1）基位隔离效应

指由于高分子配体上高分子链具有一定的刚性，从而避免或减少了功能基团或活性中心间的相互作用，使得高分子配合物催化剂表现出很高的稳定性和活性。

（2）选择效应

高分子金属配合物催化剂的选择效应主要包括尺寸选择性和立体异构选择性。其中尺寸选择性主要包括两个方面。一方面是不同孔径的多孔性高分子配体负载金属催化剂显示出不同的催化活性。另一方面，对于同一种类的高分子配体负载金属催化剂而言，高分子载体的孔径与底物分子尺寸有一个最佳匹配效应。对于催化不对称合成而言，产物的立体异构选择性至关重要。

（3）活性提高效应

通常而言，高分子金属配合物催化剂的活性一般低于相应的均相催化剂。这是由于部分活性中心被包覆在高分子配体的内部，传质作用影响了催化剂的活性。随着包覆量的减少，表面金属含量的提高，催化活性会相应提高。另外，高分子配体容易与金属离子生成配位不饱和的单齿锚定配合物，这改善了高分子金属配合物催化剂的活性。高分子金属配合物中的金属离子因多配位基团效应而不易扩散到交联的高分子物的外面，这就是高分子金属配合物作为催化剂使用时，可以连续而重复使用的基本原理。

（4）协同效应

对于高分子金属配合物催化剂，高分子链上除催化活性基团还存在另一个功能基团或离子，它能以静电引力或配位价力等方式吸引底物分子使其快速接近催化功能基团使催化反应更容易进行，这种现象通常称作协同效应。

2.2.2　纳米半导体光催化剂的结构特征

2.2.2.1　纳米半导体材料的结构

半导体（semiconductors）是介于导体和绝缘体之间的一类特殊材料，其本质特征是存在带隙，这是决定半导体性质的关键因素。依据其载流子的特征，半导体分为本征半导体、n 型半导体和 p 型半导体。其中本征半导体的载流子是由部分电子从价带激发到导带上产生的，并形成数目相等的电子和空穴。而 n 型半导体和 p 型半导体是掺杂半导体，其中 n 型半导体是施主向半导体导带输送电子，而 p 型半导体则是受主接受半导体价带电子，形成以电子为多子的结构。纳米材料是指在三维空间中至少有一维处于纳米尺度范围（1~100nm）或由它们作为基本单元构成的材料。纳米材料具有小尺寸效应、表面效应和宏观量子隧道效应等。其中表面效应是指随着颗粒直径的变小，比表面积将会显著地增加，颗粒表面原子数相对增多从而使其配位数严重不足，导致不饱和键以及表面缺陷增加，同时还会使表面张力增大、表面原子稳定性降低、极易结合其他原子来降低表面张力。这使得材料具有比表面积大、表面反应活性高、表面活性中心多、催化效率高和吸附能力强等优点，为其作为催化材料提供了必要条件。纳米半导体材料是半导体和纳米材料的结合体，纳米材料的特性为半导体注入了新活力，使其在光电转换、光催化和新能源等领域得到广泛应用。

半导体的能带结构通常是由一个充满电子的低能价带（valent band，VB）和一个空的高能导带（conduction band，CB）构成，价带和导带之间的区域称为禁带，而区域的大小称为禁带宽度。半导体的禁带宽度一般为 0.2～3.0eV，是一个不连续区域。半导体的光催化特性由它的特殊能带结构所决定。当使用能量等于或大于半导体带隙能的光波辐射半导体光催化剂时，处于价带上的电子（e⁻）就会被激发到导带上，并在电场作用下迁移到粒子表面，于是在价带上形成空穴（h⁺），从而产生具有高度活性的空穴—电子对。高活性的光生空穴具有很强的氧化能力，可以与吸附在半导体表面的 OH⁻、氧气和水等进行反应，生成具有强氧化性的氢氧自由基等，以氧化降解有机污染物。同时，空穴本身也可夺取吸附在半导体表面的有机物质中的电子，使原本不吸收辐射光的化合物被直接氧化分解。良好的半导体光催化剂必须具有合适的禁带宽度、导带和价带电位，因为价带和导带电位决定了半导体的氧化和还原能力。

2.2.2.2　常见纳米半导体光催化剂的性能

目前常见的半导体光催化剂大多属于宽禁带的 n 型半导体材料，主要包括氧化物（TiO_2、ZnO、SnO_2 和 ZrO_2 等）和硫化物（CdS、ZnS 和 PbS 等）两大类化合物。其中纳米 TiO_2、ZnO 和 CdS 的催化活性最高，但是纳米 ZnO 和 CdS 的光辐射稳定性较差，在应用时易产生有毒的 Zn^{2+} 和 Cd^{2+}，纳米 TiO_2 是当前最有发展潜力的纳米半导体光催化剂。其优点主要有化学稳定性高、光辐射时无腐蚀问题、对环境无害和来源丰富。根据价带和导带电位的不同，半导体分为氧化型、还原型和氧化还原型。

（1）氧化型

氧化型半导体的价带边低于 O_2/H_2O 的氧化还原电位，能使水分子被光催化氧化而放出氧气。典型的氧化型半导体如 WO_3 等。

（2）还原型

还原型半导体的导带边高于 H^+/H_2 的氧化还原电位，能使水分子还原放出氢气，这类半导体如 $CdTe$、$CdSe$ 等。

（3）氧化还原型

氧化还原型半导体如 TiO_2、CdS 等，其价带边低于 O_2/H_2O 的氧化还原电位，且导带边高于 H^+/H_2 的氧化还原电位，其具有受到光辐射时能够同时释放氧气和氢气的特性。研究证明，半导体光催化剂颗粒尺寸的减小能够显著提高其催化效能，主要原因有以下三个方面。

①当半导体光催化剂颗粒尺寸低于某一临界值时，其量子效应显著增加，导带和价带变成分离的能级而导致能隙变宽，使得光生电子和空穴能量更高，表现

出更好的氧化和还原性能。

②减小半导体光催化剂颗粒尺寸能降低光生电子和空穴的复合概率，使光生电子从晶体内部扩散到表面的时间变短，从而提高光催化效率。

③半导体光催化剂颗粒尺寸变小，导致其表面积增大，使其吸附底物的能力增强，促进光催化反应的进行。

2.3 两类重要光催化剂的作用原理

2.3.1 基于高分子铁配合物的非均相 Fenton 反应光催化剂

2.3.1.1 Fenton 氧化技术

19 世纪末，法国科学家 Fenton 发现，在酸性水溶液中使用 Fe^{2+} 和 H_2O_2 能够氧化酒石酸，这为水中有机物的氧化反应奠定了理论基础。后来人们将 Fe^{2+} 和 H_2O_2 称为 Fenton 试剂，而其中发生的化学反应则称为 Fenton 反应。1934 年，Haber 和 Weiss 指出，氢氧自由基（·OH）是 Fenton 反应体系中产生的活性氧化物质，其产生反应如式（2-1）所示。

$$M^{n+}+H_2O_2 \longrightarrow M^{(n+1)+}+OH^-+HO \cdot \ (M=Fe, \ Cu, \ Mn) \tag{2-1}$$

进一步的研究证明，Fenton 体系的反应实质是一系列自由基的链反应过程，反应中通过 Fe^{2+}/Fe^{3+} 的循环，不断催化分解 H_2O_2 分子，生成具有高氧化性的氢氧自由基。其具有如下特性。

①具有非常高的氧化电极电位（2.8V），电子亲和能达到 569.3kJ，故其氧化力远高于一般的氧化剂，能氧化分解绝大多数有机化合物。

②氧化速率快，且对有机物氧化反应几乎无选择性，可实现多种污染物的同步去除。

③氧化反应容易控制，反应条件温和，特别适用于难降解有机污染物，可将其彻底氧化成 CO_2 和水等，表现出绿色化学的特点。在 Fenton 反应中，辐射光的引入能够促进 H_2O_2 分解而产生更多的氢氧自由基，而 Fe^{2+} 可以在紫外光辐射条件下部分转化为 Fe^{3+}，有利于 Fe^{2+} 转化，进而产生氢氧自由基。这使得在进行 Fenton 反应时，Fe^{2+} 用量低，H_2O_2 利用率高，导致 Fenton 反应的氧化能力得到进一步强化，表现出其他氧化技术难以超越的优势，因此近几十年来，Fenton 氧化技术在水

体污染物控制领域受到广泛的关注。

2.3.1.2　非均相 Fenton 反应光催化剂的作用机制

尽管光 Fenton 氧化技术在有机污染物氧化去除方面具有很大优势，但是在实际应用过程中发现其存在着 pH 的范围窄和难以重复利用等问题。为此通常将 Fe^{3+} 负载于固定材料表面，形成非均相 Fenton 反应光催化剂，表现出多方面的优势。

①pH 应用范围广，能够在中性甚至偏碱性条件下发挥催化降解作用。

②有效地提高 H_2O_2 的利用率。

③使用后可从反应体系中分离并重复利用，这解决了均相 Fenton 反应过程中产生大量铁污泥的问题，减少二次污染的产生并降低了处理成本。

非均相光 Fenton 反应过程一般包括多个步骤：H_2O_2 和反应物从水相扩散吸附到固体催化剂表面；在催化剂表面 H_2O_2 与活性位点形成络合物；生成活性物种对反应物进行降解反应；降解产物脱附离开催化剂返回水相。

非均相 Fenton 反应光催化剂在氧化降解有机污染物时的作用机理通常可用图 2-1 表示。

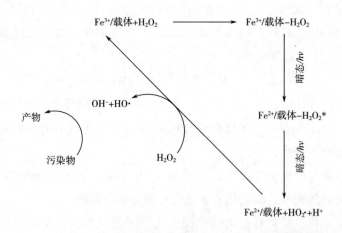

图 2-1　非均相 Fenton 反应光催化剂氧化降解污染物作用原理

含铁矿石或负载铁材料都能够作为非均相光 Fenton 反应催化剂并得到了广泛研究，已成为近年来国内外高级氧化技术在水污染净化领域的研究热点。制备非均相光 Fenton 反应催化剂的负载材料包括有无机材料和有机材料。其中作为无机材料的碳纤维、活性炭、沸石和黏土等因具有特殊结构和良好性能而被广泛使用。虽然基于无机载体的非均相光 Fenton 反应催化剂具有活性强和成本低的优点，然而此类催化剂在制备时需经过离子交换、干燥或煅烧等工艺过程，并且最终多呈粉末状，这使得无机载体非均相Fenton反应催化剂的制备工艺复杂，能源消耗大，成本高且难以回收利用，从而限制了以无机材料为载体的非均相Fenton反应催化剂在实际生产中的应用。比较而言，有机负载材料通常为具有较高机械强度和良好表面性能的聚合物，其中以离子交换树脂和合成纤维居多，它们可以通过配位反应或离子交换等方式负载Fe^{3+}以制备非均相Fenton反应催化剂。其中高分子配体与金属离子特别是Fe^{3+}进行配位反应形成高分子金属配合物的技术是制备非均相Fenton反应催化剂的一个重要方法。目前多种纤维材料如棉纤维PAN纤维、PP纤维和PTFE纤维等经不同的表面改性后，可作为重要的高分子配体制备改性纤维铁配合物，它们都可以用作非均相Fenton反应催化剂并具有优良的光催化性能，在氧化净化含染料等有机污染物废水的过程中发挥着重要作用。基于纤维铁配合物的非均相光Fenton反应光催化剂的活性通常受到配合物的铁配合量、辐射光性质和强度、体系pH和温度以及高分子配体表面性质等因素的影响。其中配合物的铁配合量、辐射光强度和反应温度的提高均能显著提高催化剂的活性。通常在酸性或中性条件下催化剂的活性处于较高的水平，而碱性条件会使其催化活性减弱。此外，高分子配体表面亲水性会使得制备的铁配合物的光催化活性相对较高。

2.3.2　纳米TiO_2光催化剂

2.3.2.1　纳米TiO_2粒子的结构与基本特性

纳米TiO_2是一种具有宽禁带的半导体材料，它具有优良的化学稳定性、热稳定性、良好的介电性质和优良光催化特性，在环境净化、表面自清洁、抗菌防臭、超疏水和抗紫外线等领域能起到极为关键的作用，并具有巨大的产业化潜力。纳米TiO_2包括三种晶体结构，即锐钛矿型、金红石型和板钛矿型晶体结构（图2-2）。

其中锐钛矿型纳米TiO_2呈明显的斜方晶型畸变，对称性低于金红石型；金红石型纳米TiO_2是由不规则的略显斜方晶型的八面体构成；板钛矿型则为斜方晶系。纳米TiO_2的三种晶体结构表现出不同的物化性质。板钛矿型纳米TiO_2结构不稳定，因而极少被应用；金红石型的结构过于稳定；只有锐钛矿型纳米TiO_2具有良好的光催化活性。

这是因为：

①金红石型纳米TiO_2的禁带宽度为3.0eV，比锐钛矿型的禁带宽度（3.2eV）小，不易使氧气和水等发生氧化还原反应生成氢氧自由基和超氧自由基；

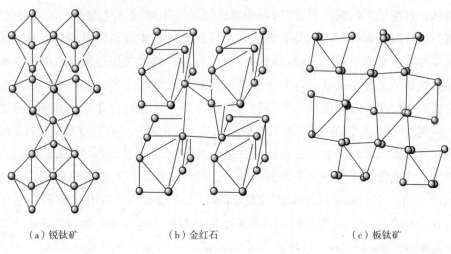

（a）锐钛矿　　　　　　　　　　（b）金红石　　　　　　　　　　（c）板钛矿

图 2-2　纳米 TiO_2 的三种晶体结构

②在锐钛矿型纳米 TiO_2 晶格中能够产生较多的空穴来捕捉电子，易产生电子—空穴对，因此其光催化活性较好；

③由于金红石型纳米 TiO_2 晶型的形成需要 700℃以上的高温煅烧处理，在煅烧过程中，由于纳米 TiO_2 的团聚可能会使得其晶粒尺寸增大、比表面积急剧下降，因此其光催化活性降低。

2.3.2.2　纳米 TiO_2 粒子的光催化氧化作用机理

纳米 TiO_2 的光催化反应是一个复杂的非均相催化过程，其作用原理可以使用固体能带理论解释。纳米 TiO_2 的能带结构不连续，由充满电子的价带顶端和空的导带底端组成。其中禁带宽度 E_g（又称为带隙）为 3.20eV，相当于波长为 387.5nm 的紫外光所含能量。当能量等于或大于带隙的光子（即 $h\upsilon \geqslant E_g$）辐射在纳米 TiO_2 粒子表面时，其吸收光子使得价带中的电子受激发跃迁到导带成为光生电子（e^-）。同时在价带留下相应数量的光生空穴（h^+），这使其具有很强的氧化能力，可以夺取吸附于其表面化合物的电子并导致其分子结构破坏，直至将它们氧化矿化为 CO_2 和水。而跃迁至导带的光生电子（e^-）具有很强的还原能力，可以使纳米 TiO_2 表面的电子受体接受光生电子而被还原，使得光生空穴和光生电子共同形成氧化还原体系。

在这一系列的光催化氧化反应步骤中，受光子激发后分离的电子和空穴各自有进一步的迁移、复合和反应途径，如图 2-3 中的 A、B、C 和 D 所示。由于光生电子和光生空穴相互接近，且通过库仑静电力相互作用，故它们在向纳米 TiO_2 表面传输过程中可能通过体内复合（途径 B）或者表面复合（途径 A）而消失，这个过程常称为脱激。在脱激过程中，能量将以光子或热量的形式释放，不利于光催化反应。此外，光生电子和光生空穴迁移到纳米 TiO_2 粒子表面后，若在表面吸附能够接受电子的分子（电子受体），则其提供光生电子以还原电子受体（途径 C）。若在其表面吸附能够提供电子的分子（电子供体），则它能提供光生空穴以氧化电子供体（途径 D）。这种氧化能力理论上能够破坏水溶液中任何一种有机化合物的分子结构，将其氧化甚至矿化为 CO_2 和 H_2O，同时也能将低价态的无机离子氧化为高价态离子。

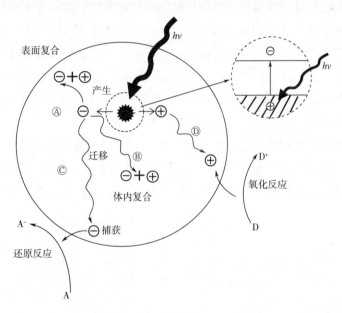

图 2-3　纳米 TiO_2 的光催化反应机理

通过纳米 TiO_2 的光催化氧化作用可以发现，影响纳米 TiO_2 光催化性能的因素主要包括晶体结构、粒径、比表面积、表面羟基和载体等光催化材料自身的基本性质和辐射光源以及反应体系 pH 等外部因素。

（1）能带结构

在纳米 TiO_2 的光催化反应中，其电子结构（即能带结构，包括带隙大小、能带位置、能带弯曲等因素）不仅决定它的光学吸收性能，而且直接影响它的光激发行为及其光激发后光生载流子的输运和转移行为。带隙大小直接决定了纳米 TiO_2 光催化剂吸收光子的能量范围。带隙越小，对应吸收光波长的阈值越大，对太阳光的利用越充分。根据普朗克关系式（2-2）可确定半导体激发光波与带隙之间的关系：

$$\lambda = hv/E_g = 1240/E_g \qquad (2-2)$$

式中：λ 为吸收光波长阈值，h 为普朗克常量，v 为光的真空速度，E_g 为纳米材料的带隙值。

纳米 TiO_2 的带隙值为 3.20eV，意味着纳米 TiO_2 只能吸收波长为 387.5nm 以下的辐射光。为了降低纳米 TiO_2 的带隙，在合成纳米 TiO_2 粒子时可掺杂铁、氮和镧等元素对其进行改性，得到具有较低带隙值的纳米 TiO_2 光催化剂。

（2）粒径尺寸

纳米粒子之所以比普通粒子具有更高的光催化活性，其原因主要有三个方面：

①纳米粒子具有显著的量子尺寸效应，主要表现在导带和价带变为分立能级，能隙变宽，带电位变得更负，这使得光生电子—空穴具有更强的氧化还原能力。

②纳米粒子的比表面积很大，显著地增加了其吸附污染物的能力，且由于表面效应使得粒子表面存在大量的氧空穴，反应活性位点明显增加，提高了光催化降解污染物的能力。

③对于纳米 TiO_2 粒子而言，其粒径通常小于空间电荷层的厚度。在此情况下，光生载流子可通过扩散从粒子的内部迁移到粒子的表面，与电子给体或受体发生氧化或还原反应。由扩散方程（2-3）计算可知，纳米 TiO_2 粒子尺寸越小，电子传输时间越短。

$$\tau = R_0^2/(\pi^2 D) \qquad (2-3)$$

式中：τ 为扩散平均时间，R_0 为粒子半径，D 为电子和空穴在催化剂中的扩散系数。

（3）晶格缺陷

在纳米 TiO_2 光催化剂的制备中，其中的原子排列顺序总是或多或少地偏离了严格的规则排列周期规律而产生晶格缺陷现象。适量的晶格缺陷会引起晶格畸变，形成光生电子或者光生空穴陷阱而促进光生电子—空穴对的分离，抑制两者的复合，使光催化活性提高，还能使其带隙变窄，实现对可见光响应。

（4）辐射光源

光源提供的光子能量必须大于纳米 TiO_2 光催化剂的带隙宽度是进行光催化氧化反应的必要条件。光源产生的辐射光波长越小，照射在纳米 TiO_2 光催化剂表面时所激发的载流子具有的氧化还原电势越高，从而导致其光催化活性越强。染料等化合物的敏化作用也能够激发电子转移作用，使得纳米 TiO_2 催化剂在低于带隙能量的光辐射条件下发生光催化反应。纳米 TiO_2 光催化反应速率在很大程度上依赖其对光子的有效吸收，因此增加辐射光强度能显著提高其光催化降解反应速率。

（5）体系 pH

纳米 TiO_2 光催化氧化降解污染物的反应发生在其表面，因此其表面性质对于光催化反应极其重要。在光催化反应中，体系 pH 的变化影响纳米 TiO_2 颗粒表面电荷性质和颗粒聚集形式。纳米 TiO_2 的等电点通常在 $6 \sim 7.5$，在低于等电点的酸性介质中，纳米 TiO_2 表面发生质子化，使得颗粒表面带正电荷，此时在纳米 TiO_2 表面有利于吸附带负电荷的污染物。而在高于等电点的碱性介质中，纳米 TiO_2 表面发生去质子化，导致颗粒表面带负电荷，此时在纳米 TiO_2 表面有利于吸附带正电荷的污染物。因此，通过调控反应介质的 pH，可以实现对纳米 TiO_2 表面正负电荷的有效调控，加速纳米 TiO_2 光催化氧化反应。

2.4　光催化效应高分子金属配合物的制备技术

2.4.1　高分子金属配合物的主要合成方法

根据高分子金属配合物结构中高分子配体与金属离子之间的结合方式，高分子金属配合物的主要合成方法包括金属离子与配体直接反应、配位基取代反应和活性单体共聚反应等。

（1）金属离子与配体的直接反应。这类方法是合成金属配合物最常用的方法，是利用配体中已有的特定官能团通过与金属配合体进行亲核取代或亲电加成等反应，直接将金属配合体连接到高分子配体表面。这类配体分子通常包括两类化合物：一类是分子结构含有 P、S、O 或 N 等可以提供孤对电子的配位原子；另一类是芳香族化合物和环戊二烯等配体分子结构具有离域性强的 π 电子体系。使用这种方法能够合成种类繁多的配合物，并具有制备过程简单等优点。

（2）配位基取代反应。这类合成方法是首先通过有机反应对不含配位基团的配体进行官能化，使得其表面形成含有配位原子的新官能团，然后再通过配位作用将其与催化活性中心连接，从而得到金属配合物。该方法是一种制备金属配合物催化剂方法中应用较多的方法，具有配体设计灵活和制备过程简单等优点。

（3）活性单体共聚反应。此方法是通过催化活性单体发生共聚反应形成高分子金属配合物。通过控制聚合反应条件能够得到具有适当的孔隙、粒径和强度的凝胶或粉体产物。此方法的主要优点在于配体结构灵活性强且在均相体系中进行，反应活性高，但是具有制备过程复杂和能耗大等缺点。

2.4.2 高分子金属配合物的类型

通过上述方法合成的高分子金属配合物主要包括高分子侧基与金属离子配合而成的侧基配合物和高分子配体与金属离子反应形成的分子间或分子内桥联配合物。其中侧基型配合物是高分子配体以侧基与金属离子发生配位反应形成高分子金属配合物，又分为单配位型和多配位型，其结构清晰且稳定性高。单配位型和多配位型的配位结构分别如式（2-4）和式（2-5）所示。分子间或分子内桥联型配合物是指高分子配体与金属离子之间的配位反应通常导致分子内或分子间的桥联，形成结构更为复杂的高分子金属配合物。分子内或分子间的配位结构分别如式（2-6）和式（2-7）所示。

$$(2-4)$$

$$(2-5)$$

$$(2-6)$$

$$(2-7)$$

2.5 纳米 TiO_2 光催化剂的主要合成方法

纳米 TiO_2 粒子的制备方法按照物料状态可分为固相法、气相法和液相法。但是无论采取何种方法，根据纳米 TiO_2 晶体生长规律，都需在其制备过程中加快成核过程并控制生长速度。因此有效调控纳米 TiO_2 在制备过程中晶体的生长过程是

保证纳米 TiO_2 粒子具有较小粒度的重要前提。

2.5.1　固相法

一般指机械粉碎法，主要用于粗颗粒微细化，主要包括球磨、振动磨、搅拌磨以及胶体磨等。此方法作为一种传统制备工艺具有成本低、产量大和制备工艺简单等优点，但也存在着所得纳米 TiO_2 粒子尺寸大和杂质易于混入等缺点，因此在纳米 TiO_2 的制备中未能获得广泛应用。

2.5.2　气相法

气相法是一种在高温下由气态原子或分子成核并长大形成适当粒径粒子的方法。气相法又包括物理气相沉积和化学气相沉积技术。其中物理气相沉积又有热蒸发、真空蒸发、等离子体蒸发、电子束蒸发和离子溅射等技术。而化学气相沉积法则是将一种或多种反应气体在加热、激光或等离子体等作用下发生化学反应析出超微小颗粒的方法。该方法制备的纳米 TiO_2 粒子具有尺寸均匀、纯度高、粒径小、单分散性好、活性高和易于批量生产等优点。

2.5.3　液相法

液相法是使用可溶性金属盐溶液制备纳米 TiO_2 粒子的方法，也是制备纳米 TiO_2 光催化剂广泛使用的方法。液相法一般以 $TiCl_4$、$Ti(SO_4)_2$ 或钛的醇盐等为原料水解生成纳米 TiO_2 水合物，再经干燥和高温焙烧后得到纳米 TiO_2 粒子。纳米 TiO_2 光催化剂的液相制备方法主要分为水热合成法、沉淀法和溶胶—凝胶法（Sol—Gel）等。其中溶胶—凝胶技术是液相法制备 TiO_2 粒子的典型代表，具有原料来源广泛，操作简单和设备要求低等优点。

（1）水热合成法

水热合成法指在特制密封高压反应器中，以水作为反应介质通过加热到 100℃以上形成高温高压反应环境合成化合物的技术方法。研究证明，通过水热合成法制备的纳米 TiO_2 晶粒结构完整，粒径小而分布较均匀，对原料要求不高，成本相对较低，不需再作高温煅烧处理，且通过改变水热反应的工艺条件可实现调控所制备的纳米 TiO_2 粉体的粒径和晶型等特性。但是由于制备过程需要在具有聚四氟乙烯内衬的高温高压反应釜内进行，操作过程较为复杂，对设备材质和安全要求较严格。

（2）沉淀法

沉淀法指在含有钛酸丁酯、$TiCl_4$ 或 $Ti(SO_4)_2$ 等含钛化合物前驱体中加入阴离子沉淀剂，促使含钛化合物发生水解反应生成氢氧化物、水合氧化物或碱式盐沉淀从溶液中析出形成粉体，再经过洗涤、脱水以及焙烧处理等可得到纳米 TiO_2 粉体。该法的优点是由于沉淀剂是通过化学反应缓慢生成的，因此只要有效控制生成沉淀剂速度，就能够获得粒度均匀的纳米 TiO_2 粒子。缺点是工艺流程长，产生的废液多和制备的纳米 TiO_2 粉体纯度不高的缺点。

（3）溶胶—凝胶法（Sol—Gel 法）

溶胶—凝胶法是在低温或温和条件下合成无机材料的重要方法，所制备的无机材料具有很高的均匀性。使用溶胶—凝胶法制备纳米 TiO_2 的大致过程是先将前驱物（如钛酸丁酯或 $TiCl_4$ 等）分散到乙醇等有机溶剂中，然后通过加入醋酸、三乙醇胺或乙酰丙酮等控制反应条件使其缓慢水解，形成含有有机水解产物的水溶胶。经陈化和干燥等处理使溶剂从反应体系中逐渐除去，并使之发生缩聚反应而凝胶化。最后经高温煅烧使无定型凝胶转化为锐钛矿或金红石的纳米 TiO_2 粉体。在溶胶—凝胶法中，制备纳米 TiO_2 时煅烧温度通常比传统方法低 $200 \sim 400℃$，不需要苛刻的工艺条件和复杂的设备。以此法制得的纳米 TiO_2 粉体粒径尺寸分布均匀可控。当用于纳米 TiO_2 薄膜制备时可在大面积或任意形状基体表面形成均匀薄膜，并保留了纳米 TiO_2 粒径小和光催化性能强等优点。

值得说明的是，尽管溶胶—凝胶法的煅烧温度比传统方法有所降低，但是煅烧温度依然在 $400 \sim 600℃$ 才能获得具有光催化活性的锐钛矿晶相的纳米 TiO_2。这限制了纳米 TiO_2 在不耐热载体如纺织品、木材和塑料等表面制备薄膜的应用。近十年来，出现了在室温或低于 $50℃$ 条件下制备纳米 TiO_2 水溶胶的方法以代替传统的溶胶—凝胶法。其中最核心技术是使用低温陈化技术取代高温烧结形成锐钛矿晶相的纳米 TiO_2。通常采用控制水解反应的原理，通过精确调节体系的物料比、pH 和水量等条件控制钛酸丁酯的水解反应速度以促进锐钛晶相纳米 TiO_2 粒子的形成。其中水加入量和体系 pH 决定了纳米 TiO_2 的结构和形态，并对纳米 TiO_2 的结晶方式产生显著的影响。反应体系的 pH 对纳米 TiO_2 溶胶的稳定形成具有更重要的作用。在制备中经常需要添加盐酸或乙酸来调节 pH，一方面，酸作为催化剂能够控制钛酸丁酯的水解反应过程。另一方面，酸作为胶溶剂还能起到解胶作用。pH 较高时，胶粒表面带电量低，相互间排斥力小，易于在液相中碰撞聚集而形成沉淀。当 pH 减小时，胶粒表面带电量增加，胶粒相互间的排斥力增加至大于胶粒之间的引力时，聚集的胶粒分散成更小的粒子，有利于形成均匀透明的水溶胶体系。然而当 pH 过低时，钛酸丁酯的水解和缩聚反应被过度抑制而变得非常缓慢，胶粒双电层被压缩，胶粒碰撞和聚集的机会增大，最终导致反应体系浑浊甚至形成沉淀。

2.6　其他光催化剂及其合成技术

2.6.1　纳米 ZnO

2.6.1.1　纳米 ZnO 的结构和主要特性

纳米 ZnO 是由日本科学家 Kanata 在 20 世纪 80 年代首次通过气相法制备而成的。它是一种颗粒尺寸在 1~100nm 的宽带隙（3.37eV）半导体化合物。由于其晶粒的细微化，其表面电子结构和晶体结构发生显著变化，产生了宏观物体所不具有的表面效应、体积效应、量子尺寸效应和宏观隧道效应，同时具有高透明度和高分散性等特点。纳米 ZnO 在催化、光学和磁学等方面显示出独特的性能，使其在化工、纺织和生物医药等许多领域有重要的应用价值，具有普通 ZnO 所无法比较的特殊性和用途。纳米 ZnO 晶体在不同条件下会呈现出三种不同晶体结构，即纤锌矿结构、岩盐型结构和闪锌矿结构。其中纤锌矿结构的纳米 ZnO 在常温常压条件下稳定性最高，通常表现为呈四面体形式，Zn 原子层与 O 原子层交互堆叠。Zn—O 键在晶体结构中形成四面体配位，不具有对称中心，而具有两个极性端面（即富氧面和富锌面）。依据不同的制备方法，纳米 ZnO 能够以一维（1D）、二维（2D）或三维（3D）结构的形式存在。其中一维结构纳米 ZnO 主要表现为针、棒、带、管、梳子和线状等。2D 结构纳米 ZnO 的主要存在形式为纳米层和纳米片。3D 结构纳米 ZnO 包括花状、针叶树状、雪花状、海胆状及蒲公英状等。图 2-4 给出了不同维度纳米 ZnO 的 SEM 照片。

2.6.1.2　纳米 ZnO 的主要合成方法

（1）气相沉积法

主要包括化学气相沉积法、激光诱导化学气相沉积法和喷雾热解法等。这些方法的基本合成原理是利用高温气体作为载体，将锌盐或单质锌气化并发生反应，然后经过冷却处理而生成纳米 ZnO 晶体。其中化学气相沉积法所得纳米 ZnO 具有纯度高、分散性好和原料成本低等优点，但是难以实现工业化生产。而喷雾热解法工艺流程简单，产物纯度高，晶粒分布均匀，但也存在耗能高且大规模制备困难等不足。

（2）沉淀法

分为直接沉淀法和均匀沉淀法。通常是将碳酸铵等沉淀剂加入含有锌盐（硫酸锌、硝酸锌或醋酸锌等）的溶液中，反应生成的产物形成相应沉淀后经过滤、

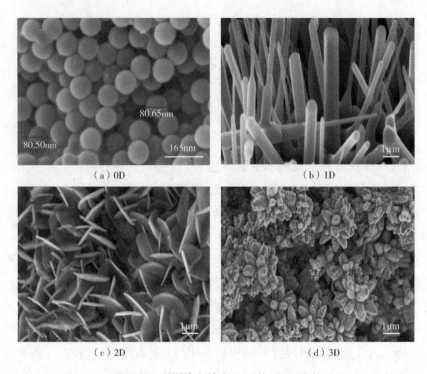

（a）0D　　　　　　　　　　　　（b）1D

（c）2D　　　　　　　　　　　　（d）3D

图 2-4　不同维度纳米 ZnO 的 SEM 照片

洗涤和干燥等过程得到纳米 ZnO。其中直接沉淀法所需设备简单且易于操作，产物纯度高，但是分散性较差，晶粒尺寸分布宽。均匀沉淀法所得产物晶粒分布均匀，分布范围窄且不易团聚。但是时常出现共沉淀现象和去除阴离子困难等问题。

（3）溶胶—凝胶法

首先通过控制锌盐水解和缩聚反应得到稳定透明的溶胶，然后再使之变成凝胶，并经热处理等制得纳米 ZnO 的过程称为溶胶—凝胶法。此法所需反应条件较低，产物纯度高且分散性好。但原料成本高且部分对人体有害，如能使用无毒害且廉价的原料则有望实现商品化生产。

2.6.2　金属酞菁化合物

2.6.2.1　金属酞菁的基本结构和特性

酞菁是在 20 世纪初人类合成的一类具有 18 个电子的大环共轭配合物，主要由四个异吲哚单元构成，其结构与自然界中广泛存在的卟啉类化合物非常类似。酞菁因为其特有共轭大环体系符合休特尔规则而显示芳香性，并在可见光和近紫外光范围具有强烈的光吸收特性。酞菁分子通常具有以下特性：独特的二维平面共

轭 π 电子结构；对光和热具有较高的化学稳定性；分子结构变化多样，易于调控，可衍生出种类繁多的取代化合物；配位能力很强，几乎可以和元素周期表中绝大多数金属元素发生配位反应形成配合物。

　　研究证明，当酞菁环结构与过渡金属离子进行配位时，通常形成单层结构金属酞菁配合物，而与稀土金属离子进行反应时，金属酞菁又以夹心配合物的形式存在。不同中心金属离子显著影响金属酞菁配合物的物化性质。在各种金属配合物中，酞菁通常表现为负二价态，而在特定反应中，酞菁也可以被氧化或还原为不同的价态。在金属离子中，Cu^{2+}、Co^{2+} 和 Fe^{2+} 等金属离子与酞菁的结合力极强，只有通过破坏酞菁环才能将其分离出来。多数金属离子并不会引起酞菁环结构发生显著畸变，只有个别金属离子，如呈 +1 价的金属离子，由于半径太大而不能完全进入酞菁的空穴结构中，从而使酞菁发生较明显的畸变。图 2-5 给出了酞菁及其金属配合物的分子结构，其中 M 为 Fe^{2+}、Co^{2+}、Ni^{2+}、Cu^{2+} 或 Zn^{2+} 等。

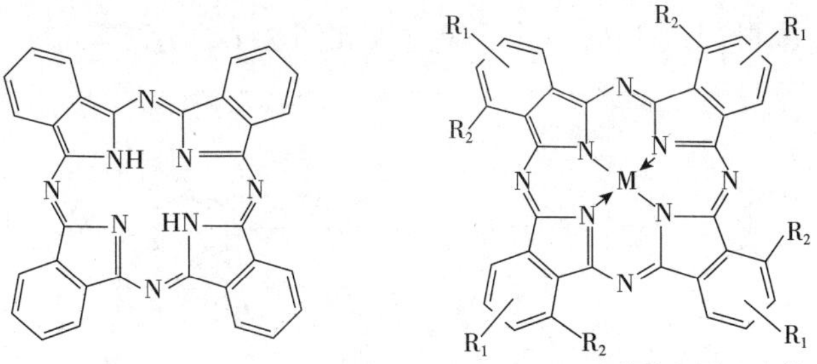

（a）酞菁　　　　　　　　　　（b）酞菁的金属配合物

图 2-5　酞菁及其金属配合物的分子结构

　　金属酞菁类化合物可分为无取代金属酞菁和取代金属酞菁，其中前者外围的基团均为氢原子，它们的分子间作用力较强，易于聚集而难溶于水和有机溶剂，限制其在催化领域的应用。因此目前关于金属酞菁催化材料的研究大多是基于取代金属酞菁而进行的。这主要是由于通过引入取代基团或者将其负载化可有效抑制金属酞菁形成多聚体，使其溶解性和分散性显著提高，有利于其催化性能的发挥。金属酞菁大分子环上能够引入的取代基主要是吸电子基团（磺酸基、羧基和卤素等）和给电子基团（氨基、烷氧基和烷烃等）。金属酞菁的性能主要是由中心金属离子和外围取代基团的性质共同决定的。此外，其外围取代基团也可是具有较高反应活性的基团，为制备负载型金属酞菁奠定了基础。

2.6.2.2　金属酞菁的主要制备方法

　　金属酞菁的分子结构与金属卟啉类似，但是其合成方法却与金属卟啉不同。

金属卟啉的合成方法一般是先合成卟啉环结构，然后再进行金属离子配位反应。而金属酞菁的制备技术是酞菁结构的合成和金属离子配位反应同时进行。金属酞菁的合成方法很多，合成路线一般包括成环反应和配位反应。其中苯酐—尿素法和邻苯二甲腈法是最常见的金属酞菁制备方法。比较而言，前者反应温度较高且纯化过程烦琐，后者合成的金属酞菁易提纯且产率较高。

（1）苯酐—尿素法

这种制备方法又可以分为固相法和液相法。在固相法中，将作为原料的邻苯二甲酸酐及其衍生物、尿素和金属盐和作为催化剂的钼酸铵按照比例混合，研磨均匀后加热至140℃左右使其熔融，然后继续升温至180~240℃反应5h左右，即可得到金属酞菁的粗产品，最后通过反复酸洗和碱洗的方式进行提纯，以获得精制品。在液相法中，将所需的原料和催化剂溶解于硝基苯或氯苯等高沸点溶剂中，并在180~200℃进行反应。例如，在合成锡酞菁过程中当钼酸铵和二水合氯化亚锡的质量比为1∶10，邻苯二甲酸酐、尿素和二水合氯化亚锡物质量比为5∶15∶1时，锡酞菁的收率可超过93%，其反应过程如图2-6所示。

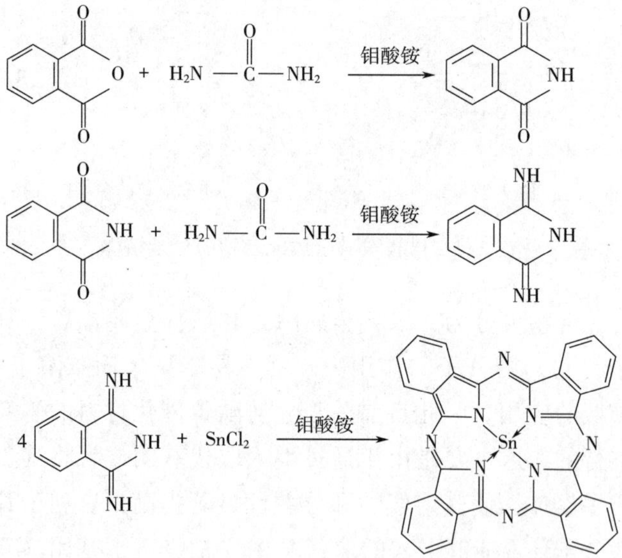

图2-6　邻苯二甲酸酐、尿素和二水合氯化亚锡合成锡酞菁的反应

（2）邻苯二甲腈法

这种合成方法也有固相法和液相法之分。在液相法中，将邻苯二甲腈及其衍生物和金属盐等原料和特定催化剂共同溶解于硝基苯、三氯化苯、十氢萘或者

DMF 等溶剂中，混合均匀后，升温至 140℃，反应一定时间得到金属酞菁。此方法的优点是副产物少，得到的酞菁容易纯化且产率高。但是其显著缺点是合成条件受到限制，一般需要无水条件，因为氰基容易发生水解。为得到结构新颖且性能优良的金属酞菁，可选择使用邻苯二甲腈法在金属酞菁结构中引入羧基，其主要反应如图 2-7 所示。

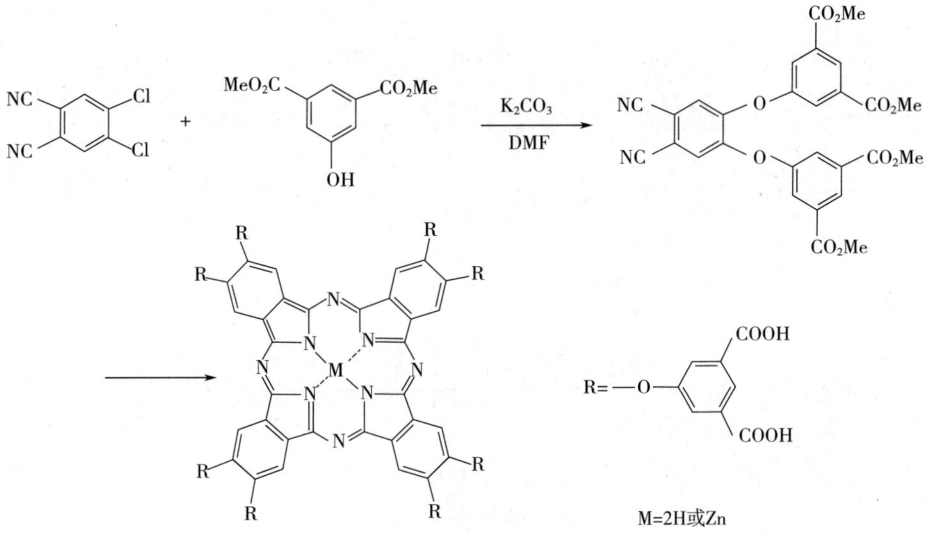

图 2-7　使用邻苯二甲腈法合成金属酞菁

2.6.3　MOFs 材料

2.6.3.1　MOFs 的基本结构和特性

尽管在 20 世纪 50 年代就已经出现了关于 MOFs（金属有机骨架化合物，metal-organic fram eworks，简称 MOFs）材料的报道，但是直到 20 世纪 90 年代，因合成了孔结构稳定的金属有机框架配合物后，MOFs 概念才被正式提出。近 20 年来，作为多孔配位聚合物的 MOFs 材料已经快速发展成为材料领域的研发热点之一。依据 MOFs 材料的骨架结构稳定性，目前其大致可分为三代金属有机骨架材料。第一代 MOFs 是由客体分子维持其多孔体系，当去除客体分子时其骨架易于发生坍塌。第二代 MOFs 具有稳定刚性的多孔结构，当骨架中不存在客体分子时仍然能够保持其多孔体系。第三代 MOFs 被认为是动态多孔配位聚合物，可响应外界的刺激，如电场或光辐射等可逆地改变其孔径和形状以适应外界刺激的需要。与传统材料相比，MOFs 材料具有三个主要特点。

（1）结构与功能的多样性和调控性

几乎所有金属离子都可作为制备 MOFs 材料的金属中心，而有机配体的种类和数量众多，如图 2-8 所示。因金属离子中心与有机配体配位模式的多样性，制备的 MOFs 材料具有多样拓扑结构。此外，还可以通过在有机配体结构的拓展及其官能团修饰进一步优化 MOFs 材料的性能。

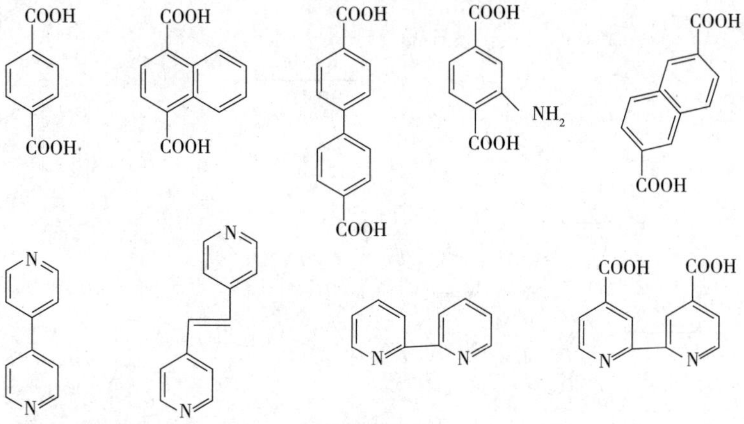

图 2-8　应用在 MOFs 制备反应中的有机配体

（2）孔隙率高和比表面积大

MOFs 是目前发现的具有超高孔隙率的晶体材料，其自由体积在 90% 以上。此外，MOFs 的孔径尺寸还具有可调控性，通过对配体进行选择和拓展，可调整 MOFs 的孔径甚至形貌以满足功能要求。

（3）金属配位点的不饱和性

在制备反应中，金属中心除了与有机配体配位反应之外，还会与水或乙醇等溶剂分子进行配位反应。通过加热等处理可使这些溶剂分子从 MOFs 的结构中脱离，暴露出具有配位不饱和的金属中心。它们不仅可作为吸附位点，促进 MOFs 对气体或其他反应底物的吸附作用，而且可作为催化反应的活性位点，构成了 MOFs 作为催化剂的基础。

2.6.3.2　MOFs 的主要制备方法

用于制备 MOFs 的基本原料是金属离子和有机配体，其中的有机配体多为含羧基有机阴离子配体。此外，含氮杂环有机中性配体也常用来合成 MOFs。在合成 MOFs 时，有机配体和金属中心在其结构中分别作为支柱和结点。不同有机配体可以与包括四价金属离子在内的大多数过渡金属离子进行反应，得到结构多样的 MOFs 材料。不同的制备方法对所获得 MOFs 材料的性能具有显著影响。目前 MOFs 的制备方法主要包括水热合成法、扩散法、机械搅拌法、微波辅助法、超声波制备法和电化学法等。

（1）水热合成法

水热合成法也称为溶剂热合成法，其中的溶剂不局限于水，还可以是醇类、水/醇混合体、有机胺类以及水/胺混合体等。但使用水热法制备 MOFs 时，一般是将金属盐和有机配体溶解在适当溶剂中，混合均匀后移至带有聚四氟乙烯内衬的不锈钢高温反应釜中，在 100～200℃和高压条件下进行溶解和反应，最后通过降温使产物结晶析出。水热合成法的特点是反应时间短，并且可使常温常压条件下不溶或难溶的化合物溶解度增大。此外，该技术具有原料成本较低、MOFs 产率较高、晶体生长完美和设备操作简单等优点。

（2）扩散法

此方法是两种原料通过扩散在界面处接触后缓慢析出 MOFs 晶体的方法。其优点是制备条件比较温和，且得到产物结晶度高和纯度好。缺点是仅依靠扩散过程中分子间的运动进行反应，反应时间长且对前驱体反应物的溶解性能要求比较高，故应用受到限制。目前扩散法又分为凝胶扩散法、液相扩散法和气相扩散法。其中凝胶扩散法通常是将金属盐溶解在溶液中，将有机配体配制于凝胶中，然后将溶液与凝胶混合分层，静置一段时间后两种组分通过缓慢扩散最终在分层界面反应生成晶体。液相扩散法是将金属盐和有机配体分别溶解在互不相溶的两种溶剂中，然后将其中一种溶液缓慢滴加到另一种溶液上，两种溶液在接触面通过缓慢扩散相互反应最终析出晶体。气相扩散法则是先将金属盐溶解在适当的溶剂中，再把有机配体溶解在另一种易挥发的溶剂中，随着溶剂缓慢挥发使溶液达到饱和，便可扩散到溶液中从而析出晶体。

（3）机械搅拌法

在机械搅拌法中，首先将适量金属盐和有机配体混合，然后在研磨等机械力作用下生成 MOFs。该方法不需要添加溶剂，可在常压条件下合成，但是得到产物的晶型结构较差，且含有较多的杂质。这种技术最早在 2006 年出现，使用球磨机研磨处理能够制备基于 Cu—异烟酸的 MOFs 材料。

（4）其他方法

微波辅助法是通过电磁波使反应体系温度升高，使 MOFs 快速结晶成核的合成技术。而超声波制备法是利用超声波辐射来给反应体系提供高温高压的条件，从而在较短时间内制备 MOFs 晶体的技术。

2.6.4 Ag₃PO₄

Ag_3PO_4 是一种光催化性能极强的可见光光催化材料，因其直接带隙宽度为 2.43eV，间接带隙宽度为 2.36eV，故能吸收波长小于 530nm 的太阳光，并且在 400~800nm 范围可见光区表观量子产率高达 90%，具有可见光响应、光生电子—空穴对分离效率高和光催化活性极高等特性。Ag_3PO_4 的价带边缘为 2.85eV，远高于 H_2O/O_2 的氧化电势（1.23eV），产生的空穴能够直接将吸附的 H_2O 分子氧化产生 O_2。而 Ag_3PO_4 的导带边缘为 0.45eV，高于 H^+/H_2 的还原电势，若无牺牲试剂存在，则捕获光生电子生成 AgO。Ag_3PO_4 主要有菱形十二面体、立方体和四面体 3 种晶型，其中菱形十二面体晶型的 Ag_3PO_4 具有更高的表面能，且对 300~530nm 可见光和紫外线具有更高吸收效率，因此催化活性更高。相对而言，立方型 Ag_3PO_4 更容易制备，四面体晶型则能使其在低温条件下保持较高的光催化活性。尽管 Ag_3PO_4 光催化剂以高活性著称，但是仍存在光腐蚀和稳定性差的缺点。通过与其他光催化剂（纳米 TiO_2 等）形成异质结或 Z 型光催化剂、掺杂贵金属纳米粒子以及使用碳材料（碳纳米管、碳量子点和石墨烯等）等方法对其进行表面修饰，不仅可提高 Ag_3PO_4 的光生载流子分离效率和光催化效率，而且可提高其光稳定性。目前 Ag_3PO_4 的制备方法主要包括沉淀法、固相离子交换法、水热法、微波辅助法和电化学法等，其中沉淀法最常用。

2.6.4.1 沉淀法

沉淀法又称为液相离子交换法，一般是通过在盐溶液中加入沉淀剂反应得到固体沉淀物，然后对其进行热处理得到 Ag_3PO_4。在传统沉淀法中，通常分别以 $AgNO_3$ 和水溶性磷酸盐（如 KH_2PO_4、NaH_2PO_4 等）为银源和磷源制备 Ag_3PO_4 粉末。为了获得特定形貌或尺寸的 Ag_3PO_4 以提升其光催化性能，可以使用先引入添加剂后再沉淀的方法。其中常用的添加剂是氨水和聚乙烯吡咯烷酮（PVP）等。当氨水被添加到反应体系时，其与 $AgNO_3$ 反应形成银氨溶液，然后再进行离子交换可提升生成 Ag_3PO_4 的规整度，获得结构和性能更加优异的 Ag_3PO_4 粒子，还可以减缓 Ag_3PO_4 粒子的生成速率，得到活性更高的 Ag_3PO_4 粒子。而当使用 PVP 作为添加剂时，可得到呈现立方体状的 Ag_3PO_4 粒子。该方法的主要优点是操作简单和 Ag_3PO_4 产量高。其不足是获得的 Ag_3PO_4 粒子尺寸较大。此外，这个方法通常会导致生成的 Ag_3PO_4 粒子与空气接触机会较多，其催化活性更易于变差。

2.6.4.2　固相离子交换法

固相离子交换法通常是将适量的 Na_3PO_4（或 NaH_2PO_4）与 $AgNO_3$ 粉末充分混合（如在玛瑙研钵中充分研磨），直到混合物粉末从最初的白色变为黄色。然后将黄色粉末洗净和干燥得到 Ag_3PO_4 粉末。这个方法是量产 Ag_3PO_4 首选制备方法，主要优势是操作更为简单易行，耗时较少，主要缺点是可能产生混合不充分的现象，并且使用洗涤方法除去产物表面残留物的过程也较为复杂。

2.6.4.3　水热法

水热法是在密封的高温反应釜中以水或有机溶剂为介质进行的化学合成反应技术。在使用水热法制备 Ag_3PO_4 时首先将 Na_3PO_4 加入 $AgNO_3$ 水溶液中，在 pH 为 5 和温度为 200℃的条件下反应 6h 即可得到目标产品。使用水热法合成的 Ag_3PO_4 晶型结构易于调控，得到的晶体缺陷少而活性较高。但是此法也存在对设备要求高、实验条件苛刻、制备成本较高和耗时相对较长等缺点。

2.6.4.4　其他方法

在微波辅助法中，微波技术能够使物质内部的极性小分子吸收电磁波而产生高频振动和碰撞并产生强烈的热效应。这有利于固体物质之间的传质作用，促进化学合成反应的进行。通过微波辅助化学反应技术能够合成四面体晶型的 Ag_3PO_4。此法具有加热快速、反应灵敏和受热均匀等特点，制备的 Ag_3PO_4 可达到纳米级且结晶度高。电化学技术是一种新兴的光催化材料制备方法，使用电化学技术能够合成 Ag_3PO_4 薄膜，其优势在于电沉积过程容易实现且工艺可控。

2.6.5　Cu_2O

2.6.5.1　Cu_2O 的结构和主要特性

Cu_2O 通常为橙黄色或红色八面立方晶系结晶粒子，并随其制备方法的不同而有所差异。Cu_2O 晶体结构为赤铜矿型，在其晶体的单位晶胞中，氧离子 O^{2-} 位于晶胞的顶角和中心，亚铜离子 Cu^+ 则位于 4 个相互错开的 1/8 晶胞立方体的中心，每个铜离子与两个氧离子联结，呈直线排列，配位数为 2，如图 2-9 所示。

Cu_2O 属于对可见光响应的 P 型半导体，其光催化特性主要决定于它独特的晶体结构。其晶格的 3d 和 4s 轨道因亚铜原子之间的距离而不再重叠，从而形成了由一个空的导带和一个全满的价带构成的半导体能带。Cu_2O 的禁带宽度约为 2.2eV，显著低于纳米 TiO_2 的 3.2eV，可吸收小于波长 563nm 的辐射光，并在太阳光辐射下能有效地产生光载流子，其光电转换效率可达到 18%，引发光催化反应并将水分

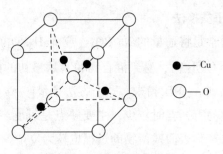

图 2-9　Cu_2O 的晶体结构

解成氢气和氧气。其中多晶态的 Cu_2O 具有非常高的稳定性，能够反复使用而不会被还原和氧化。更重要的是，铜元素在地球上含量丰富，Cu_2O 生产成本低且无害，是一种极具发展前景的光催化材料。

2.6.5.2　Cu_2O 的主要合成方法

（1）干法

干法是早期制备 Cu_2O 的方法，又分为粉末冶金烧结法、火法还原法和低温固相法。其合成基本原理是将 CuO 铜粉和还原性气体在密闭条件下烧制形成 Cu_2O。这种方法的主要缺点是产物纯度低、粒度大和分散性差以及难以工业化生产等。

（2）湿法

湿法是制备 Cu_2O 的常用方法，通常使用还原剂在比较温和的条件下将 Cu^{2+} 离子还原成 Cu_2O。常用制备过程是使醋酸铜、硫酸铜或硝酸铜等与氢氧化钠生成难溶的氢氧化物，然后使用特定还原剂如亚硫酸盐、葡萄糖、水合肼、硼氢化钠或抗坏血酸等将其还原形成均匀的 Cu_2O 溶胶。此外，通过加入不同的表面活性剂能够控制形成 Cu_2O 的形貌。该方法的优点是产品纯度高、粒径小和分散性较好并易于准确调控，且所用设备简单，加工成本相对较低。

第3章 基于光催化技术的水体净化纺织品制备与应用

3.1 印染废水中的主要污染物及其净化技术

3.1.1 印染废水的主要组成

纺织品印染废水主要来自前处理、染色、印花和后整理四个基本加工过程。在这些加工过程中,洁净水与纤维、染料和助剂等接触而受到严重污染,从各加工步骤中排出而形成印染废水。根据织物印染加工的主要流程,所产生的印染废水主要包括下列几种。

(1)精练废水

在棉织物的精练工艺中需要使用以氢氧化钠为主,表面活性剂为辅的加工体系,此外还使用硅酸钠和亚硫酸钠等多种无机盐。这能将棉纤维中的油蜡、果胶、蛋白质和棉籽壳等杂质去除并进入水中,使得废水成分复杂,明显提高其生物耗氧量(BOD)和化学耗氧量(COD)值。

(2)漂白废水

漂白加工能够去除纤维中的有色杂质。常用的漂白剂主要是双氧水和次氯酸钠等。因漂白浴含有的有机助剂较少,故漂白废水的 BOD 和 COD 值相对较低。

(3)丝光废水

使用氢氧化钠对棉织物进行处理的丝光加工主要是为了提高织物的尺寸稳定性和对染料的吸收性能,由此而产生的废水碱性强,pH 为 12~13,并含有很多的纤维屑、悬浮物等。

(4)染色废水

由于不同纤维原料需用不同的染料、助剂和染色工艺,而且染料的上染性能、使用浓度、染色设备等方面也存在显著差异,因此染色废水不仅组成非常复杂,而且变化多。染色废水含有染料和助剂等有机物，使其 COD 值处于较高水平，而 BOD 值则较低，可生化性较差。染料通常是含有芳香环结构的有机化合物，不仅使废水带有颜色，而且难以被微生物降解，是印染废水中的主要污染物。

（5）印花废水

织物印花多采用活性染料和涂料印花工艺，所产生废水主要来自配色调浆和筛网的冲洗以及印花织物的后水洗工艺，因此废水中的污染物主要由染料、涂料、浆料或增稠剂和其他助剂等组成。

（6）后整理废水

织物使用的后整理剂种类繁多，能赋予其多样化的功能性，这些后整理剂多为表面活性剂和有机聚合物，进入废水中能显著增加印染废水的污染程度和处理负荷。

3.1.2　印染废水的水质分析

织物印染加工路线较长而工序多样，而且所使用的纤维、染料和助剂种类繁杂又具有变化性，导致织物印染废水所含污染物质较为复杂，根据目前对工业废水排放水质基本要求，织物印染废水的水质特征如下。

（1）水温

织物印染加工多采用高温工艺，因此所产生的废水水温一般较高，通常为 30~40℃。

（2）pH

在织物的印染加工过程中，使用多种化学品导致所产生的废水的 pH 变化较大，一般为 5~12，有时甚至超过 13。

（3）颜色

织物印染废水的颜色主要是由染色加工时使用的染料所致，而色度高和颜色多变是织物印染废水的主要特征，而脱色处理是降低印染废水污染的主要方法。

（4）固体物质

印染废水中存在大量的固体物质，主要包括纤维屑、染料和助剂等。废水中的固体物质通常可用总固体量进行表征，而总固体则由溶解固体和悬浮固体组成。其中前者主要包括溶解于水中的有机物和无机物如活性染料和无水硫酸钠等；后者主要包括悬浮固体和可沉固体，如不溶解于水中的分散染料和纤维屑以及其他杂质等。

（5）有毒物质

印染废水含有大量有毒物质，除在染色和印花加工过程中所使用的多种染料和助剂之外还包括少量重金属（汞、镉和铬等）离子以及氯联苯等。当它们进入水体和土壤中时，会对其中的动物、植物和微生物等造成极强的伤害，严重影响自然界的生态平衡。

（6）有机物质

印染废水中存在的有机物质主要是残留的染料和助剂，主要是指具有共轭结构的有机物、表面活性剂和聚合物等。这些化合物被认为是织物印染废水的主要污染源，也是废水处理的主要对象。

3.1.3　印染废水的主要处理技术

3.1.3.1　物理处理技术

物理处理法就是通过机械、物理的作用分离和去除废水中不溶解的悬浮固体及油类污染物的方法，在处理过程中不改变污染物的化学性质。常用技术主要包括水质水量调解法、栅栏法、沉淀法、过滤法和泡沫分离法等。

水质水量调解法的优点是工艺简单、成本较低，但只能达到初级净化作用，常与其他方法结合使用。

栅栏法主要去除印染废水含有的少量棉绒、短纤、非溶解性化学药剂和尘土等漂浮物和悬浮物。

在使用沉淀法的场合，在重力作用下废水中比重大于 1 的悬浮物下沉，使其从废水中去除。这种方法既可以分离废水中原有的悬浮固体，也可分离在废水处理过程中生成的次生悬浮固体（如化学沉淀物、絮状体以及微生物复合体等），这种方法简单易行，分离效果好，在印染废水处理中得到广泛应用。

废水的过滤处理是使其通过具有孔隙的粒状滤层，如石英砂等，以截留水中微量残留悬浮物如胶体、絮凝物、藻类和细菌等，并使水获得澄清的过程。

泡沫分离法主要用来去除废水中的表面活性剂，当废水中的表面活性剂含量高时，表面活性剂能够形成分子胶团，当压缩空气被鼓入废水中，搅拌破坏了胶团的稳定性，使表面活性剂的疏水端进入气泡中并在气泡和水溶液界面形成水膜层，在气泡浮升过程中，水膜能吸附表面活性剂分子并在水面上形成泡沫层，除去泡沫层就可把表面活性剂从废水中分离出来。

3.1.3.2　化学处理技术

化学处理技术的主要目的是通过调节废水中的酸碱度，去除金属离子和氧化或还原有机化合物等，以净化或分离废水中的胶体物质和溶解性物质。常用的方法包括中和法、混凝法、气浮法、电解法、活性炭吸附法和氧化脱色法等。化学处理法在处理过程中必须投入化学药剂，故运行费较高，常与其他方法如物理处理或生物处理法等结合使用，以降低成本和提高效率。

（1）中和法

中和法的基本原理是使酸性废水中的 H^+ 离子与外加的 OH^- 离子或使碱性废水中的 OH^- 离子与外加的 H^+ 离子相作用生成水和盐，从而调节废水的酸碱度。在印染废水处理中，中和法作为预处理单元通常仅能调节废水的 pH，并不能去除废水中的其他污染物质。中和法又分酸性废水中和法与碱性废水中和法。印染废水多呈碱性，pH 一般为 9~12，需进行中和处理。

（2）混凝法

混凝剂能使在废水中呈胶体或悬浮状态的染料、表面活性剂和金属离子以及其他化合物发生凝聚形成较大颗粒而沉降，有效地降低废水的色度和 COD 值。通常而言，混凝技术包括凝聚（coagulation）和絮凝（flocculation）两种基本过程。其中凝聚是指胶体被压缩双电层而脱稳的过程，而絮凝则指胶体脱稳后聚结成大颗粒絮体的过程。凝聚过程可以是瞬时完成，而絮凝需要一定的时间才能完成，通常把能起凝聚和絮凝作用的物质统称为混凝剂。根据混凝剂的化学组成，其可分为无机混凝剂和有机混凝剂。目前应用最广泛的无机型絮凝剂是铁系和铝系金属盐，其中聚合氯化铝和聚合硫酸铝是最为常用的无机高分子絮凝剂，对各种废水都可达到比较好的絮凝效果，且适宜的 pH 范围较宽。有机高分子混凝剂具有用量最少、混凝速度快、受盐类和 pH 及温度影响小、生成污泥量少且易处理等优点。目前常用的有机高分子混凝剂主要有聚丙烯酰胺和聚二甲基二丙烯基氯化铵等。

（3）气浮法

印染废水中存在大量呈乳浊状的油脂和纤维绒毛杂质，它们经过混凝所生成的絮凝体颗粒小、质量轻、沉淀性能差，难以通过沉淀法分离。此外，生物处理单元排出混合液中生物污泥的沉淀性能也较差，用沉淀法分离往往也不能获得良好的效果。然而印染废水所含上述杂质或生物污泥可直接采用气浮法分离，并且如果预先投加混凝剂进行处理，其分离效果将更为显著。

（4）电解法

利用电解过程中的化学反应能使废水中的杂质转化存在形式而被去除的方法称为废水电解处理法。在应用电解法处理废水中不同的污染物质时，可借助其不同的作用机制。研究表明，应用电解法能够净化含有多种染料的废水，对直接染料、硫化染料和分散染料印染废水，脱色率可达 90% 及以上，对酸性染料废水的脱色率一般也可超过 70%。电解法具有下列特点：反应速度快、脱色率高、产泥量小；可在常温常压操作，管理方便，容易实现自动化；当进水中污染物质浓度发生变化时，可通过调整电压与电流的方法进行控制，保证出水水质稳定；处理时间短，设备占地面积少；需要直流电源，电耗和电极材料消耗量较大，适用于小水量废水处理。

（5）吸附法

吸附法是将活性炭或黏土等多孔物质的粉末或颗粒与废水混合，也可让废水通过其颗粒状物组成的滤床，使其中的污染物质被吸附在多孔物质表面或被过滤除去。目前吸附法已经在印染废水处理中得到广泛应用，特别适合低浓度印染废水以及初步净化废水的深度处理，具有投资小、方法简便易行、成本较低的优点。在吸附法中使用的吸附剂是含有许多微隙的多孔材料，比表面积巨大，通常在 $0.1 \sim 1.0 \mathrm{km}^2/\mathrm{kg}$ 的范围内。一般而言，固体都具有一定的吸附能力，但只有具有很高选择性和巨大吸附容量的固体才能作为工业吸附剂。活性炭是迄今为止最优良的脱色吸附剂之一，采用活性炭可以有效去除印染废水中的有机物，如水溶性偶氮染料和表面活性剂类污染物。此外活性炭还对苯酚类化合物和金属离子都有独特的吸附能力，吸附率高，一般应用于浓度较低的染料废水处理或深度处理。利用煤炉渣表面积大和微孔特点能够对印染废水进行吸附脱色处理，以达到废物综合利用的目的。

（6）氧化脱色法

印染废水的重要特征之一就是带有较深的颜色，因此脱色处理也就成为印染废水处理的主要任务，对于减少生态污染和循环利用都具有关键性的意义。尽管生物法或混凝吸附法等处理对于色度的脱除具有一定的效果。但是在一般情况下，生物法的脱色效率较低，仅为 40% ~ 50%。混凝法的脱色效率较高，却又因染料品种和混凝剂的不同而存在很大差异，脱色率为 50% ~ 90%，采用混凝法处理后的出水仍有一定色泽，对排放和回用都很不利，为此必须进行深度脱色处理。而氧化法的脱色效率高且对染料适用性广而得到普遍应用。根据所使用氧化剂的种类和性状，氧化法可大致分为氯氧化法、臭氧氧化法和 Fenton 氧化法等。使用臭氧对印染废水的处理目前已有比较成熟的工艺，其氧化处理的主要影响因素包括水温、pH、悬浮物浓度、臭氧投加量、接触时间和光辐射强度等。比较而言，Fenton 氧化脱色法处理废水所产生污泥量相对较少，废水的 BOD 和 COD 值下降非常显著，甚至几乎可以全部被去除。工业化实践证明，Fenton 氧化脱色法目前已成为工业废水深度净化的重要方法之一。

3.1.3.3　生物处理技术

生物处理技术是利用微生物的氧化分解作用去除废水中有机物的方法。根据所使用细菌种类，把生物处理分为好氧生物处理和厌氧生物处理。其中好氧生物处理是指在有氧存在的条件下，借助于好氧菌的作用来净化废水的方法；而厌氧生物处理是指在无氧存在的条件下通过厌氧菌的作用来净化废水的方法。比较而言，好氧处理反应快，所需时间短，有机物分解比较彻底，分解产物无臭味，出水水质较好。而厌氧处理反应缓慢，所需时间长，有机物分解不彻底，分解产物中易产生有臭味的 NH_3 和 H_2S，但是其优点是不需要氧气，并可获得有价值的甲烷气体。一般而言，有机物浓度较低的废水多采用好氧法处理；而有机物浓度高的废水和污泥多采用厌氧法。生产实践表明，生物处理法具有处理效率高，运转管理费用低的优点。

3.2　改性 PAN 纤维金属配合物制备和光吸收性能

聚丙烯腈（PAN）纤维又称为腈纶，通常是指含丙烯腈 85% 以上的丙烯腈共聚物或均聚物纤维。在 PAN 纤维的化学组成中，丙烯腈是第一单体而构成纤维的主体结构，对其化学性质和物理机械性能等具有关键性作用。第二单体为丙烯酸甲酯、甲基丙烯酸甲酯或醋酸乙烯酯等乙烯基单体，通常含量是 5%~10%，通过降低纤维分子间的作用力来调节纤维的手感和弹性等应用性能。第三单体的含量通常为 0.5%~3%，多使用衣康酸钠、丙烯磺酸钠和甲基丙烯磺酸钠等的离子化乙烯基单体，以改善纤维的亲水性和染色性。

3.2.1　不同改性 PAN 纤维配体的合成方法

3.2.1.1　偕胺肟改性 PAN 纤维配体

盐酸羟胺与 PAN 纤维在 65~70℃ 和 pH=6 条件下发生反应，使 PAN 纤维表面的部分氰基转化为偕胺肟基团而得到偕胺肟改性 PAN 纤维（简称 AO-PAN），提高盐酸羟胺浓度和延长反应时间都会显著增加腈基转化率，但是反应时间一般不超过 4h。反应式如下：

$$\begin{array}{ccc} —CH_2—CH— & \xrightarrow{NH_2OH \cdot HCl} & —CH_2—CH— \\ | & & | \\ CN & & HON{=\!\!=}C—NH_2 \end{array} \qquad (3-1)$$

3.2.1.2　水合肼改性 PAN 纤维配体

将 PAN 纤维置于水合肼水溶液中，在 95℃和 pH=10 条件下反应能够得到水合肼改性 PAN 纤维配体（简称 HA-PAN）。提高水合肼浓度会使纤维的增重率呈线性增加，尽管延长反应时间会增加纤维的改性反应，但是以不超过 2h 为宜。反应式如下：

$$
\tag{3-2}
$$

3.2.1.3　混合改性 PAN 纤维配体

将 PAN 纤维加入到含有水合肼和盐酸羟胺的水溶液中，在 95℃和 pH=9.5 的条件下反应 2h 后得到混合改性 PAN 纤维配体（简称 M-PAN），反应式如下：

$$
\tag{3-3}
$$

在制备过程中，分别使用不同浓度的盐酸羟胺和水合肼对 PAN 纤维进行改性反应，得到的 3 种改性 PAN 配体的增重率（ΔW）与其浓度之间的关系如表 3-1 所示。

表 3-1　盐酸羟胺和水合肼对三种改性 PAN 配体的 ΔW 影响

AO-PAN	$C_{AO}/\ (mol \cdot L^{-1})$	0.16	0.24	0.32	0.40	0.48
	$\Delta W/\%$	3.25	6.99	29.74	39.02	33.98
HA-PAN	$C_{HA}/\ (mol \cdot L^{-1})$	0.75	1.50	2.25	4.50	6.75
	$\Delta W/\%$	1.74	4.37	7.68	11.13	18.25
M-PAN	$C_{M}/\ (mol \cdot L^{-1})$	0.40	0.80	1.20	1.60	2.00
	$\Delta W/\%$	8.87	17.70	40.00	45.23	42.86

注　C_{AO} 为盐酸羟胺浓度，C_{HA} 为水合肼浓度，C_{M} 为盐酸羟胺和水合肼混合浓度。

从表 3-1 可看出，三种改性 PAN 配体的 ΔW 均随着反应物浓度增加而逐渐升高，表明提高反应物浓度可以增加 PAN 纤维的改性反应，其原因可能是升高反应物浓度会增大盐酸羟胺或水合肼与 PAN 纤维表面氰基接触机会，加快了两者之间的反应。值得注意的是，当 C_{AO} 为 0.40mol/L 时，AO-PAN 的 ΔW 可以达到 39.02%，而 HA-PAN 的 ΔW 在 C_{HA} 增加至 6.75mol/L 时仍不足 20%，这意味着 PAN 纤维偕胺肟改性反应更易于进行。其原因是水合肼具有强烈的交联特性，能在 HA-PAN 中大分子链间产生交联结构，阻碍水合肼分子进一步与 PAN 纤维改性反应。对于 M-PAN 而言，水合肼交联结构的存在使其较 AO-PAN 更难以制备，然而通过增加 C_M 至 1.20mol/L 也可使其 ΔW 达到 40%。

3.2.2 不同改性 PAN 纤维配体与 Fe^{3+} 的配位反应

3.2.2.1 Fe^{3+} 初始浓度影响

在 25℃时，使用不同初始浓度（$C_{Fe,0}$）的 Fe^{3+} 分别与三种改性 PAN 纤维配体进行配位反应，得到的 $C_{Fe,0}$ 与配合物的 Fe^{3+} 配合量（Q_{Fe}）之间的关系如图 3-1 所示。

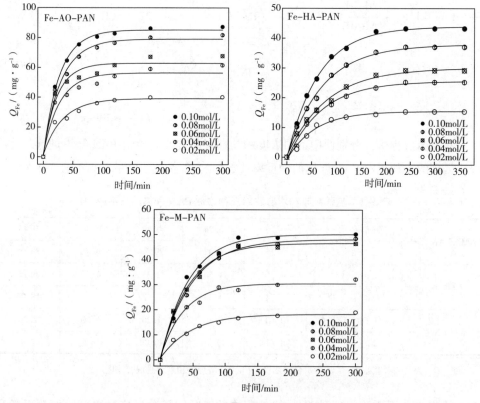

图 3-1 $C_{Fe,0}$ 与 Q_{Fe} 值之间的关系

图 3-1 显示，三种配合物的 Q_{Fe} 值随着反应时间的延长显著增加，反应 60min
后，Q_{Fe} 值逐渐趋于平衡。值得注意的是，Q_{Fe} 值均随着 $C_{Fe,0}$ 的增加逐渐变大，这主
要是因为升高 Fe^{3+} 初始浓度，使得其与 PAN 配体表面接触的概率增大，从而促进
了两者之间的反应。在相同的条件下，三种配合物的 Q_{Fe} 值按照下列顺序排列：
Fe-AO-PAN＞Fe-M-PAN＞Fe-HA-PAN，且 Fe-AO-PAN 的 Q_{Fe} 值明显高于其他两
种配合物的 Q_{Fe} 值，说明 AO-PAN 与 Fe^{3+} 的配位反应性更高。这是因为 AO-PAN
表面只含有偕胺肟基团，有利于 Fe^{3+} 与其中的氨基或羟基进行配位反应。而 M-
PAN 表面不仅存在偕胺肟和氨基腙基团，还存在上述两种基团形成的交联产物，
使得其表面结构中存在明显的空间位阻效应，不利于其配位反应。此外，因 Fe-
HA-PAN 中交联结构更为明显，这使得 Fe^{3+} 更难以配位方式固定在 HA-PAN 表面，
故其 Q_{Fe} 值最低。

3.2.2.2　反应温度影响

三种改性 PAN 配体与 Fe^{3+} 在不同的温度条件下进行配位反应得到的铁配合物
的 Q_{Fe} 值列于图 3-2。

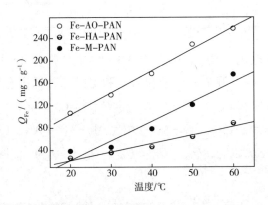

图 3-2　反应温度对改性 PAN 配体与 Fe^{3+} 配位反应的影响

图 3-2 显示，三种改性 PAN 纤维铁配合物的 Q_{Fe} 值均随着反应温度的升高呈
线性增加趋势，表明升高温度有利于三种配体与 Fe^{3+} 之间的配位反应。其原因可能
是升高温度可增大纤维配体的溶胀性，增加其表面配位基团的暴露。而且温度的
升高可加剧 Fe^{3+} 在水溶液中的热运动，使得 Fe^{3+} 更容易接近改性 PAN 配体，有利
于两者之间的配位反应。反应过程中还发现当温度高于 50℃时，纤维铁配合物表
面会收缩变硬，机械强度显著下降，不利于其作为催化剂应用。因此，反应温度
以不超过 50℃较为适宜。

3.2.2.3 增重率的影响

将不同增重率（ΔW）的三种改性 PAN 配体分别与 Fe^{3+} 进行配位反应，达到平衡后各配体的 ΔW 与其铁配合物的 Q_{Fe} 值如表 3-2 所示。提高 ΔW 可使 Q_{Fe} 值明显增加，因为 ΔW 越高意味着 PAN 纤维的改性程度越高，有利于促进了其与 Fe^{3+} 的配位反应，从而使更多的 Fe^{3+} 被固定在纤维表面。

表 3-2　ΔW 与 Q_{Fe} 值之间的关系

配体	HA-PAN			AO-PAN			M-PAN		
$\Delta W/\%$	8.11	13.22	21.11	13.78	22.86	35.58	13.10	28.18	39.73
$Q_{Fe}/$（$mg \cdot g^{-1}$）	5.62	9.89	16.24	34.60	69.64	89.96	11.54	29.45	30.74

3.2.2.4 金属离子性质的影响

AO-PAN 纤维分子结构中的氨基氮原子和羟基氧原子能够与多种过渡金属离子和稀土金属离子发生配位反应并生成 AO-PAN 金属配合物，反应式如下：

$$\left[\!\!\begin{array}{c} CH_2-CH \\ | \\ H_2N-C=N-OH \end{array}\!\!\right]_m + M^{n+} \longrightarrow \left[\!\!\begin{array}{c} CH_2-CH \\ | \\ \left(H_2N-C=N-OH\right)_p\left(M^{n+}\right)_q \end{array}\!\!\right]_m \tag{3-4}$$

在 50℃ 时，将转化率为 60.05% 的 AO-PAN 分别与不同初始浓度的 Fe^{3+}、Cu^{2+}、Co^{2+} 和 Mn^{2+} 四种过渡金属离子和 Ce^{3+} 和 La^{3+} 二种稀土金属离子进行配位反应，它们的初始浓度（$C_{Fe,0}$、$C_{Cu,0}$、$C_{Co,0}$、$C_{Mn,0}$、$C_{Ce,0}$ 和 $C_{La,0}$）与生成配合物（Fe-AO-PAN、Cu-AO-PAN、Co-AO-PAN、Mn-AO-PAN、Ce-AO-PAN 和 La-AO-PAN）的配合量（Q_{Fe}、Q_{Cu}、Q_{Co}、Q_{Mn}、Q_{Ce} 和 Q_{La}）之间的线性关系方程见表 3-3。

表 3-3　六种金属离子初始浓度与配合量之间的线性关系方程

金属离子	线性关系方程	R^2
Fe^{3+}	$Q_{Fe} = 0.0307 C_{Fe,0} + 0.398$	0.9849
Cu^{2+}	$Q_{Cu} = 0.0127 C_{Cu,0} + 0.353$	0.9910
Co^{2+}	$Q_{Co} = 0.0114 C_{Co,0} + 0.356$	0.9831
Mn^{2+}	$Q_{Mn} = 0.0112 C_{Mn,0} + 0.327$	0.9841
Ce^{3+}	$Q_{Ce} = 0.0110 C_{Ce,0} + 0.035$	0.9766
La^{3+}	$Q_{La} = 0.0108 C_{La,0} - 0.015$	0.9864

表 3-3 显示，三种二价金属离子线性方程的斜率相似，但是都显著低于 Fe^{3+} 线性方程的斜率（0.0307），这说明 Fe^{3+} 比三种二价金属离子更易进行配位反应。此外，两种稀土金属离子配合物的配合量也表现出与四种过渡金属离子类似的变化规律，并且其线性方程的斜率也与三种二价过渡金属离子的线性方程的斜率相近，证明它们也比 Fe^{3+} 更难进行配位反应。原因是根据 Lewis 酸碱概念和 Pearson 软硬酸碱规则，Fe^{3+} 属于硬酸，通常具有体积小、正电性强以及不易变形的特点，并且更易于接受来自配体的电子对。而 AO-PAN 含有羟基和胺基，具有硬酸的结构特征，其给出电子对的原子变形性小，电负性强，并且难以被氧化。而软硬酸碱规则表明，硬酸更倾向于与硬碱结合并形成稳定的配合物。因此 Fe^{3+} 更倾向与 AO-PAN 发生配位反应。另外，根据晶体场理论，Fe^{3+} 在强场中形成的低自旋正八面体配合物的 LFSE（配位体场稳定化能）较高，更趋于形成高稳定性的配合物。另外，Cu^{2+} 与 AO-PAN 的 Q_e 稍高于 Co^{2+}，特别是当 C_0 值较高时表现得更为突出，说明前者比后者较容易与配体发生反应并形成稳定的配合物，而且这种现象符合 Irving-Williams 序列。此外，金属原子的第二电离势越高，表明金属离子越易于接受配体的电子对而形成稳定配合物。而 Cu^{2+} 的第二电离势明显高于 Co^{2+} 等的第二电离势，因此 Cu^{2+} 发生配位反应的倾向更强。再者，在进行配位反应时 Cu^{2+} 的 Jahn-Teller 效应使得所形成的配合构型发生畸变，也会有利于其吸附于配体表面。

两种稀土金属离子配合物的 Q_e 值低于四种过渡金属离子，且 Ce^{3+} 的 Q_e 值略高于 La^{3+}，说明它们的配位反应能力较差。这是因为稀土金属离子的 4f 电子处于原子结构内层，受配位场的影响小，其 LFSE 值远低于过渡金属离子的 LFSE 值。而且由于其中的 4f 电子被屏蔽，与配体间的成键主要通过静电作用，仅能产生很弱的共价程度，因此稀土金属离子的配位能力较差。Ce^{3+} 和 La^{3+} 归属于惰性金属离子，其所形成配合物的稳定性随着其电荷性增大和离子半径减少而增强。而镧系收缩现象使得 Ce^{3+} 半径小于 La^{3+} 半径，故导致 Ce^{3+} 较易于发生配位反应。研究表明，稀土金属离子与配体中氧原子的配位能力很强，而难以与其中的氮原子发生配位，在水溶液中不能得到稀土离子的含氮有机配合物。特别是在酸性水溶液中，H^+ 与配体中的—NH_2 反应形成—NH_3^+，使氮原子的配位能力进一步下降。因此推断，由于稀土金属离子在酸性条件下仅能与 AO-PAN 中的氧原子进行配位，从而抑制了两者之间的配位反应。

3.2.3　偕胺肟改性 PAN 纤维双金属配合物的制备

助金属离子的加入是提高金属配合物类催化剂性能的一种重要的途径，其中

Cu^{2+} 和 Ce^{3+} 是常用的助金属离子，它们分别能够和 Fe^{3+} 与 AO-PAN 进行共配位反应，生成偕胺肟改性 PAN 纤维双金属配合物（偕胺肟改性 PAN 纤维铜铁配合物，简称 Cu-Fe-AO-PAN；偕胺肟改性 PAN 纤维铈铁配合物，简称 Ce-Fe-AO-PAN）。两种配合物中两种金属离子的摩尔含量比（n_{Cu}/n_{Fe} 或 n_{Ce}/n_{Fe}）如表 3-4 和表 3-5 所示。

表 3-4 Cu-Fe-AO-PAN 中 n_{Cu}/n_{Fe} 的变化

配合物样品	水中金属离子浓度/ (mol·L^{-1})		配合物中金属配合量/ (mmol·g^{-1})			n_{Cu}/n_{Fe}
	Fe^{3+}	Cu^{2+}	Q_{Fe}	Q_{Cu}	Q_T	
Fe-AO-PAN	0.10	0	2.519	0	2.519	0
Cu-Fe-AO-PAN（Ⅰ）	0.075	0.025	2.016	0.388	2.404	0.193
Cu-Fe-AO-PAN（Ⅱ）	0.05	0.05	1.544	0.881	2.425	0.571
Cu-Fe-AO-PAN（Ⅲ）	0.025	0.075	1.095	1.211	2.306	1.106
Cu-AO-PAN	0	0.10	0	2.387	2.387	—

表 3-5 Ce-Fe-AO-PAN 中 n_{Ce}/n_{Fe} 的变化

配合物样品	水中金属离子浓度/ (mol·L^{-1})		配合物中金属配合量/ (mmol·g^{-1})			n_{Ce}/n_{Fe}
	Fe^{3+}	Ce^{3+}	Q_{Fe}	Q_{Cu}	Q_T	
Fe-AO-PAN	0.10	0	2.519	0	2.519	0
Ce-Fe-AO-PAN（Ⅰ）	0.075	0.025	2.349	0.073	2.422	0.031
Ce-Fe-AO-PAN（Ⅱ）	0.05	0.05	2.087	0.363	2.450	0.174
Ce-Fe-AO-PAN（Ⅲ）	0.025	0.075	1.801	0.581	2.382	0.323
Ce-AO-PAN	0	0.10	0	2.375	2.375	—

注 Q_{Fe}、Q_{Cu} 和 Q_{Ce} 分别是配合物中 Fe、Cu 和 Ce 的配合量，Q_T 为金属离子总配合量。

表 3-4 和表 3-5 显示，随着反应体系中助金属离子浓度的增加，生成的配合物中助金属离子的摩尔含量逐渐提高。当助金属离子浓度和 Fe^{3+} 浓度（0.05mol/L）相同时，两种配合物的 n_{Cu}/n_{Fe} 和 n_{Ce}/n_{Fe} 远低于 1，尤以 Ce-Fe-AO-PAN 的 n_{Ce}/n_{Fe} 为甚。这主要因为 Fe^{3+} 比助金属离子易于与 AO-PAN 发生配位反应。当 Fe^{3+} 存在时，两种助金属离子与 AO-PAN 配位反应行为明显不同，Ce^{3+} 比 Cu^{2+} 更难发生配位反应，达到反应平衡时，n_{Cu}/n_{Fe}（0.571）明显高于 n_{Ce}/n_{Fe}（0.174），如图 3-3 所示。

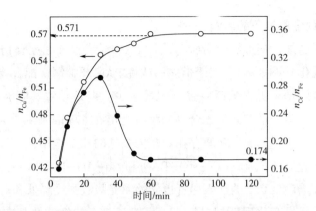

图 3-3　反应过程中配合物的金属离子配合量比值的变化

3.2.4　不同改性 PAN 纤维金属配合物的光吸收性能

3.2.4.1　改性 PAN 纤维结构的影响

两种 Fe-AO-PAN 和 Fe-M-PAN 都对紫外光和可见光具有强烈的吸收性能（图 3-4），并且随着其铁配合量的增加表现得更为突出，将光谱响应范围拓展至几乎整个可见光区。值得说明的是，在铁配合量相似的条件下，与 Fe-M-PAN 相比较，Fe-AO-PAN 的光吸收性更好。改性 PAN 纤维铁配合物的吸收谱带是由改性 PAN 纤维配体的 π-π 跃迁带、配体和铁离子间的电荷转移（CT）跃迁带以及铁离子的 d-d 跃迁带所构成的。

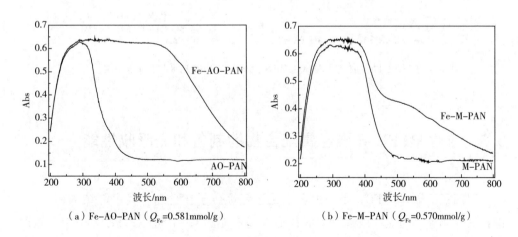

（a）Fe-AO-PAN（Q_{Fe}=0.581mmol/g）　　　（b）Fe-M-PAN（Q_{Fe}=0.570mmol/g）

图 3-4　改性 PAN 纤维铁配合物的 DRS 吸收光谱

3.2.4.2 助金属离子的影响

助金属离子的加入使形成的偕胺肟改性 PAN 纤维双金属配合物的光吸收性能也发生了显著变化（图3-5）。对于偕胺肟改性 PAN 纤维铜铁配合物，Cu^{2+} 的加入使其对辐射光特别是可见光的吸收强度明显减少，但是导致其能够吸收更长波长的可见光，而且铜配合量较高的配合物的吸收光谱在 678nm 处存在明显的吸收峰。这说明配合物中的 Cu^{2+} 和 Fe^{3+} 之间存在着较为强烈的相互作用，导致其分子结构显著不同于两种单金属配合物（Fe-AO-PAN 和 Cu-AO-PAN）。对于偕胺肟改性 PAN 纤维铈铁配合物，Ce^{3+} 的加入尽管也能够使光吸收强度降低和对可见光的最大吸收波长减小，但是变化程度相对较小，可能与 Ce^{3+} 的性质及其在配合物中含量较低有关。

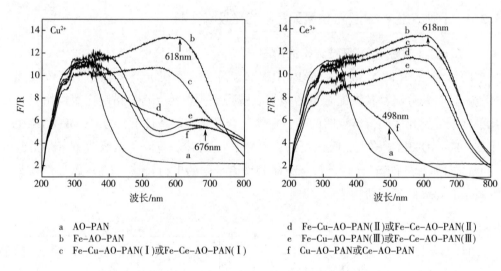

a   AO-PAN
b   Fe-AO-PAN
c   Fe-Cu-AO-PAN(Ⅰ)或Fe-Ce-AO-PAN(Ⅰ)
d   Fe-Cu-AO-PAN(Ⅱ)或Fe-Ce-AO-PAN(Ⅱ)
e   Fe-Cu-AO-PAN(Ⅲ)或Fe-Ce-AO-PAN(Ⅲ)
f   Cu-AO-PAN或Ce-AO-PAN

图3-5   助金属离子对 AO-PAN 金属配合物的光吸收性能的影响

3.3   改性 PTFE 纤维金属配合物的制备和光吸收性能

聚四氟乙烯（PTFE）是一种全氟化直链高分子化合物，其主链结构由 C—C 键构成，相连接的氢均被氟原子取代形成高键能的 C—F 键。PTFE 分子中的氟原子比氢原子具有更大的原子半径，故对其主链碳原子表现出极为有效的屏蔽保护作用，并以螺旋结构将主链包裹其中，构成高度对称的非极性结晶结构，这使其具有无法比拟的耐热性和化学稳定性。目前制备 PTFE 纤维的主要方法包括载体纺丝、糊料挤出纺丝、熔体纺丝和割膜裂法等。PTFE 纤维中相邻大分子上的氟原子的负电荷具有排斥作用，这使其内聚能和分子间结合力极低，表现出非常低的表面张力，使其具有极强的疏水和疏油性，被认为是目前表面能最小的固体材料，几乎所有的材料都不能完全黏附在其表面。

3.3.1　丙烯酸对 PTFE 纤维的表面接枝聚合改性反应

研究证明，在 ^{60}Co-γ 射线辐射条件下，丙烯酸能够在 PTFE 纤维表面进行接枝聚合反应，从而制备丙烯酸接枝 PTFE 纤维（简称 PAA-g-PTFE）。一般而言，PAA-g-PTFE 的接枝率越高，表明其表面丙烯酸接枝聚合程度越显著，而且其接枝率主要受丙烯酸浓度、^{60}Co-γ 辐射强度和辐射时间等影响。PTFE 纤维的聚丙烯酸接枝改性反应式如下：

$$\begin{array}{c} \left[CF_2\!-\!CF_2\right]_n \xrightarrow[\text{CH}_2=\text{CH}-\text{COOH}]{^{60}\text{Co}-\gamma\ \text{辐射}} \left[CF_2\!-\!CF\right]_{n_1}\!\!\left[CF_2\!-\!CF_2\right]_{n_2} \\ \underset{\text{COOH}}{\overset{|}{CH_2\!-\!CH}}\!\!\left(\underset{\text{COOH}}{\overset{|}{CH_2\!-\!CH}}\right)_m \end{array}$$

$$(3-5)$$

（1）丙烯酸浓度和 ^{60}Co-γ 射线辐射强度的影响

将 PTFE 纤维分别置于含不同丙烯酸浓度水溶液中，在 ^{60}Co-γ 射线辐射和硫酸亚铁铵存在下丙烯酸在 PTFE 纤维表面发生接枝聚合反应，得到的 PAA-g-PTFE 的接枝率（G_f）与丙烯酸浓度（C_{AA}）之间的关系如图 3-6（a）所示。随着丙烯酸浓度的提高，PTFE 纤维的接枝率逐渐增长。主要原因是增加丙烯酸浓度使得丙烯酸与纤维表面接触概率增大，促进了其与 PTFE 纤维发生反应，使接枝率升高。另外，辐射强度的提高也会使接枝率发生了显著的增加［图 3-6（b）］。因为辐射强度的提高使得 PTFE 纤维表面更易于产生链自由基，促进了两者之间的反应，获得高接枝率的 PTFE 纤维。

（2）PTFE 纤维的接枝率与羧基含量之间的关系

丙烯酸在 PTFE 纤维表面发生接枝链聚合反应而引入羧基，生成的 PAA-g-PTFE 的接枝率与其表面羧基含量（Q_{COOH}）的关系参见图 3-7。可以看出，PAA-g-PTFE 的 Q_{COOH} 值随着其 G_f 的增加而呈线性增加，这意味着提高其接枝率可相应增加其表面的羧基含量，为有效调控 PTFE 纤维表面的羧基含量提供了方法。

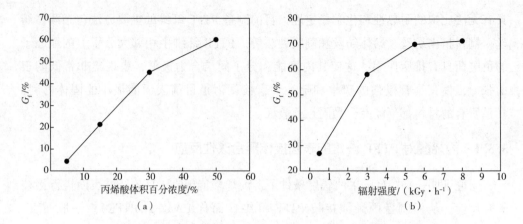

图3-6　丙烯酸浓度和辐射强度对接枝率的影响

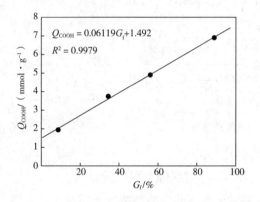

图3-7　G_f 与 Q_{COOH} 值之间的关系曲线

3.3.2　聚丙烯酸改性 PTFE 纤维与 Fe^{3+} 的配位反应

PTFE 纤维经丙烯酸接枝改性后其表面生成很多羧基，其中的两个氧原子具有很强的配位反应能力，在水中可与多种金属离子发生配位反应，生成稳定且呈电中性的改性 PTFE 纤维金属配合物。这些羧酸基团与金属离子配位反应模式通常包括分子内（intramolecular coordination）和分子间（intermolecular coordination）配位方式，如图3-8所示。

Fe^{3+} 是制备类 Fenton 反应催化剂最常用的过渡金属离子，所制备的类 Fenton 反应催化剂能够高效地催化 H_2O_2 分解为氢氧自由基，促进水中的污染物分解反应。PAA-g-PTFE 能够与 Fe^{3+} 进行配位反应制备丙烯酸改性 PTFE 纤维铁配合物，通过优化制备反应条件能够有效地调控其催化性能。

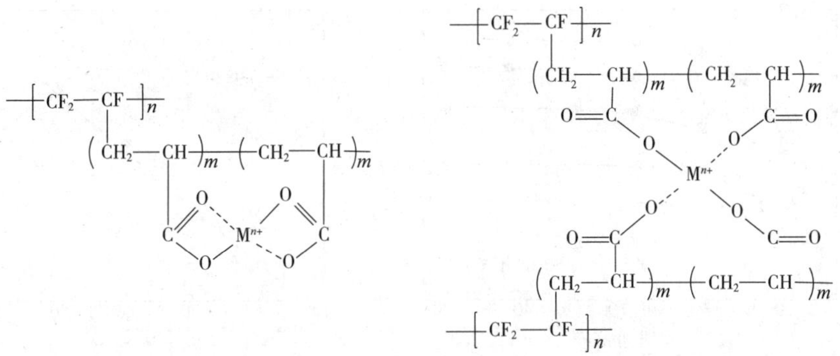

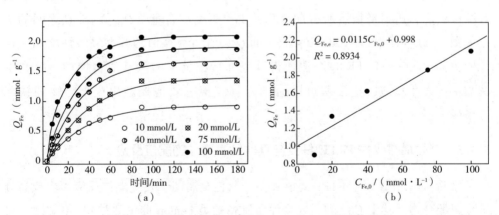

（a）分子内配位　　　　　　　　　　　（b）分子间配位

图 3-8　PTFE 表面羧基与金属离子的配位反应模式

（1）Fe^{3+} 初始浓度的影响

使 PAA-g-PTFE（$G_f = 34.5\%$）与不同初始浓度（$C_{Fe,0}$）的 $FeCl_3$ 在 50℃和搅拌条件下进行配位反应，所得丙烯酸改性 PTFE 纤维铁配合物（Fe-PAA-g-PTFE）的铁配合量（Q_{Fe}）与 $C_{Fe,0}$ 值之间的关系如图 3-9（a）所示。Fe-PAA-g-PTFE 的 Q_{Fe} 值随着配位反应时间的延长显著提高，并在反应时间超过 120min 后再无显著变化。值得注意的是，由图 3-9（b）可看出，配位反应平衡后所得配合物的 $Q_{Fe,e}$ 与反应 $C_{Fe,0}$ 呈现出良好的线性关系，且 Fe-PAA-g-PTFE 的 $Q_{Fe,e}$ 均随着 $C_{Fe,0}$ 的提高而相应增加。

图 3-9　不同初始浓度 Fe^{3+} 与 PAA-g-PTFE 的配位反应

（2）反应温度的影响

将 PAA-g-PTFE（$G_f = 34.5\%$）与 0.10mol/L 的 $FeCl_3$ 在不同温度条件下进行配位反应，生成的 Fe-PAA-g-PTFE 的 Q_{Fe} 值与温度的关系如图 3-10 所示。

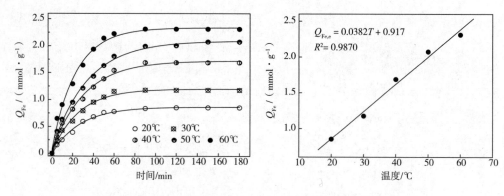

图 3-10　反应温度对 PAA-g-PTFE 与 Fe^{3+} 配位反应的影响

Fe-PAA-g-PTFE 的 Q_{Fe} 值随着配位反应时间的延长而逐渐增加，并在反应时间超过 120min 后几乎趋于稳定，这说明两者之间的反应在 120min 后接近平衡。此时的 $Q_{Fe,e}$ 值与反应温度呈现出良好的正相关性，表明升高反应体系的温度能够促进 PAA-g-PTFE 纤维接枝链中的羧基与 Fe^{3+} 之间的配位反应。这可从两个方面进行解释：一是随着温度的升高，纤维的溶胀性也会增大，使纤维表面的羧基更易于与 Fe^{3+} 反应。二是温度的升高使得 Fe^{3+} 在水中的热运动加剧，更易于向纤维表面扩散，促进发生配位反应发生。

（3）PAA-g-PTFE 接枝率的影响

将具有不同 G_f 的 PAA-g-PTFE 分别与 0.10mol/L 的 $FeCl_3$ 在 50℃的条件下进行配位反应，达到平衡后所得配合物的 Fe^{3+} 平衡配合量（$Q_{Fe,e}$）与 G_f 之间的关系如图 3-11 所示。Fe-PAA-g-PTFE 的 $Q_{Fe,e}$ 值随着 G_f 值的升高呈线性增加，这说明提高 PAA-g-PTFE 的 G_f 值使得其表面接枝链中的羧基数目增加，有利于其与 Fe^{3+} 发生反应，这证明可以通过调节 G_f 值有效地控制生成配合物的铁配合量。

3.3.3　聚丙烯酸改性 PTFE 纤维与其他金属离子的配位反应

除 Fe^{3+} 外，PAA-g-PTFE 还能和多种其他金属离子发生配位反应而生成高分子金属配合物。其中 Cu^{2+} 的引入会使所制备的类 Fenton 催化剂对 pH 不敏感，可以在中性和碱性环境中发挥催化作用，并且在重复使用时催化活性更稳定。使用 Ce^{3+} 与纤维材料的配位反应制备的催化剂能够比 Cu^{2+} 所制备的催化剂更耐碱。也就是说，Cu^{2+} 和 Ce^{3+} 作为最常用的助金属离子可用来改善含 Fe^{3+} 类高分子金属配合物催化剂的性能，如耐碱性和重复利用性等。与 Fe^{3+} 相比较，Cu^{2+} 和 Ce^{3+} 与

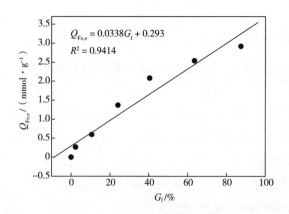

图 3-11　G_f 与 $Q_{Fe,e}$ 之间的关系曲线

PAA-g-PTFE 的配位反应能力较差，但 Fe^{3+} 反应时比 Cu^{2+} 和 Ce^{3+} 更易受温度影响。从图 3-12 可以看出，在相同条件下，PAA-g-PTFE 对 Fe^{3+} 的配合量（Q_{Fe}）要高于其与 Cu^{2+} 和 Ce^{3+} 的配合量（Q_{Cu} 或 Q_{Ce}），这与两种金属离子与偕胺肟改性聚丙烯腈纤维发生配位反应时所表现出变化趋势具有相似性。值得注意的是，在相同条件下，Q_{Cu} 值明显高于 Q_{Ce} 值，说明尽管是稀土金属离子，Ce^{3+} 也属于硬酸，但是其与 PAA-g-PTFE 的配合量显著低于（Fe^{3+} 和 Cu^{2+}）这两种过渡金属离子，这说明 Ce^{3+} 与 PAA-g-PTFE 的配位反应能力较差，这是因为稀土金属离子的 4f 电子处于原子结构内层，受配位场的影响小，其 LFSE 值远低于过渡金属离子的 LFSE 值，而且由于其中的 4f 电子被屏蔽，与配体间的成键主要通过静电作用，仅表现很弱的共价程度，因此稀土金属离子的配位能力较差。

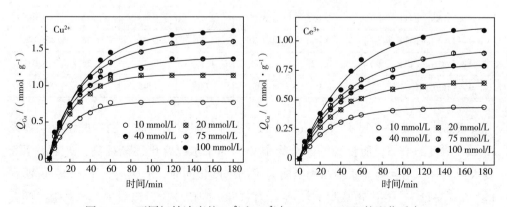

图 3-12　不同初始浓度的 Cu^{2+} 和 Ce^{3+} 与 PAA-g-PTFE 的配位反应

3.3.4 聚丙烯酸改性 PTFE 纤维双金属配合物的制备

助金属离子的加入是提高金属氧化物或配合物类催化剂性能的一种重要的途径。将过渡金属离子 Cu^{2+} 和稀土金属离子 Ce^{3+} 作为助金属离子分别和 Fe^{3+} 与 PAA-g-PTFE（$G_f = 34.5\%$）进行共配位反应，可生成两种丙烯酸改性 PTFE 纤维双金属配合物（丙烯酸改性 PTFE 纤维铜铁配合物，简称 Cu-Fe-PAA-g-PTFE，丙烯酸改性 PTFE 纤维铈铁配合物，简称 Ce-Fe-PAA-g-PTFE）。在配位反应中，体系中助金属离子与 Fe^{3+} 浓度对得到的配合物中两种金属离子的摩尔配合量比（n_{Cu}/n_{Fe} 或 n_{Ce}/n_{Fe}）的影响如表 3-6 和表 3-7 所示。

表 3-6　Cu-Fe-PAA-g-PTFE 中 Cu/Fe 的变化

配合物	$C_{M,0}/$ (mol·L^{-1})		配合量/ (mmol·g^{-1})			n_{Cu}/n_{Fe}
	Fe^{3+}	Cu^{2+}	Q_{Fe}	Q_{Cu}	Q_M	
Fe-PAA-g-PTFE	0.100	0	1.89	0	1.89	0
Cu-Fe-PAA-g-PTFE（Ⅰ）	0.075	0.025	1.13	0.75	1.88	0.66
Cu-Fe-PAA-g-PTFE（Ⅱ）	0.050	0.050	0.54	1.55	2.09	2.87
Cu-Fe-PAA-g-PTFE（Ⅲ）	0.025	0.075	0.31	1.75	2.06	5.65
Cu-PAA-g-PTFE	0	0.100	0	1.98	1.98	—

注　$C_{M,0}$ 为金属离子初始浓度，Q_M 为反应平衡后配合物金属离子配合量。

表 3-7　Ce-Fe-PAA-g-PTFE 中 Ce/Fe 的变化

配合物	$C_{M,0}/$ (mol·L^{-1})		配合量/ (mmol·g^{-1})			n_{Ce}/n_{Fe}
	Fe^{3+}	Ce^{3+}	Q_{Fe}	Q_{Cu}	Q_M	
Fe-PAA-g-PTFE	0.100	0	1.85	0	1.85	0
Ce-Fe-PAA-g-PTFE（Ⅰ）	0.075	0.025	2.13	0.03	2.16	0.014
Ce-Fe-PAA-g-PTFE（Ⅱ）	0.050	0.050	1.31	0.45	1.76	0.346
Ce-Fe-PAA-g-PTFE（Ⅲ）	0.025	0.075	1.23	0.12	1.75	0.081
Ce-PAA-g-PTFE	0	0.100		1.45	1.45	—

表 3-6 和表 3-7 显示，当 Cu^{2+} 与 Fe^{3+} 进行共配位反应时，随着配位反应体系中 Cu^{2+} 浓度的增加，所得到的配合物中 Cu^{2+} 的摩尔配合量逐渐提高，n_{Cu}/n_{Fe} 不断变大。另外，当反应体系中两种金属离子的浓度相同时，n_{Cu}/n_{Fe} 大于 1.0，说明在 Fe^{3+} 存在条件下，Cu^{2+} 更易与 PAA-g-PTFE 发生配位反应。而对于 Ce^{3+} 与 Fe^{3+} 的共配位反应，当反应体系中两种金属离子的浓度相同时，n_{Ce}/n_{Fe} 最高，且远低于

1.0，说明在 Fe^{3+} 存在条件下，Ce^{3+} 仍然难与 PAA-g-PTFE 发生配位反应。

3.3.5　改性 PTFE 纤维金属配合物的光吸收性能

改性 PTFE 纤维金属配合物的光吸收性能是其作为非均相 Fenton 反应的光催化剂的必要条件。尽管 PAA-g-PTFE 在 200~400nm 范围内具有很强的吸收谱带，但是当其与 Fe^{3+} 配位反应后，这个谱带不仅吸收强度显著增加，而且能扩展至可见光区（图 3-13），这可能是因为配合物中金属离子的 d-d 跃迁和配体向金属离子的荷移（LMCT）所致。更重要的是，这种变化趋势随着配合物中 Q_{Fe} 值的提高而更加明显。为研究 Cu^{2+} 的加入对改性 PTFE 纤维铁铜双金属配合物 Cu-Fe-PAA-g-PTFE 的光吸收性能的影响，考察了水溶液中 Fe^{3+} 与 Cu^{2+} 的摩尔浓度比（$c_{Fe^{3+}} : c_{Cu^{2+}}$）与所生成配合物的光吸收性能之间的关系，如图 3-14 所示。

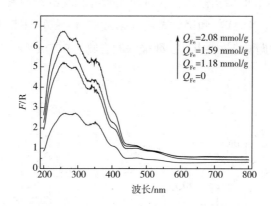

图 3-13　不同 Q_{Fe} 的 Fe-PAA-g-PTFE 的 DRS 谱图

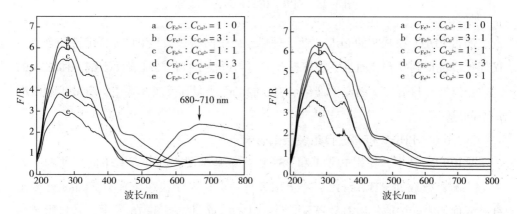

图 3-14　助金属离子对改性 PTFE 纤维金属配合物的光吸收性能的影响

从图 3-14 中可以看出，随着溶液中 Cu^{2+} 浓度的增加，Cu-Fe-PAA-g-PTFE 在 200~500nm 之间的吸收峰强度逐渐下降，而在 680~710nm 之间的吸收峰强度逐渐提高。这说明它们吸收可见光的性能得到不断加强，使得它们作为光催化剂时利用太阳光成为可能。此外，配合物在 200~500nm 之间的吸收峰强度随着溶液中 Ce^{3+} 浓度的增加也不断降低，并且吸收峰的位置逐渐向紫外光区转移，然而并没有在可见光区出现新的吸收峰。这种现象说明，Ce^{3+} 作为助金属离子并不能显著改善配合物的可见光吸收性能。

3.3.6　磺酸基改性 PTFE 纤维铁配合物的制备

为了进一步提高聚丙烯酸改性 PTFE 纤维铁配合物作为非均相 Fenton 反应催化剂的催化活性和使用稳定性，使用层层自组装（layer-by-layer self-assembly，LBL）技术对其进行表面结构修饰，通过使用带有相反电荷的聚电解质，如聚二烯丙基二甲基氯化铵（PDDA）和聚对苯乙烯磺酸钠（PSS）在其表面进行交替组装沉积制备得到 LBL 磺酸基改性 PTFE 纤维铁配合物。PDDA 和 PSS 的化学结构式如图 3-15 所示。

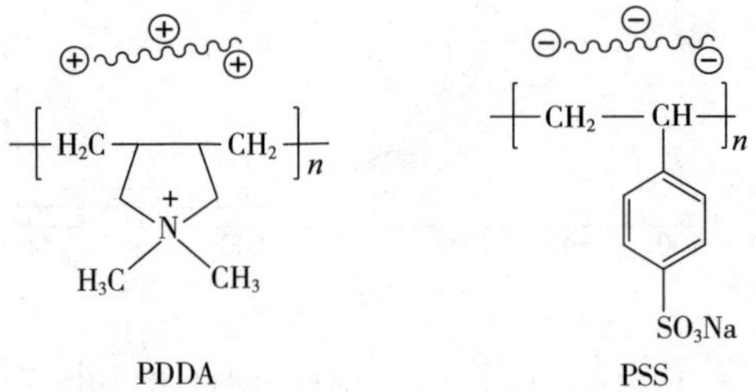

图 3-15　PDDA 和 PSS 的化学结构式

经过 PDDA 和 PSS 的 LBL 改性处理后，丙烯酸接枝改性 PTFE 纤维铁配合物不仅催化活性得到提升，而且还能够提升 Fe^{3+} 与改性 PTFE 纤维表面磺酸基团之间的配位稳定性，显著减少固定于催化剂表面的 Fe^{3+} 泄漏到反应体系中，有效控制二次污染问题。

3.3.6.1　PDDA 和 PSS 自组装层数影响

采用 LBL 技术，使用 PDDA 和 PSS 作为聚电解质，制备含有不同层数的一系列 LBL 磺酸基改性 PTFE 纤维，并运用紫外—可见光谱仪在波长为 225nm 处测定纤维表面的吸光度值，PDDA/PSS 层层自组装示意图如图 3-16 所示，其自组装层数与吸光度值的关系如图 3-17 所示。

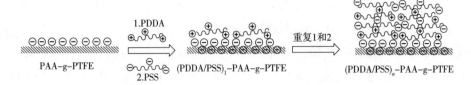

图 3-16　PDDA/PSS 层层自组装示意图

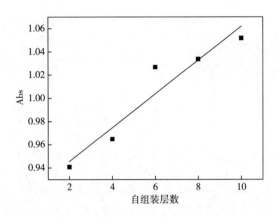

图 3-17　PDDA/PSS 自组装层数与纤维表面吸光度之间的关系

从图 3-17 可以发现，随着 PDDA/PSS 自组装层数的增加，所得到的 LBL 磺酸基改性 PTFE 纤维在 225nm 处的吸光度显著增大，且两者之间呈线性增加趋势。这是因为 PSS 分子在 225nm 处有特征吸收峰，随着 PDDA/PSS 自组装层数的增加，通过静电力作用沉积在纤维表面的 PSS 含量逐渐增多，从而使得纤维在 225nm 波长处的吸收峰强度有所提高。值得说明的是，（PDDA/PSS）$_n$-PAA-g-PTFE 与 Fe^{3+} 发生配位反应时，自组装层数对配合物的 Q_{Fe} 值具有显著影响，图 3-18 给出了配合物的 Q_{Fe} 值与自组装层数的关系。可以发现，（PDDA/PSS）$_n$-PAA-g-PTFE 能够与 Fe^{3+} 进行配位反应，且其 Q_{Fe} 值随着自组装层数的增加而提高。这意味着增加自组装层数能够促进 （PDDA/PSS）$_n$-PAA-g-PTFE 与 Fe^{3+} 之间的配位反应。主要原因是随着自组装层数的增加，纤维表面的 PSS 含量增加，即纤维表面的磺酸基数量升高，这使得水溶液中更多的 Fe^{3+} 与纤维表面的磺酸基发生配位反应而被固定在纤维表面，提高了配合物的 Q_{Fe} 值。此外，纤维表面磺酸基数量的增加使得纤维亲水性增强，有利于水溶液中的 Fe^{3+} 被吸附在纤维表面以及向内部渗透，从而使其与磺酸基发生配位反应。不难发现，当自组装层数增加至 10 层时，相应配合物的 Q_{Fe} 值出现下降现象。这可能是因为当通过静电力作用交替沉积在纤维表面的 PDDA/

PSS 层数过多时，层与层之间的 PDDA 和 PSS 聚电解质大分子间发生相互缠绕和渗透，使得（PDDA/PSS）$_n$-PAA-g-PTFE 表面结构过于紧密和复杂，不利于 Fe^{3+} 向 PDDA/PSS 自组装层内部扩散，而与 PSS 层表面的磺酸基发生配位反应。因此，相同条件下，使用自组装层数为 8 层的（PDDA/PSS）$_8$-PAA-g-PTFE 与 Fe^{3+} 进行配位反应能够得到具有相对较高 Q_{Fe} 值的配合物。

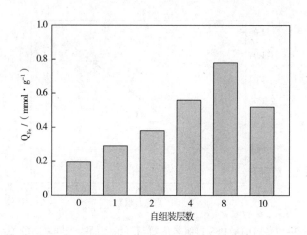

图 3-18　自组装层数对配合物 Q_{Fe} 值的影响

3.3.6.2　Fe^{3+} 初始浓度的影响

使用 8 层的（PDDA/PSS）$_8$-PAA-g-PTFE 试样与不同初始浓度（C_0）的 $FeCl_3$ 在 50℃进行配位反应，得到 Fe-（PDDA/PSS）$_8$-PAA-g-PTFE，反应平衡时，所得配合物的 Q_{Fe} 值与 C_0 之间的关系如图 3-19 所示。Fe-（PDDA/PSS）$_8$-PAA-g-PTFE 的 Q_{Fe} 值随着 C_0 的增大而呈线性增加的趋势，意味着适当提高 C_0 有利于纤维与 Fe^{3+} 之间的配位反应。因为 C_0 的升高会增加 Fe^{3+} 与纤维表面的接触机会，提高其在纤维表面的扩散和渗透性能，促进了两者之间的配位反应，从而使固定在纤维表面的 Fe^{3+} 增多。然而，当 C_0 大于 0.175mol/L 时，其配合物的 Q_{Fe} 值不再显著增加而趋于平衡。主要原因是（PDDA/PSS）$_8$-PAA-g-PTFE 表面的磺酸基数目不变，使得与之配位的 Fe^{3+} 数量是固定的，因此增加水溶液中 Fe^{3+} 的浓度并不能提高其配合物的 Q_{Fe} 值。

3.3.6.3　配位反应温度的影响

将（PDDA/PSS）$_8$-PAA-g-PTFE 试样与 0.10mol/L 的 $FeCl_3$ 分别在不同反应温度进行配位反应，得到 Fe-（PDDA/PSS）$_8$-PAA-g-PTFE。在反应过程中，配合物的 Q_{Fe} 值变化如图 3-20 所示。随着配位反应时间的延长，不同温度条件下配合物

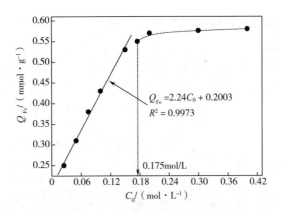

图 3-19 C_0 与 Q_{Fe} 值之间的关系

的 Q_{Fe} 值均逐渐升高。这说明配合物的 Q_{Fe} 值随着反应温度的提高而逐渐增大,意味着反应温度的升高有利于配位反应的进行。需要注意的是,反应温度超过 50℃会导致水中 Fe^{3+} 发生水解而生成沉淀,不利于配合物的制备。

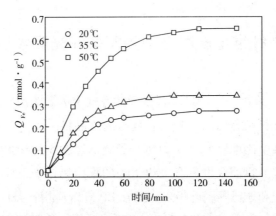

图 3-20 不同温度时 $(PDDA/PSS)_8$-PAA-g-PTFE 与 Fe^{3+} 配位反应

3.3.6.4 磺酸基改性 PTFE 纤维铁配合物的光吸收性能

PAA-g-PTFE 和 $(PDDA/PSS)_8$-PAA-g-PTFE 及其相对应铁配合物的 DRS 谱图如图 3-21 所示。PAA-g-PTFE 和 $(PDDA/PSS)_8$-PAA-g-PTFE 的 DRS 谱图仅在 200~440nm 范围内有弱吸收峰。当与 Fe^{3+} 配位反应后,$(PDDA/PSS)_8$-PAA-g-PTFE 和 PAA-g-PTFE 在紫外光和可见光区域的光吸收性能均有所增强,且前者的光吸收性能优于后者。这意味着两者与 Fe^{3+} 配位反应有利于改善 PTFE 纤维的光吸收性能。值得说明的是,与 Fe-PAA-g-PTFE 相比,Fe-$(PDDA/PSS)_8$-PAA-g-

PTFE 不仅在紫外光谱区域的吸收性能有所提高，而且在可见光区域也有吸收性能，如图 3-21 所示。

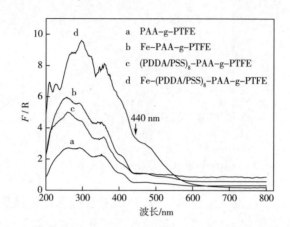

图 3-21　PAA-g-PTFE 和（PDDA/PSS）$_8$-PAA-g-PTFE 及其铁配合物的 DRS 谱图

3.4　改性 PP 纤维金属配合物的制备和光吸收性能

聚丙烯（PP）纤维是以丙烯聚合得到的等规聚丙烯为原料，由熔体纺丝法制备而成的合成纤维，又称丙纶。其具有良好的结晶性、化学稳定性和耐热性，并且在所有合成纤维中比重最小。PP 纤维分子链不含极性和亲水基团，故其染色性、吸湿和亲水性较差。目前全世界有大约 30% 的聚丙烯被加工成纤维，通常用于制备非织造布编织袋和地毯等。近年来，随着 PP 纤维应用日益广泛，废旧 PP 纤维的生成量也逐渐增加。现在大部分废旧 PP 纤维是通过物理填埋或者焚烧的方式来处理的，这不仅对生态环境造成危害，而且带来了资源浪费。因此可以首先使用丙烯酸对废旧 PP 纤维进行接枝改性引入羧酸基团，然后将改性 PP 纤维与 Fe^{3+} 进行配位反应得到聚丙烯酸改性 PP 纤维铁配合物，并将作为过硫酸盐的非均相活化剂用于染料废水光催化氧化处理中，这对废旧 PP 纤维的回收利用提供了新途径，达到以废制废的目标。

3.4.1　丙烯酸对 PP 纤维的表面接枝改性反应

丙烯酸在紫外光或 ^{60}Co-γ 射线引发条件下，能够与 PP 纤维进行表面接枝聚合反应，制备聚丙烯酸接枝 PP 纤维（简称 PAA-g-PP），该反应过程遵循自由基聚合机理，其主要反应如式（3-6）和式（3-7）所示。一般而言，PP 纤维的接枝率（G_f）越高，表明其接枝程度越显著，G_f 主要受丙烯酸浓度（C_{AA}）、二苯甲酮浓度（BP）以及紫外光辐射时间等因素的影响。

$$\left[CH_2{-}CH\right]_n \begin{matrix} CH_3 \\ | \\ \\ \end{matrix} + \xrightarrow{UV} \left[CH_2{-}CH\right]_{n_1} \begin{matrix} CH_3 \\ | \\ \\ \end{matrix} + \left[CH_3{-}\dot{C}\right]_{n_2} \begin{matrix} CH_3 \\ | \\ \\ \end{matrix} + $$

（PP纤维）　　　　（BP）　　　　（PP纤维自由基）　　　（半频哪醇自由基）

$$(3-6)$$

$$\left[CH_2{-}CH\right]_{n_1} \left[CH_3{-}\dot{C}\right]_{n_2} + m\,CH_2{=}CH \longrightarrow \left[CH_2{-}CH\right]_{n_1} \left[CH_2{-}C\right]_{n_2}$$

（丙烯酸）　　　　　　　　（PAA-g-PP）

$$(3-7)$$

图 3-22（a）显示，在紫外光引发条件下的丙烯酸对 PP 纤维的接枝聚合反应中，丙烯酸浓度的提高使得 PP 纤维的 G_f 值不断增加，当其浓度为 0.90mol/L 时，G_f 值达到最大值（$G_f = 25.41\%$）。然而丙烯酸浓度的继续增加，则导致 G_f 值略有下降。主要原因是，当丙烯酸浓度较低时，增加丙烯酸浓度有助于提高接枝反应速率，但是丙烯酸浓度过高时，丙烯酸的均聚反应速率加快，反应体系黏度增加且不易于散热，从而阻碍丙烯酸进一步扩散到 PP 纤维表面，重要的是，丙烯酸浓度过高可能导致均聚反应与接枝聚合反应的竞争加剧，影响 PP 纤维表面接枝链的增长。

从图 3-22（b）可发现，改性 PP 纤维的 G_f 值随二苯甲酮浓度增加而不断升高，并在二苯甲酮浓度为 0.05g/L 时达到最高值（$G_f = 24.98\%$）。主要是因为溶液中二苯甲酮浓度的增加有利于反应体系有效吸收紫外光，促使 PP 纤维分子表面生成的链自由基数目增多，促进丙烯酸在纤维表面的接枝反应。然而，二苯甲酮浓度过高也会提高丙烯酸单体发生均聚反应的机会，从而影响接枝反应的进行。值得指出的是，在紫外光引发丙烯酸接枝聚合过程中，尽管可以通过优化反应条件来提高 PP 纤维的 G_f 值，但是紫外光引发反应效率较差，获得的 PP 纤维的 G_f 值通常低于 30%。因此为进一步提高 PP 纤维的 G_f 值，可以使用 ^{60}Co-γ 射线作为辐射源，能够显著促进丙烯酸单体对 PP 纤维表面接枝聚合反应。其主要原因是，^{60}Co-γ 射线粒子能量具有极强的辐射性和穿透力，在此辐射作用下，PP 纤维表面分子

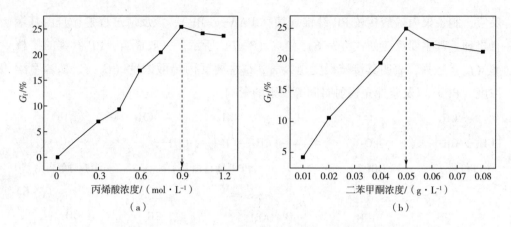

（a）

（b）

图 3-22　丙烯酸和二苯甲酮浓度对接枝率的影响

会产生更多的自由基，引发更多的丙烯酸发生聚合反应，有利于获得更高接枝率的 PP 纤维。然而另外的研究显示，^{60}Co-γ 射线辐射时间过长，PP 纤维的断裂强度也会随辐射时间的延长而有所降低，难以满足实际应用所需要的机械性能。聚丙烯酸改性 PP 纤维接枝率与其羧基含量之间存在着良好的线性关系（图 3-23），这意味着通过丙烯酸接枝聚合反应能够在 PP 纤维表面引入可以调控的羧基含量，为优化制备改性 PP 纤维金属离子配合物提供了必要条件。

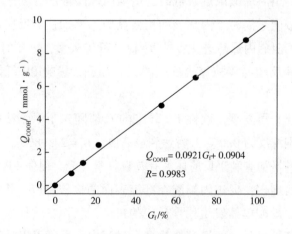

$$Q_{COOH} = 0.0921G_f + 0.0904$$
$$R = 0.9983$$

图 3-23　聚丙烯酸改性 PP 纤维的 G_f 与 Q_{COOH} 值之间的线性关系

3.4.2　聚丙烯酸改性 PP 纤维与金属离子的配位反应

研究证明，羧酸类有机配体具有未成键孤对电子的氧原子，其能够与多种金属离子形成配位键以生成配合物。制备的聚丙烯酸改性 PP 纤维（PAA-g-PP）表面存在大量羧基，十分有利于在 PAA-g-PP 表面形成金属配合物。

3.4.2.1　PAA-g-PP 与 Fe^{3+} 的配位反应

将不同 Q_{COOH} 值的 PAA-g-PP 分别与 0.10mol/L 的 $FeCl_3$ 进行配位反应制备 PAA-g-PP 铁配合物（简称 Fe-PAA-g-PP），反应平衡后所得配合物的 Q_{Fe} 值与 Q_{COOH} 之间的关系如图 3-24 所示。

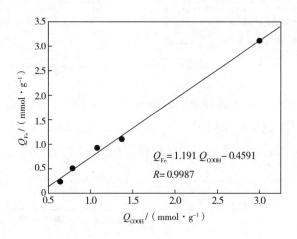

图 3-24　Q_{COOH} 与 Q_{Fe} 值之间的关系

由图 3-24 可知，随着 PAA-g-PP 的 Q_{COOH} 值的升高，所得铁配合物的 Q_{Fe} 值呈线性增长，主要原因可解释为改性 PP 纤维表面羧基含量的提高有利于其与 Fe^{3+} 的配位反应，并导致更多的 Fe^{3+} 被固定于纤维表面形成配合物。Fe^{3+} 浓度的增加也会促进两者之间的配位反应，如图 3-25（a）所示，这是因为 Fe^{3+} 浓度的提高有利于增加 Fe^{3+} 向 PAA-g-PP 表面扩散，使 Fe^{3+} 与纤维表面羧基的接触，加快了 Fe-PAA-g-PP 配合物的形成。此外，配位反应温度的升高也有利于 Fe-PAA-g-PP 配合物 Q_{Fe} 值的增加，如图 3-25（b）所示，并且可缩短反应达到平衡时间，加快反应速率。原因是反应温度的升高可促进 PP 纤维表层的溶胀作用，且 Fe^{3+} 在水溶液中的热运动加剧，促进了两者之间反应的进行。

3.4.2.2　PAA-g-PP 与不同金属离子的配位反应性能的比较

将 0.10mol/L 的 Fe^{3+}、Cu^{2+} 和 Ce^{3+} 三种金属离子分别与 PAA-g-PP（$Q_{COOH}=$ 3.02mmol/g）在 50℃进行配位反应，生成配合物的金属离子配合量（Q_M）在配位反应过程中的变化如图 3-26 所示。三种 PAA-g-PP 金属配合物的金属离子配合量

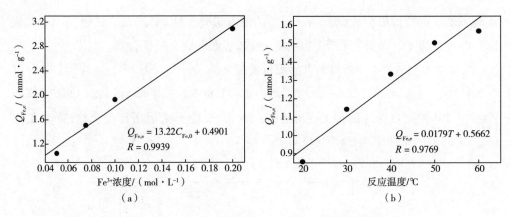

图3-25 Fe³⁺浓度和反应温度对配合物 Q_{Fe} 值的影响

均随着反应时间的延长而不断增加,120min 后反应趋于平衡状态。在相同条件下,配合物的铁配合量(Q_{Fe})与铜配合量(Q_{Cu})相当,显著高于配合物的铈配合量(Q_{Ce}),这意味着 Cu^{2+} 表现出与 Fe^{3+} 配位性能相当的能力,并且两者都高于 Ce^{3+} 的配位能力。

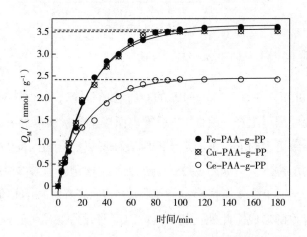

图3-26 PAA-g-PP 与三种金属离子的配位反应比较

3.4.2.3 铁铜双金属 PAA-g-PP 配合物的制备

首先配制一系列含有不同浓度的 Fe^{3+} 和 Cu^{2+} 的水溶液,然后分别将 PAA-g-PP($Q_{COOH}=2.064mmol/g$)置于其中,使它们在50℃进行配位反应,制备铁铜双金属 PAA-g-PP 配合物,结果见表3-8。提高溶液中 Cu^{2+} 初始浓度,会使配合物的 $n_{Cu^{2+}}/n_{Fe^{3+}}$ 值上升。当溶液中 Cu^{2+} 与 Fe^{3+} 初始浓度相同时,所得配合物 Fe-Cu-

PAA-g-PP 的 $n_{Cu^{2+}}/n_{Fe^{3+}}$ 为 0.98：1，这表明，在与 PAA-g-PP 进行共配位反应时，Fe^{3+} 和 Cu^{2+} 仍然表现出几乎相同的配位性能。

表 3-8　Fe^{3+} 和 Cu^{2+} 浓度变化对配合物铁铜离子配合量之比（$n_{Cu^{2+}}/n_{Fe^{3+}}$）的影响

配合物	金属离子初始浓度/（mol·L^{-1}）		金属离子配合量			$n_{Cu^{2+}}/n_{Fe^{3+}}$ 摩尔比
	Fe^{3+}	Cu^{2+}	Q_{Fe}	Q_{Cu}	总量	
Fe-PAA-g-PP	0.100	0	2.08	0	2.08	0
Fe3-Cu1-PAA-g-PP	0.075	0.025	1.31	0.61	1.92	0.47
Fe1-Cu1-PAA-g-PP	0.050	0.050	1.00	0.98	1.98	0.98
Fe1-Cu3-PAA-g-PP	0.025	0.075	0.77	1.20	1.97	1.56
Cu-PAA-g-PP	0	0.100	0	1.89	1.89	—

3.4.3　聚丙烯酸改性 PP 纤维铁配合物的光吸收性能

从 Fe-PAA-g-PP 的 DRS 谱图（图 3-27）可知，PAA-g-PP 仅在紫外区 357nm 处出现较强的吸收峰，这主要是由其分子中残余羧基的不饱和键的跃迁所致。当其与 Fe^{3+} 进行配位后吸收峰发生显著变化，在紫外和可见区域均出现明显的宽吸收峰，而且该吸收峰的宽度和强度均随着 Q_{Fe} 值的升高而显著增强。这表明 Fe^{3+} 的引入有利于改善 Fe-PAA-g-PP 的光吸收性能，使所得配合物不仅能够吸收紫外光，而且可以吸收可见光，尤以具有高 Q_{Fe} 值的配合物表现得更为突出。其原

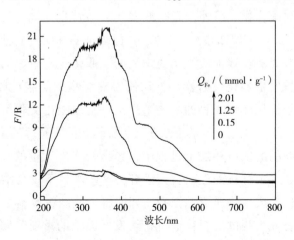

图 3-27　不同 Q_{Fe} 值的 Fe-PAA-g-PP 的 DRS 谱图

因可解释为，Fe-PAA-g-PP 的吸收谱带可能是由 PP 纤维本身的 π-π 跃迁带、改性 PP 纤维与 Fe^{3+} 之间的电荷转移（LMCT）跃迁带以及 Fe^{3+} 的 d-d 跃迁带构成的。此外，随着 Q_{Fe} 值提高，Fe^{3+} 的配位不饱和性更高，致使 Fe^{3+} 的 LMCT 趋势增强。另外，Fe^{3+} 可能受到配位体的影响发生 d 轨道跃迁，故引起的配位场吸收谱带发生在可见光区。

3.5 改性棉纤维金属配合物的制备和光吸收性能

尽管改性 PAN、PP 和 PTFE 等合成纤维配体能与 Fe^{3+} 配位形成纤维金属配合物，并作为非均相 Fenton 反应催化剂应用于有机染料的降解反应中，然而，这些合成纤维金属配合物催化剂因具有难以生物降解和低性价比等缺点而难以满足高效（efficient）、经济（economical）、环保（environmentally friendly）和易于生产（easily-produced）（简称 4-E）的现代社会发展趋势要求。此外，合成纤维的化学改性不仅价格昂贵，而且在改性过程中易产生有害物质，造成严重的环境危害。这些问题都在不同程度上限制了合成纤维金属配合物作为环境净化纺织品的发展。

棉纤维是人类使用历史悠久的天然纤维素纤维，具有容易种植，产量高和成本低等优点。棉纤维是一种由很多葡萄糖聚合而成的线型纤维素大分子，其中每个葡萄糖环上均有三个羟基，通过这些羟基能够对棉纤维进行酯化、醚化或氧化反应等一系列的化学改性。多元羧酸（polycarboxylic acids，简称 PCAs）作为常见的羧酸配体，具有配位模式多样和较高的结构稳定性等优点，已被广泛用于制备不同的高分子金属配合物。另外，脂肪族多元羧酸特别是酒石酸（TA）、柠檬酸（CA）和 1，2，3，4-丁烷四羧酸（BTCA）已被证明在生产和使用过程中都是绿色无毒的，容易并经济有效地应用于纺织品的工业化生产中。棉纤维分子中的羟基能够与多元羧酸发生酯化交联反应，这使得棉织物的防皱性能得到显著提高，因此多元羧酸已经被用作棉织物的防皱整理剂。基于酯化交联反应的棉织物防皱整理工艺简单且易于工业化，目前逐渐演变为棉织物防皱整理的主流工艺。

另外，在纺织品的生产和加工过程中，经常会产生大量的短纤、废纱、落棉以及边角废料。如果不进行处理而直接丢弃，这些废料不仅会给生态环境带来巨大的负担，同时也造成生物质资源浪费。如何将这些纺织废料尽可能地转化为可用的资源，目前已成为我国纺织行业可持续发展面临的重要问题之一。然而，我国废旧纺织品的回收体系尚不完善，纺织品回收利用率低，急需开拓新的废旧纺织品资源化利用途径。因此，使用多元羧酸对废旧棉织物进行改性以引入羧基，然后通过与 Fe^{3+} 进行配位反应制备多元羧酸改性棉纤维铁配合物，并将其作为非均相 Fenton 反应催化剂用于水体中染料等水溶性有机污染物的氧化降解反应中。这不仅为废旧棉织物的综合利用提供了新的技术途径，而且能够显著降低非均相 Fenton 反应催化剂的制备成本，在循环经济和环境保护方面具有重要意义。

3.5.1　多元羧酸对棉纤维改性反应原理

研究证明，棉纤维分子中的羟基能够与多元羧酸（如丁烷四羧酸、柠檬酸和酒石酸等）发生酯化反应并引入羧基。其中丁烷四羧酸和柠檬酸的酯化反应分两个步骤，首先其中相邻羧基在催化剂的作用下脱水形成环酐，然后与纤维素大分子中的羟基发生酯化反应，这是因为多元羧酸脱水形成的环状酸酐具有较高的反应活性，更易于与纤维上的羟基反应。柠檬酸分子中的端羧基和中间羧基酯化反应过程如图 3-28 所示。柠檬酸与棉纤维的酯化反应主要是通过柠檬酸酐直接进攻纤维素糖单元 C6 位的伯羟基，使得柠檬酸分子与棉纤维素分子链发生交联反应，在交联反应的同时，也在纤维素大分子链上引入了羧基。因此完全有可能通过反应条件的调控减少交联反应，增加单端反应以提高引入羧基的数量。这为通过酯化反应引入羧基制备多元羧酸改性棉纤维提供了条件。需要指出的是，酒石酸不能与棉纤维素分子链发生交联反应，只能与其发生单端反应引入羧基。图 3-29 和图 3-30 给出了三种不同结构的多元羧酸分子结构式及其与棉纤维的酯化反应。

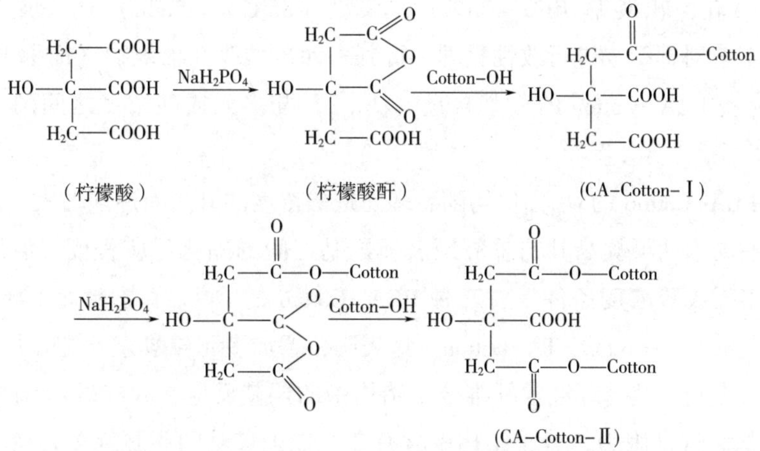

图 3-28　柠檬酸与棉纤维之间的酯化反应过程

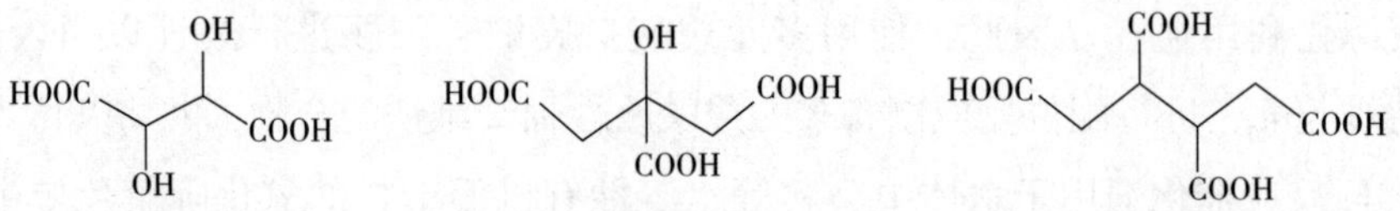

酒石酸　　　　　　　　　柠檬酸　　　　　　1，2，3，4-丁烷四羧酸
（TA, n=2）　　　　　　（CA, n=3）　　　　　　（BTCA, n=4）

图 3-29　三种多元羧酸的化学结构式

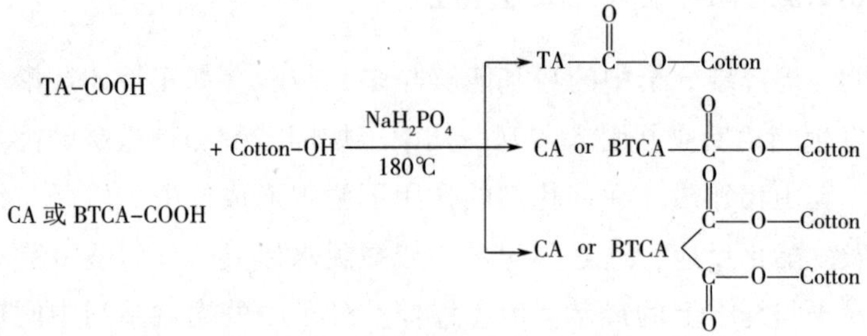

图 3-30　三种多元羧酸与棉纤维的酯化反应比较

3.5.2　多元羧酸对棉织物的改性反应工艺

3.5.2.1　多元羧酸浓度的影响

首先分别配制含有不同浓度的三种多元羧酸（TA、CA 和 BTCA）的水溶液，然后将浓度为 5.0% 的 NaH_2PO_4 加入其中，并使用均匀轧车焙烘机联合系统通过浸轧（二浸二轧，轧液率 70%～75%）—预烘（85℃×4.5min）—焙烘（180℃×1.5min）工艺对棉织物进行改性整理，得到多元羧酸改性棉织物（简称 PCA-Cotton）。所制备 PCA-Cotton 的羧基含量（Q_{COOH}）与多元羧酸浓度之间的关系如图 3-31 所示。

三种 PCA-Cotton 的 Q_{COOH} 值均随着多元羧酸浓度的升高而逐渐增大。这说明增加多元羧酸的浓度可提高其与棉纤维表面羟基之间的酯化反应程度。值得注意的是，相同多元羧酸浓度条件下，三种 PCA-Cotton 的 Q_{COOH} 值按照如下顺序排列：BTCA-Cotton＞CA-Cotton＞TA-Cotton。这表明，增加多元羧酸分子结构中主链长度和羧基数量有利于其与纤维素纤维分子结构中的羟基反应，并在纤维结构中引入更多的羧基。这是因为，分子结构中含有 2 个以上羧基的脂肪族多元羧酸具有比仅含有 2 个羧基的二元羧酸更好的酯化反应能力，并且分子主链结构中含有 4 个碳原子和 4 个羧基的 BTCA 显示出比分子主链结构中含有 3 个碳原子和 3 个羧基

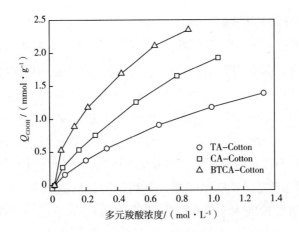

图 3-31　多元羧酸浓度对 Q_{COOH} 值的影响

的 CA 具有更好的酯化反应性能，具有更强的分子间相互作用，从而能够在棉纤维表面引入更多的羧基。从多元羧酸的分子结构式（图 3-29）可以发现，TA 分子仅含有两个羧基，而 CA 分子含有三个羧基，BTCA 分子中的羧基含量最多，这意味着在相同摩尔浓度条件下，BTCA 溶液中的羧基含量最高，其与棉纤维中羟基发生酯化反应后剩余的羧基最多。TA 分子仅含有 2 个羧基另外只有 2 个碳原子，这导致其分子结构中主链长度太短，使其分子中的两个羧基不能够脱水形成环酐。通常情况下，分子中的羧基能够直接与棉纤维的羟基发生酯化反应，从而在棉纤维中仅引入一个羧基。此外，TA 和 CA 分子含有羟基，属于羟基羧酸。在特定条件下，TA 或 CA 均能够发生交酯反应生成六元环（反应如式 3-8 和式 3-9 所示），然后所生成产物分子中的羧基与棉纤维分子结构中的羟基发生酯化反应，这导致 TA 或 CA 改性棉纤维表面的羧基数量降低，且 TA-Cotton 表现出最低的 Q_{COOH} 值。

$$\text{(3-8)}$$

$$\text{(3-9)}$$

73

3.5.2.2　NaH₂PO₄浓度的影响

NaH$_2$PO$_4$作为在多元羧酸与纤维素纤维交联反应中应用最为广泛的催化剂，能够显著促进羧基和羟基两者之间的反应。不同浓度的NaH$_2$PO$_4$存在时，三种羧酸与棉纤维反应生成的PCA-Cotton具有不同Q_{COOH}值（图3-32）。随着NaH$_2$PO$_4$浓度的升高，三种PCA-Cotton的Q_{COOH}值均逐渐增大。这表明提高NaH$_2$PO$_4$浓度有利于酯化反应的进行，主要原因是NaH$_2$PO$_4$在高温条件下能够促进CA和BTCA分子结构中两个相邻的羧基脱水形成环酐，同时也加快TA与棉纤维的反应，并降低羧基与棉纤维分子中羟基之间反应活化能，有利于酯化反应的发生。值得注意的是，当NaH$_2$PO$_4$质量百分浓度大于5.0%时，PCA-Cotton的Q_{COOH}值不再显著增加，改性反应趋于平衡。

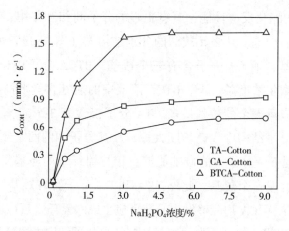

图3-32　NaH$_2$PO$_4$质量百分浓度与Q_{COOH}值之间的关系

3.5.2.3　焙烘温度的影响

由表3-9可知，三种PCA-Cotton的Q_{COOH}值均随着焙烘温度升高而增大。这说明提高焙烘温度可以促进多元羧酸与棉纤维之间的酯化反应。这主要是因为提高焙烘温度会加快酯化反应的速率，能够在纤维表面引入更多的羧基。在相同焙烘温度条件下，BTCA-Cotton的Q_{COOH}值仍然显著高于CA-Cotton和TA-Cotton。需要指出的是，过高的焙烘温度会使得棉织物的机械强度显著下降，这不利于其作为纤维配体制备光催化剂的应用，因此制备PCA-Cotton的焙烘温度通常确定为140℃。

表 3-9　焙烘温度对 PCA-Cotton 的 Q_{COOH} 值的影响

PCA-Cotton		焙烘温度/℃					
		100	110	120	140	160	180
Q_{COOH}/（mmol·g^{-1}）	TA-Cotton	0.161	0.221	0.309	0.503	0.602	0.731
	CA-Cotton	0.295	0.351	0.447	0.843	0.902	0.961
	BTCA-Cotton	0.440	0.661	0.895	1.683	1.751	1.828

注　NaH_2PO_4 质量百分浓度 5.0%，PCA 浓度 0.50mol/L。

3.5.3　多元羧酸改性棉织物与 Fe^{3+} 的配位反应

将具有相近 Q_{COOH} 值（约 0.85mmol/g）的三种 PCA-Cotton 试样，分别与 0.10mol/L 的 Fe^{3+} 在 50℃ 进行配位反应生成三种 Fe-PCA-Cotton，它们在反应过程中的 Q_{Fe} 值变化如图 3-33 所示。

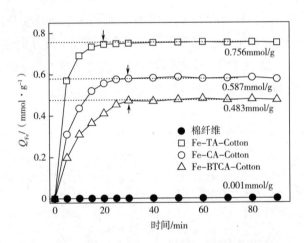

图 3-33　三种 PCA-Cotton 与 Fe^{3+} 的配位反应曲线

可以看出，未改性棉纤维在反应 90min 后的 Q_{Fe} 值仅为 0.001mmol/g，这主要归因于棉纤维对 Fe^{3+} 较弱的吸附作用。三种 Fe-PCA-Cotton 的 Q_{Fe} 值随着配位反应时间的延长而逐渐增大。主要原因是，PCA-Cotton 表面羧基的氧原子具有很强的配位反应能力，可与 Fe^{3+} 发生配位反应，导致 Fe^{3+} 被固定在纤维表面。在相同条件下，三种配合物的 Q_{Fe} 值排序为 Fe-TA-Cotton＞Fe-CA-Cotton＞Fe-BTCA-Cotton。这意味着 TA-Cotton 与 Fe^{3+} 的配位反应速率显著高于其他两种 PCA-Cotton，一方面是因为分子有两个以上羧基的多元羧酸与棉纤维之间具有优异的交联性能，而分子有四个羧基的 BTCA 比含三个羧基的 CA 具有更好的交联效果，这使 BTCA-Cotton 和 CA-Cotton 表面的交联程度显著高于 TA-Cotton，这种复杂的交联结构会阻碍 Fe^{3+} 与其中羧基的配位反应。此外，多元羧酸与棉纤维发生酯化反应后，纤维结晶区增大，无定形区减小，且随着棉纤维交联程度的提高，结晶区会逐渐增加，这种变化也阻碍了 Fe^{3+} 在棉纤维表层的扩散，限制了 Fe^{3+} 与其中羧基的配位反应。

三种 Q_{COOH} 约为 0.85mmol/g 的 PCA-Cotton 与不同初始浓度（$C_{Fe,0}$）的 Fe^{3+} 反应生成三种 Fe-PCA-Cotton，Q_{Fe} 值与 $C_{Fe,0}$ 之间的关系如图 3-34（a）所示。三种配合物的 Q_{Fe} 值随着 $C_{Fe,0}$ 值的升高逐渐增加，在相同 $C_{Fe,0}$ 值条件下，三者的 Q_{Fe} 值排列为 Fe-TA-Cotton＞Fe-CA-Cotton＞Fe-BTCA-Cotton，主要是因为，不同多元羧酸改性棉纤维表面结构之间存在显著差异。

如图 3-34（b）所示，三种配合物的 Q_{Fe} 值随着 Q_{COOH} 值的增加而增大，这主要是因为棉纤维表面羧基数目的提高，导致其能够与更多的 Fe^{3+} 进行配位反应并将其固定在纤维表面。CA-Cotton 和 BTCA-Cotton 表现出与 TA-Cotton 不同的与 Fe^{3+} 配位反应行为。当 CA-Cotton 的 Q_{COOH} 值的增加到 1.0mmol/g 或 BTCA-Cotton 的 Q_{COOH} 值增加到 0.75mmol/g 后，它们所形成配合物的 Q_{Fe} 值分别达到最大值，然后逐渐呈下降的趋势。这主要因为当它们的 Q_{COOH} 值过高时，其表面逐渐复杂的交联结构所产生的空间障碍限制了其与 Fe^{3+} 发生进一步配位反应。

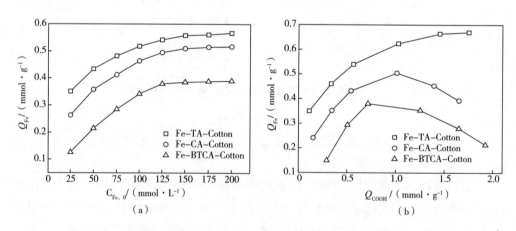

图 3-34　$C_{Fe,0}$ 和 Q_{COOH} 对配合物的 Q_{Fe} 值的影响

3.5.4　羟基羧酸改性棉纤维铁配合物的制备

脂肪族羟基多元羧酸（如酒石酸和苹果酸等）是一类对环境非常友好的多元

羧酸，具有优秀的配位反应能力、亲水性和生物学性质。特别是其结构中羟基的存在提供了一个额外的配位点，形成的五元或六元环增加了配合物的稳定性。为考察其羟基的数量和位置对配合物结构和催化性能的影响，首先通过酯化反应将三种不同的二元羧酸（图 3-35）分别固定于棉纤维表面，然后使其分别与 Fe^{3+} 进行配位反应制备二元羧酸改性棉纤维铁配合物（Fe-DCA-Cotton），比较了其结构中羟基对配合物的 Q_{COOH} 值的影响。

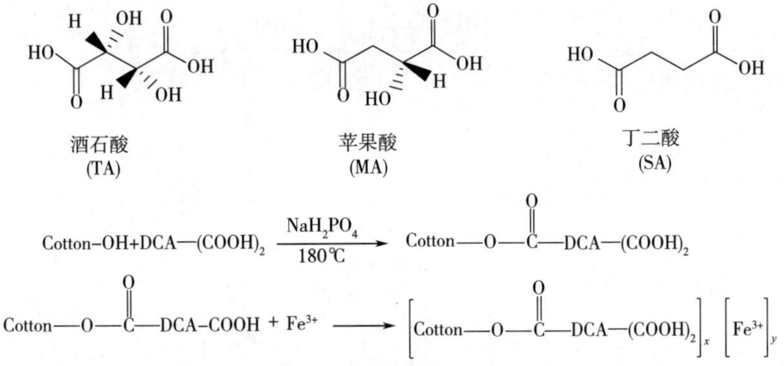

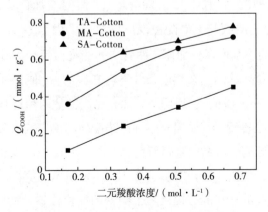

图 3-35　三种二元羧酸的分子结构及其改性棉纤维对 Fe^{3+} 的配位反应

　　图 3-36 显示，三种配合物的 Q_{COOH} 值随着羧酸浓度的增大几乎呈线性升高，表明羧酸浓度的提高有利于棉纤维改性反应的进行。这是因为羧酸浓度提高不仅有利于其向纤维内部扩散，而且使其与棉纤维分子中羟基的接触机会增大，促进两者之间发生酯化反应，导致更多的羧酸分子固定在棉纤维表面。在相同反应浓度条件下，三种改性棉织物的 Q_{COOH} 值排列为 SA-Cotton > MA-Cotton > TA-Cotton。

图 3-36　二元羧酸浓度对 Q_{COOH} 值的影响

原因可能是，在棉改性反应过程中，两个羟基羧酸 TA 和 MA 分子之间会通过脱水反应而生成交酯（反应式 3-10），这不仅会使羧酸分子量增大，水溶性基团减少，而且还会消耗其与纤维反应的羧基数目，使其改性纤维的 Q_{COOH} 值下降。特别是含有两个羟基的 TA 更易发生这种反应，导致生成 TA-Cotton 的 Q_{COOH} 值更低。不同 Q_{COOH} 值的三种改性织物分别在 50℃ 与 Fe^{3+} 配位反应 2h 生成三种 Fe-DCA-Cotton，它们的 Q_{Fe} 值与 Q_{COOH} 值之间的关系参见图 3-37。

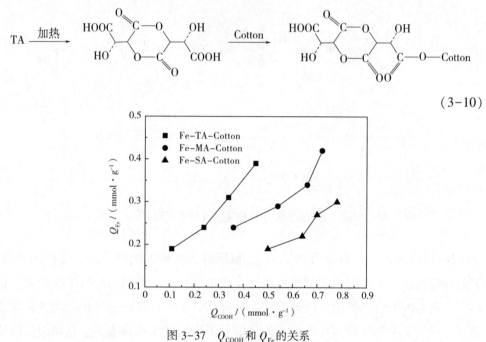

$$(3-10)$$

图 3-37 Q_{COOH} 和 Q_{Fe} 的关系

可以看出，三种配合物的 Q_{Fe} 值随着 Q_{COOH} 值的增加而逐渐升高，这意味着 Q_{COOH} 值的增加有利于羧酸与 Fe^{3+} 配位反应的进行。因为 Q_{COOH} 值提高导致能够与 Fe^{3+} 进行配位反应的羧基增多，加速了两者之间的配位反应，并将更多的 Fe^{3+} 固定在棉纤维表面。更重要的是，在相同条件下，它们的 Q_{Fe} 值排列为 Fe-TA-Cotton > Fe-MA-Cotton > Fe-SA-Cotton，说明 TA-Cotton 比其他两种纤维配体更易与 Fe^{3+} 反应而将其固定在纤维表面。其原因与三种纤维配体与 Fe^{3+} 的配位方式的差异有密切关系。以前的研究证明，羧酸改性纤维配体与 Fe^{3+} 的配位反应通常包括分子间配位和分子内配位模式，如图 3-38 中的（a）和（b）所示。值得注意的是，由于羟基羧酸分子结构中羟基的存在能够提供一个额外的配位位置，所以 TA 和 MA 改性纤维配体还可能与 Fe^{3+} 形成稳定的分子内五元环或六元环结构，如图 3-38 中（c）

和（d）所示。另外，其中固定于棉纤维表面的 TA 分子即使形成交酯后还剩余一个羟基，其仍然能够与 Fe^{3+} 进行图 3-38 中（c）和（d）模式的配位反应，而将更多 Fe^{3+} 固定于纤维表面。

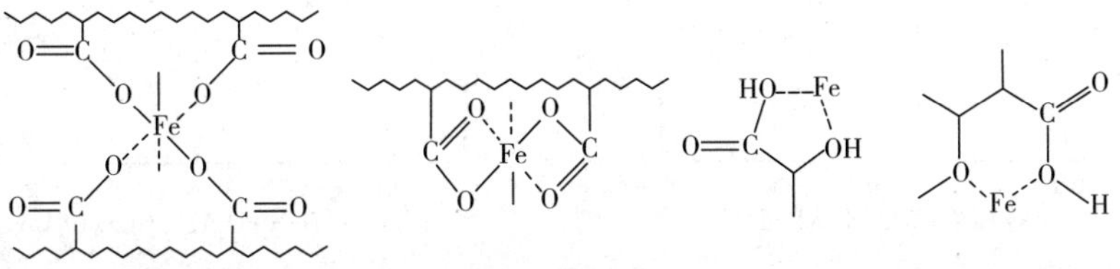

（a）分子间配位　　　（b）分子内配位　　　（c）五元环　　　（d）六元环

图 3-38　羟基羧酸改性棉纤维与 Fe^{3+} 的配位方式

3.5.5　乙二胺四乙酸（EDTA）改性棉纤维铁配合物的制备

由于 EDTA 分子结构中有四个羧基和两个氨基，其对很多二价或三价金属离子具有较高的亲和力，并能与之反应形成高度稳定的络合物，而酒石酸、柠檬酸或丁烷四羧酸对金属离子的配合性能相对较差，所形成的络合物相对不稳定。因此 EDTA 被作为螯合剂广泛应用于水中重金属离子的去除。运用水热法可制备具有光催化和吸附双功能的 EDTA 改性棉纤维铁配合物（Fe-EDTA-Cotton），其对水中有机污染物具有光催化氧化作用，对 Cr^{6+} 具有光催化还原作用，而且其表面游离的 EDTA 分子还能够将被催化还原的铬离子吸附去除，因此可将其作为非均相光催化剂应用于水溶液中有机染料和铬离子的同时去除。

如图 3-39 所示，随着 Na_2EDTA 浓度的提高，EDTA 改性棉纤维的 Q_{COOH} 值出现显著升高的趋势，这表明，高浓度 Na_2EDTA 能促进其对棉纤维的改性反应，可能是因为在水热和催化剂存在条件下，Na_2EDTA 分子结构中两个相邻的羧基更易脱水，形成反应活性较高的环酐，其更易于与纤维素大分子结构中的羟基发生酯化反应，从而在纤维表面引入 EDTA 分子，这个过程可由反应式（3-11）进行描述。当 Na_2EDTA 浓度逐渐增加时，Na_2EDTA 分子能够形成更多的环酐，有利于其与棉纤维之间的反应。

更重要的是，Na_2EDTA 浓度的提高导致生成配合物 Fe-EDTA-Cotton 的 Q_{Fe} 值逐渐变大，并在 Q_{COOH} 值为 1.31mmol/g 时达到最高（0.72mmol/g），然而进一步提高 Q_{COOH} 值反而使得 Q_{Fe} 值下降。这意味着提高 Q_{COOH} 值尽管能够促进 Q_{Fe} 值的升高，但是过高的 Q_{COOH} 值限制了 Fe^{3+} 与 EDTA-Cotton 发生配位反应生成配合物。这可能

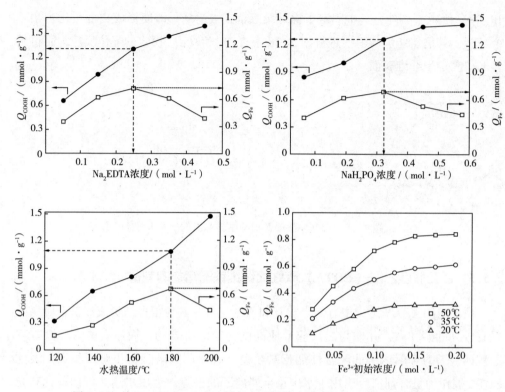

图 3-39　在 Fe-EDTA-Cotton 制备中不同影响因素与 Q_{COOH} 值之间的关系

$$(3-11)$$

是因为具有较高 Q_{COOH} 值的 EDTA-Cotton 更容易与 Fe^{3+} 进行配位反应，促进配合物的形成。但是过高的 Q_{COOH} 值使所得 EDTA-Cotton 的结构更为复杂，由此产生的空间位阻效应会抑制织物表面羧基与 Fe^{3+} 接触发生配位反应。同时 EDTA 与棉纤维分子结构中羟基之间的交联反应会使得棉纤维表面的结构致密，降低纤维表面的亲水性，阻止 Fe^{3+} 与棉纤维的进一步反应，从而降低所得配合物的 Q_{Fe} 值。

EDTA-Cotton 的 Q_{COOH} 值随着 NaH_2PO_4 浓度的升高而逐渐增大。主要原因是 NaH_2PO_4 能够促进 Na_2EDTA 分子结构中两个相邻的羧基脱水形成环酐，有利于两者之间酯化反应的发生，使得更多的羧基被固定在棉纤维表面。尽管 NaH_2PO_4 浓度的升高能够增加配合物的 Q_{COOH} 值，但是过高的 NaH_2PO_4 浓度并不利于所得配合物的 Q_{Fe} 值的提高。随着水热温度的升高，EDTA-Cotton 的 Q_{COOH} 值逐渐增大。这表明高温高压条件能显著促进 Na_2EDTA 与棉纤维的改性反应。这是因为高温高压能够促进 EDTA 分子结构中相邻的两个羧基脱水形成酸酐，加快 Na_2EDTA 与棉纤维之间的酯化反应，从而使织物表面引入更多的羧基。此外，高温高压也能够增加棉纤维的溶胀和润湿性能，使 Na_2EDTA 分子更容易浸入纤维内部与其发生酯化反应，生成具有较高 Q_{COOH} 值的 EDTA-Cotton。

值得注意的是，尽管水热温度为 200℃ 时所得到的 EDTA-Cotton 表面的 Q_{COOH} 值更高，但是过高的温度和压力条件会使棉纤维的力学性能严重下降，因此制备 EDTA-Cotton 的水热温度设定为 180℃ 为宜。在相同配位温度条件下，Q_{Fe} 值随着 Fe^{3+} 初始浓度 $C_{Fe,0}$ 的增加逐渐增大。随着配位反应温度的提高，Fe-EDTA-Cotton 的 Q_{Fe} 值逐渐升高。这意味着升高反应温度能够促进 Fe^{3+} 与 EDTA-Cotton 表面羧基之间的配位反应，这是由于温度的升高有利于棉纤维发生溶胀和 Fe^{3+} 的热运动，促进了 Fe^{3+} 在 EDTA-Cotton 表面发生配位反应。

3.5.6　改性棉纤维铁配合物的光吸收性能

如图 3-40 所示，棉纤维的 DRS 谱图仅在紫外光区域（200~400nm）范围内有微弱的吸收峰，这主要是由棉纤维大分子结构中的不饱和键 π—π * 从基态到激发态的跃迁所导致的。与 Fe^{3+} 发生配位反应所得的三种 Fe-PCA-Cotton 在紫外和可见光谱区的吸收峰强度均显著增强，这表明 PCA-Cotton 与 Fe^{3+} 配位反应有利于改善棉纤维的光吸收性能，不仅使其光吸收强度增加，而且使其宽度从紫外光谱区域拓宽至可见光区域。这主要是由 Fe-PCA-Cotton 表面的羧基向 Fe^{3+} 的电荷转移和 Fe^{3+} 的 d-d 电子跃迁所致。一方面是因为棉纤维配体中的 O 原子具有两对孤对电子，有利于形成的金属配合物发生电荷转移现象，这使配合物在可见光区域可以产生较强的吸收峰。另一方面，在 PCA-Cotton 配体的作用下，Fe^{3+} 的 d 轨道可能会发生分裂，导致禁阻 d-d 电子跃迁变为允许跃迁，使配合物在可见光区域产生较弱的吸收。

图 3-41 给出了棉纤维和 EDTA-Cotton 及其铁配合物的 DRS 谱图。与 Fe^{3+} 发生配位反应所生成的 Fe-EDTA-Cotton 在紫外和可见光谱区的吸收峰强度与 EDTA-Cotton 相比均有显著增强，且 Q_{Fe} 值的升高可以促进其对光的吸收性能。这说明 Fe^{3+} 的引入能够显著促进棉纤维的光吸收性能，不仅使其光吸收强度增加，而且使其宽度从 400nm 的紫外光谱区域拓宽至 600nm 的可见光区域，对太阳光或 LED 光源的利用率

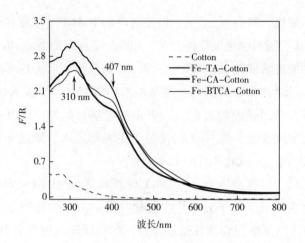

图 3-40　三种不同结构 Fe-PCA-Cotton 样品的 DRS 谱图

提高，更有利于其在水体中染料或 Cr^{6+} 的去除过程中作为光催化剂的应用。

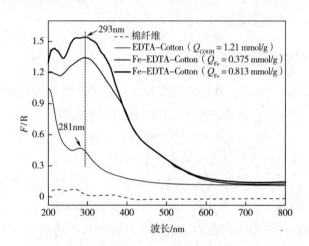

图 3-41　EDTA-Cotton 及其铁配合物的 DRS 谱图

3.6　海藻纤维铁配合物的制备与光吸收性能

3.6.1　海藻纤维的结构与主要特性

海藻纤维是一种非常重要的生物可降解纤维，原料来自天然海藻中所提取的海藻酸钠，具有良好的生物相容性和可降解吸收性等特殊功能。海藻酸钠是从褐藻中提取的一种含羧酸多糖类化合物，因其分子内有大量的羧基，能与带正电荷的化合物发生相互作用而拓展其应用性能。研究表明，海藻酸钠的聚合度一般在 180~930 之间，相对分子质量为 $3.2×10^4~2.5×10^5$，是由 D-甘露糖醛酸（D-Mannuronic acid）和 L-古罗糖醛酸（L-Guluronic acid）两种组分构成。两者以不规则的排列顺序分布于分子链中，其化学结构如图 3-42 所示。

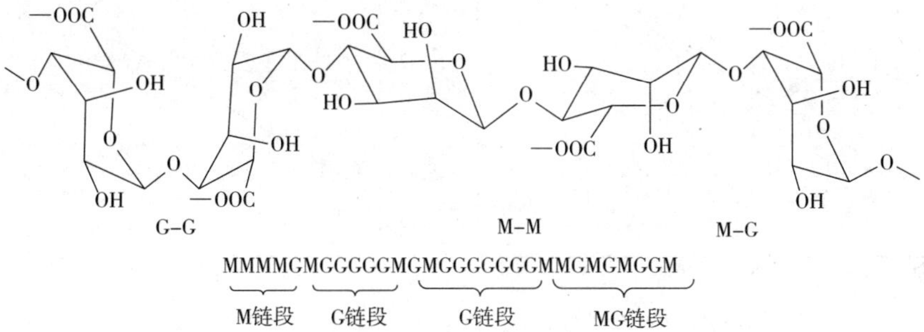

图 3-42　海藻纤维的结构

目前，通常使用湿法纺丝技术来制备海藻纤维，基本工艺是将可溶性的海藻酸钠盐溶于水中，然后将该溶液通过喷丝孔挤出到含有 $CaCl_2$ 的凝固浴中形成不溶性海藻酸盐纤维长丝。海藻纤维的成型过程实际就是由水溶性的海藻酸钠通过配位反应转变成不溶性海藻酸钙的过程。由于海藻酸大分子链中 G 片段中 L-古罗糖醛酸上的羧酸基团可与 Ca^{2+} 发生键合，使得海藻酸钠大分子间相互交联形成规则网状结构的纤维表面。

3.6.2　海藻纤维与金属离子的配位反应

将海藻纤维分别与不同初始浓度的 Fe^{3+}、Cu^{2+} 和 Ce^{3+} 在 50℃下进行配位反应，并达到反应平衡状态，生成的海藻纤维金属配合物的配合量（Q_{Fe}、Q_{Cu} 和 Q_{Ce}）与三种金属离子初始浓度（$C_{Fe,0}$、$C_{Cu,0}$ 和 $C_{Ce,0}$）之间的关系如图 3-43 所示。三种配合物的配合量与金属离子初始浓度均呈现出良好的线性关系，且配合量均随着金属离子初始浓度的提高而逐渐增加。此外，使用 Langmuir 吸附等温方程对三种金属离子与海藻纤维的配位反应进行拟合，结果如表 3-10 所示。可以看出，在相同条件下，海藻纤维与三种金属离子发生配位反应的配合量、吸附系数（k_L）和最大吸附量（Q_{MAX}）值均按照下列顺序排列：$Fe^{3+}>Cu^{2+}>Ce^{3+}$。这说明 Fe^{3+} 比 Cu^{2+} 和

Ce^{3+}更容易与海藻纤维发生配位反应。使用 Arrhenius 公式计算的三种金属离子与海藻纤维配位反应的活化能，则按照与上述相反顺序进行排列（表 3–11），进一步证明两种过渡金属离子与海藻纤维之间的配位反应更容易进行，而 Ce^{3+} 与海藻纤维的配位反应不仅较难进行，而且对温度的依赖性更强。

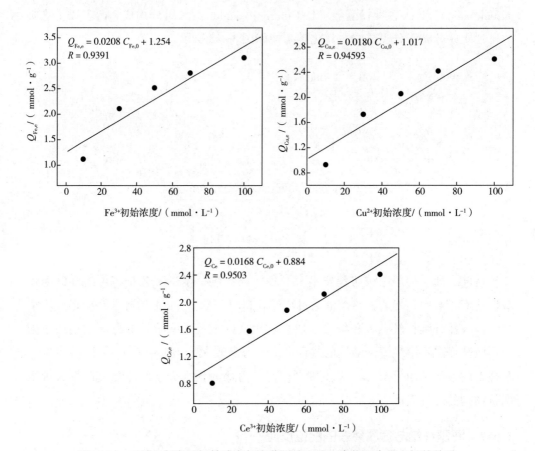

图 3–43　三种金属离子初始浓度与海藻纤维金属配合物配合量之间的关系

表 3–10　海藻纤维对三种金属离子的 Langmuir 吸附等温方程和参数

金属离子	拟合方程	k_L/（L·mmol⁻¹）	Q_{MAX}/（mmol·g⁻¹）	R^2
Fe^{3+}	$Q_{Fe,e}=0.391C_{Fe,e}/（1+0.1240C_{Fe,e}）$	0.124	3.16	0.9930
Cu^{2+}	$Q_{Cu,e}=0.258C_{Cu,e}/（1+0.0943C_{Cu,e}）$	0.0943	2.73	0.9920
Ce^{3+}	$Q_{Ce,e}=0.193C_{Ce,e}/（1+0.0742C_{Ce,e}）$	0.0742	2.59	0.9966

注　$Q_{Fe,e}$、$Q_{Cu,e}$ 和 $Q_{Ce,e}$ 分别为三种金属离子的配合量，$C_{Fe,e}$、$C_{Cu,e}$ 和 $C_{Ce,e}$ 分别为三种金属离子的平衡浓度。

表 3-11　不同金属离子与两种含羧酸纤维配位反应的活化能

金属离子	拟合方程	$E_a/\ (kJ \cdot mol^{-1})$	R^2
Fe^{3+}	$lgk_M = -697.1/T - 0.444$	13.45	0.9955
Cu^{2+}	$lgk_M = -880.4/T - 0.039$	16.00	0.9662
Ce^{3+}	$lgk_M = -1054.5/T + 0.358$	20.35	0.9953

注　k_M 为反应速率常数，T 为反应温度，E_a 为反应活化能。

　　值得注意的是，提高金属离子水溶液的 pH 有利于其与海藻纤维的配位反应，促进海藻纤维金属配合物的生成。图 3-44 给出了当 Fe^{3+} 与海藻纤维的配位反应时水溶液的 pH 与 Q_{Fe} 值之间的关系。可以看出，溶液的 pH 升高会导致配合物的 Q_{Fe} 值增加，这主要是因为 pH 的升高会使得纤维表面的羧基（—COOH）更趋于表现为羧酸根（—COO⁻）形式，导致其与 Fe^{3+} 之间的静电吸引力增加，使得海藻纤维更容易与 Fe^{3+} 发生反应并形成稳定的配合物。

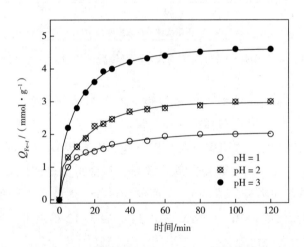

图 3-44　pH 对海藻纤维与 Fe^{3+} 配位反应的影响

3.6.3　海藻纤维与其他含羧酸纤维配位反应性能比较

3.6.3.1　三种含羧酸纤维配体的 Q_{COOH} 值比较

　　含羧酸纤维配体通常是指纤维大分子主链或侧链上含有羧酸基团的一类纤维材料。目前主要分为两大类，一是以海藻纤维为代表的天然含羧酸纤维配体，二是通过特定的表面接枝或交联反应而制备的含羧酸纤维配体，其中以聚丙烯酸改性 PP 纤维（PAA-g-PP）和聚丙烯酸改性 PTFE 纤维（PAA-g-

PTFE）为典型代表。使用不同浓度丙烯酸通过表面接枝聚合反应能够制备具有 Q_{COOH} 值的 PAA-g-PP 和 PAA-g-PTFE，它们与海藻纤维的 Q_{COOH} 值比较如图 3-45 所示。

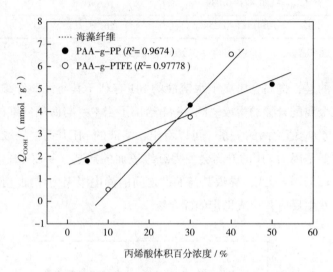

图 3-45　丙烯酸浓度对不同含羧酸纤维配体的 Q_{COOH} 值的影响

随着接枝聚合反应体系中丙烯酸初始浓度的提高，PAA-g-PP 和 PAA-g-PTFE 的 Q_{COOH} 值呈直线增长的趋势。而海藻纤维的 Q_{COOH} 值经测定为 2.51mmol/g 左右（图 3-45 中虚线）。更重要的是，PAA-g-PP 和 PAA-g-PTFE 的 Q_{COOH} 值与丙烯酸浓度（C_{AA}）之间存在良好的线性关系，这使得通过调控 C_{AA} 值使两种纤维的 Q_{COOH} 值达到或超过海藻纤维的 Q_{COOH} 值成为可能。因此首先制备与海藻纤维具有相近 Q_{COOH} 值的 PAA-g-PP 和 PAA-g-PTFE，表 3-12 给出了三种含羧酸纤维配体的比表面积和水接触角。

表 3-12　三种含羧酸纤维配体的 Q_{COOH} 和表面性能

含羧酸纤维	海藻纤维	PAA-g-PP	PAA-g-PTFE
Q_{COOH}/（mmol·g⁻¹）	2.51	2.47	2.43
比表面积/（m²·g⁻¹）	0.286	0.251	0.178
水接触角/（°）	48.3	85.8	91.1

3.6.3.2　三种含羧酸纤维配体与 Fe^{3+} 配位反应性能的比较

海藻纤维、PAA-g-PTFE 和 PAA-g-PP 三种纤维配体结构中的羧酸基团均能

够与 Fe^{3+} 发生配位反应生成铁配合物。但是由于它们的结构和表面性能之间存在显著差异，它们与 Fe^{3+} 配位反应性能迥然不同。含羧酸纤维配体与 Fe^{3+} 之间的配位反应通常表现为纤维对水溶液中 Fe^{3+} 的吸附现象，且该反应容易受到反应温度和 Fe^{3+} 初始浓度的影响。因此，在相同反应条件下，使三种含羧酸纤维配体分别与 Fe^{3+} 进行配位反应，观察它们表面结构和性能对所形成配合物的 Fe^{3+} 配合量的影响，并使用 Langmuir 和 Freundlich 等温吸附方程对两者的配位反应进行评价。

分别在不同温度将具有相似 Q_{COOH} 值的三种含羧酸纤维配体与不同初始浓度（$C_{Fe,0}$）的 Fe^{3+} 进行配位反应，当反应达到平衡后，Fe^{3+} 的平衡浓度（$C_{Fe,e}$）和含羧酸纤维配体对其平衡吸附量（$Q_{Fe,e}$）之间的关系（吸附等温线）如图 3-46 所示。可以看出 $C_{Fe,e}$ 值的增加可以提高三种含羧酸纤维配体对 Fe^{3+} 的吸附量。温度的升高使得三种含羧酸纤维配体对 Fe^{3+} 的平衡吸附量显著增加，这说明温度的升高能

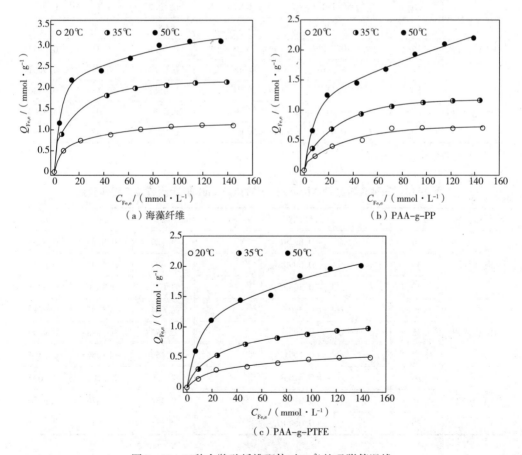

图 3-46　三种含羧酸纤维配体对 Fe^{3+} 的吸附等温线

够有效地促进纤维配体对 Fe^{3+} 的吸附。在相同反应条件下，三种含羧酸纤维配体对 Fe^{3+} 的平衡吸附量按照下列顺序排列：海藻纤维>PAA-g-PP>PAA-g-PTFE。同时海藻纤维对 Fe^{3+} 的平衡吸附量明显高于 PAA-g-PP 和 PAA-g-PTFE 的平衡吸附量，表明海藻纤维比其他两种含羧酸纤维配体更容易与 Fe^{3+} 反应形成高 Fe^{3+} 配合量的配合物。分别使用 Langmuir 和 Freundlich 吸附等温方程对图 3-46 中的数据进行拟合处理，得到相应拟合方程和参数，见表 3-13 和表 3-14。

表 3-13　三种含羧酸纤维配体对 Fe^{3+} 的 Langmuir 吸附等温方程和参数

纤维类别	$T/℃$	线性回归方程	$k_L/$ $(L \cdot mmol^{-1})$	$Q_m/$ $(mmol \cdot g^{-1})$	R^2
海藻纤维	50	$Q_{Fe,e}=0.4389C_{Fe,e}/(1+0.1389C_{Fe,e})$	0.1389	3.16	0.9877
	35	$Q_{Fe,e}=0.2708C_{Fe,e}/(1+0.1231C_{Fe,e})$	0.1231	2.20	0.9856
	20	$Q_{Fe,e}=0.1158C_{Fe,e}/(1+1.1007C_{Fe,e})$	0.1007	1.15	0.9898
PAA-g-PP	50	$Q_{Fe,e}=0.1400C_{Fe,e}/(1+0.0625C_{Fe,e})$	0.0625	2.24	0.9862
	35	$Q_{Fe,e}=0.0705C_{Fe,e}/(1+0.0538C_{Fe,e})$	0.0538	1.31	0.9933
	20	$Q_{Fe,e}=0.0367C_{Fe,e}/(1+0.00448C_{Fe,e})$	0.0448	0.82	0.9861
PAA-g-PTFE	50	$Q_{Fe,e}=0.1195C_{Fe,e}/(1+0.0561C_{Fe,e})$	0.0561	2.13	0.9930
	35	$Q_{Fe,e}=0.0489C_{Fe,e}/(1+0.0457C_{Fe,e})$	0.0457	1.07	0.9962
	20	$Q_{Fe,e}=0.0212C_{Fe,e}/(1+0.0365C_{Fe,e})$	0.0365	0.58	0.9876

表 3-14　三种含羧酸纤维配体对 Fe^{3+} 的 Freundlich 吸附等温方程和参数

纤维类别	$T/℃$	线性回归方程	n	k_F	R^2
海藻纤维	50	$Q_{Fe,e}=0.8929C_{Fe,e}^{0.2688}$	3.720	0.8929	0.9258
	35	$Q_{Fe,e}=0.6090C_{Fe,e}^{0.2705}$	3.697	0.6090	0.9579
	20	$Q_{Fe,e}=0.3050C_{Fe,e}^{0.2724}$	3.671	0.3050	0.9733
PAA-g-PP	50	$Q_{Fe,e}=0.3707C_{Fe,e}^{0.3754}$	2.664	0.3707	0.9710
	35	$Q_{Fe,e}=0.1998C_{Fe,e}^{0.3765}$	2.656	0.1998	0.9530
	20	$Q_{Fe,e}=0.1051C_{Fe,e}^{0.4065}$	2.460	0.1051	0.9464
PAA-g-PTFE	50	$Q_{Fe,e}=0.3103C_{Fe,e}^{0.3899}$	2.565	0.3103	0.9682
	35	$Q_{Fe,e}=0.0137C_{Fe,e}^{0.4078}$	2.452	0.1376	0.9750
	20	$Q_{Fe,e}=0.0640C_{Fe,e}^{0.4244}$	2.356	0.0640	0.9465

由表 3-13 和表 3-14 可知，Langmuir 等温吸附模型曲线方程的相关系数（R^2）

的平方值均达到了 0.98 以上，因此三种含羧酸纤维配体与 Fe^{3+} 的配位反应能够用 Langmuir 等温吸附模型进行描述。Freundlich 等温吸附模型曲线方程的 R^2 值均大于 0.92，故此配位反应也能够用 Freundlich 等温吸附模型进行描述。尽管两种等温吸附模型都能够很好地描述三种含羧酸纤维配体与 Fe^{3+} 的配位反应，但是由于 Langmuir 模型方程的 R^2 值高于 Freundlich 模型方程的 R^2 值，因此更适合描述这种配位反应。这意味着三种含羧酸纤维配体与 Fe^{3+} 的配位反应更趋向于单分子层均匀吸附。

值得指出的是，在 Langmuir 和 Freundlich 模型方程中，k_L 越高，表示纤维配体对 Fe^{3+} 的吸附能力就越强，而 k_F 与纤维的亲和力和吸附容量有关，三种含羧酸纤维配位反应的 k_L、Q_m 和 k_F 值按照下列顺序排列：海藻纤维>PAA-g-PP>PAA-g-PTFE。这意味着在相同条件下，海藻纤维对 Fe^{3+} 明显具有更好的亲和力。主要原因至少包括两个方面。一方面是尽管三种含羧酸纤维配体具有相似的 Q_{COOH} 值，但是这些羧酸基团在纤维大分子结构中的位置有显著区别。海藻纤维是利用海藻酸中的 α-L-古罗糖醛酸与 Ca^{2+} 的交联特性通过湿法纺丝制备而成的，其中海藻酸是线性多糖类大分子，羧酸基团均位于糖环结构中。而对于 PAA-g-PP 和 PAA-g-PTFE，聚丙烯酸作为侧链接枝于纤维大分子主链上，羧酸基团位于纤维分子的侧链结构中，图 3-47 为三种含羧酸纤维配体羧酸基团的不同位置。此外，三种含羧酸纤维配体对 Fe^{3+} 配位反应性能差别也与它们的配位方式有关。研究证明，聚丙烯酸接枝链中的羧酸基能够与 Fe^{3+} 通过分子间配位和分子内配位方式进行反应。可知 PAA-g-PP 和 PAA-g-PTFE 中羧酸基也可采用这两种方式进行反应。不同的是，海藻纤维的羧酸基团通常仅能够借助分子间配位方式与 Fe^{3+} 进行反应。比较三者表面羧酸基的位置可以发现，PAA-g-PP 和 PAA-g-PTFE 中羧基的支链化会因空间障碍而限制其与 Fe^{3+} 反应，导致较少的 Fe^{3+} 被固定在两者的表面。

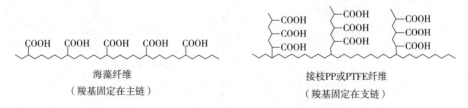

图 3-47　三种含羧酸纤维配体羧酸基团的不同位置

另一方面，材料表面亲疏水性能也会影响其表面功能基团的反应性能。从表

3-12可以看到，三种含羧酸纤维配体的比表面积之间并不存在显著差别。然而海藻纤维属于亲水性纤维，PP纤维和PTFE纤维都为疏水性纤维。即使后二者表面接枝丙烯酸后的水接触角也明显高于前者的水接触角，这证明PAA-g-PP和PAA-g-PTFE的表面亲水性低于海藻纤维，使Fe^{3+}水溶液在PAA-g-PP和PAA-g-PTFE表面扩散和渗透较为困难，减缓Fe^{3+}与两者之间的配位反应。

3.6.4　海藻纤维铁配合物的光吸收性

海藻纤维和具有不同Q_{Fe}值的海藻纤维铁配合物的DRS谱图如图3-48所示。海藻纤维仅在紫外光区内（200~400nm）出现较弱的吸收峰。与Fe^{3+}发生配位反应后所得海藻纤维铁配合物的吸收峰不仅吸收强度显著增加，而且其宽度从紫外光区扩展至可见光区，这意味着Fe^{3+}的引入有利于改善海藻纤维的光吸收性能，使其不仅能够吸收紫外光，还可以吸收可见光。海藻纤维铁配合物在可见区域出现宽的强吸收峰应主要归因于配体向Fe^{3+}的电荷转移（LMCT）。更为重要的是，随着海藻纤维铁配合物表面Q_{Fe}值的提高，海藻纤维铁配合物表现出吸收峰强度增加，这说明提高配合物的Q_{Fe}值会使得配合物中配体向Fe^{3+}的荷移（LMCT）和Fe^{3+}的d-d电子跃迁程度变大，导致海藻纤维铁配合物对光吸收的强度增加。值得指出的是，因为海藻纤维铁配合物对紫外光和可见光均具有吸收特性，这使得将其作为太阳光驱动的光Fenton反应催化剂成为可能。

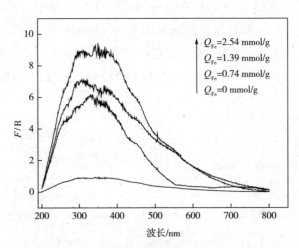

图3-48　海藻纤维及其铁配合物的DRS谱图

3.7　羊毛纤维金属配合物的制备和光吸收性能

天然纤维中使用最多的蛋白质纤维是羊毛纤维。我国是世界上最大的毛纺织产品生产国和消费国，同样也是产生废弃羊毛纤维的大国。废弃羊毛纤维有三种来源：

①品质差的羊毛纤维如山羊毛纤维和粗毛等，因不具有纺织价值而被废弃。

②在毛纺加工中产生的废弃物，如精梳落毛和粗纱头等。此外，在制革工业中脱毛提绒后也会产生大量的废弃粗羊毛纤维。我国毛纺与皮革工业每年平均会产生超过 9 万吨的粗长毛。

③废旧纺织品如穿旧的服装、旧地毯和装饰品等。

近年来，由于人们追求毛纺产品的精品化和高档化，大量的粗羊毛纤维呈现过剩态势，也在一定程度上增加了废弃羊毛纤维的总量。这些废旧羊毛只有少量得到循环再利用，其他的都作为垃圾进行填埋，既给企业带来了沉重负担，又对环境造成很大危害。为了有效利用数量庞大的废旧羊毛纤维，可以将其与金属离子特别是 Fe^{3+} 进行反应制备环境净化纺织品，不仅能够减少废旧羊毛纤维对环境产生的污染，而且可使废弃资源再生利用，实现以废制废的绿色发展目标。

3.7.1　羊毛纤维与 Fe^{3+} 的配位反应

羊毛纤维能通过其结构中的羧基、氨基和酰氨基以及二硫键等作为配位基团与 Fe^{3+} 进行配位反应并生成稳定的羊毛纤维铁配合物（简称 Fe-Wool）。在反应过程中 Fe^{3+} 初始浓度和反应温度的增加都会促进两者之间的反应，使更多的 Fe^{3+} 与纤维结合，使铁配合量（Q_{Fe}）不断提高（图 3-49）。

Fe^{3+} 溶液的 pH 也会影响两者的配位反应，如图 3-50 所示。Fe-Wool 的 Q_{Fe} 值随着溶液 pH 升高而增加，这主要是因为 pH 升高时，羊毛纤维表面所带正电荷减少，其与 Fe^{3+} 之间的静电斥力下降，使得更多的 Fe^{3+} 与羊毛纤维发生配位反应。

羊毛纤维分别与 100mmol/L 的 Fe^{3+} 和 Cu^{2+} 在不同温度下进行配位反应，所得 Fe-Wool 或 Cu-Wool 的 Q_{Fe} 或 Q_{Cu} 值在反应过程中的变化如图 3-51 所示。

图 3-51 显示，Q_{Fe} 和 Q_{Cu} 值随着反应时间的延长不断提高。说明水溶液中的

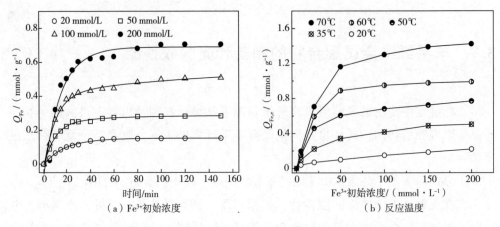

（a）Fe³⁺初始浓度　　　　　　　　（b）反应温度

图 3-49　Fe^{3+}初始浓度和反应温度对 Q_{Fe} 值的影响

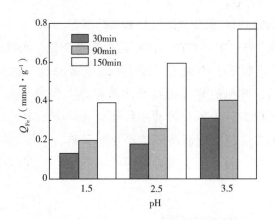

图 3-50　不同 pH 条件下 Fe-Wool 的 Q_{Fe} 值

Fe^{3+}或 Cu^{2+} 被逐渐固定于羊毛纤维表面，在相同温度条件下，Fe-Wool 的 Q_{Fe} 远高于 Cu-Wool 的 Q_{Cu} 值。但是 Fe^{3+} 达到反应平衡的时间比 Cu^{2+} 更久。此外，反应温度对金属离子与羊毛纤维的反应具有明显的促进作用，温度的升高显著增加了配合物的 Q_{Fe} 或 Q_{Cu} 值。这表明提高温度可增强两种金属离子在羊毛纤维表面的固定作用，并生成具有更高 Q_{Fe} 或 Q_{Cu} 值的羊毛纤维金属配合物。主要原因是，羊毛纤维表面的鳞片层能够阻碍金属离子渗透，温度升高会使其鳞片层发生溶胀，增加金属离子水溶液在羊毛纤维表层的渗透作用，更有利于其与羊毛纤维的配位基团发生配位反应，提高羊毛纤维金属配合物的金属配合量。

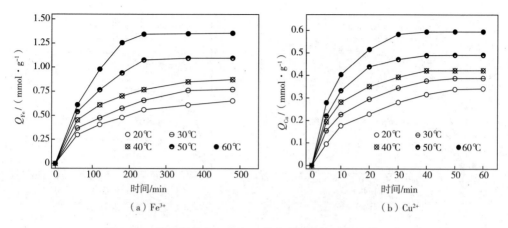

图 3-51　羊毛纤维与 Fe^{3+} 和 Cu^{2+} 在不同温度进行配位反应

3.7.2　不同直径和鳞片结构的羊毛纤维铁配合物的制备

根据 GB/T 14593—2008 国家标准对羊毛纤维进行采样，借助扫描电镜观察其形貌，并选取约 120 根纤维，测定并计算其平均直径和平均鳞片厚度。三种不同直径和鳞片厚度的羊毛纤维分别命名为 ⅰ–Wool、ⅱ–Wool 和 ⅲ–Wool，见表 3-15。

表 3-15　三种羊毛纤维的平均直径和鳞片厚度

羊毛纤维分类	ⅰ–Wool	ⅱ–Wool	ⅲ–Wool
平均直径/μm	25.66	36.47	36.85
平均鳞片厚度/μm	0.9318	0.9560	0.6593

分别将上述三种羊毛纤维与初始浓度（$C_{Fe,0}$）不同的 Fe^{3+} 发生配位反应并得到三种不同的 Fe-Wool 样品，它们的 Q_{Fe} 值在配位反应过程中的变化如图 3-52 所示。

从图 3-52（a）~（c）可以看出，三种 Fe-Wool 的 Q_{Fe} 值随着反应时间的延长而显著提高，这意味着在反应过程中更多的 Fe^{3+} 与羊毛之间发生了反应而被固定于羊毛纤维表面。在相同条件下，随着 $C_{Fe,0}$ 值的增大，Q_{Fe} 值逐渐升高，这说明提高反应体系中 Fe^{3+} 的初始浓度可以促进其与羊毛纤维之间配位反应的发生。此外，Fe-ⅰ-Wool 和 Fe-ⅱ-Wool 的 Q_{Fe} 值在 60min 时不再显著变化，意味着其与 Fe^{3+} 的配位反应在 80min 左右即达到平衡。而 ⅲ-Wool 的配位反应达到平衡的时间长达 120min 左右。更重要的是，图 3-52（d）显示 Fe-ⅲ-Wool 在平衡时的 $Q_{Fe,e}$ 值明显

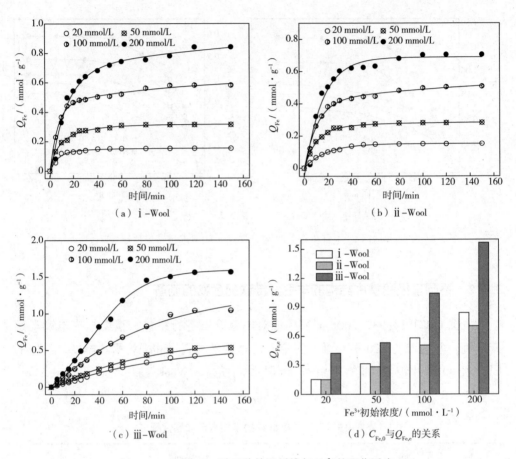

图 3-52　不同 $C_{Fe,0}$ 时三种羊毛纤维与 Fe^{3+} 的配位反应

高于其他两种配合物的 $Q_{Fe,e}$ 值，这主要与 iii-Wool 具有更薄的鳞片层有关。原因为鳞片由致密的角质细胞构成，对小分子化合物向纤维内部渗透具有抑制性能，且鳞片层越厚，这种抑制作用越强，阻碍 Fe^{3+} 与纤维分子结构中氨基等配位基团的反应，使得 Fe^{3+} 与羊毛纤维发生配位反应更容易达到平衡。因此，Fe^{3+} 更易于向具有更薄的鳞片层的 iii-Wool 内部渗透和反应，较难以达到反应平衡，导致更多的 Fe^{3+} 被固定于纤维表面。

图 3-53 给出了三种不同羊毛纤维与 Fe^{3+} 在不同温度生成 Fe-Wool 的 Q_{Fe} 值。发现三种 Fe-Wool 的 Q_{Fe} 值随着反应温度的提高几乎呈线性增加，这说明升高反应温度有利于配位反应的进行。在相同温度时，Fe-iii-Wool 的 Q_{Fe} 值明显于其他两种配合物。这表明鳞片层较薄的羊毛与 Fe^{3+} 的配位反应能力更高。此外，尽管 i-Wool 的直径明显低于 ii-Wool，且具有相似的鳞片层厚度，但是其相

应配合物的 Q_{Fe} 值并没有明显提高，这说明羊毛直径对两者的配位反应性能影响不大。

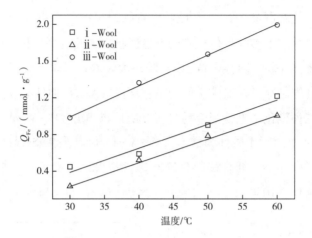

图 3-53　不同反应温度时三种羊毛纤维铁配合物 Q_{Fe} 值的变化

3.7.3　羊毛纤维铁铜双金属配合物的制备

以 Cu^{2+} 作为助金属离子制备的羊毛纤维铁铜双金属配合物（Fe-Cu-Wool）的光催化活性通常比 Fe-Wool 更高。为有效调控 Fe-Cu-Wool 中的金属离子配合量，将羊毛纤维与不同浓度的 Fe^{3+} 和 Cu^{2+} 反应制备一系列羊毛纤维金属配合物，它们的金属离子配合量（Q_T）和 Q_{Fe} 与 Q_{Cu} 以及它们比值（Q_{Cu}/Q_{Fe}）见表 3-16。提高 Cu^{2+} 浓度会使配合物的 Cu/Fe 有所上升，当两种金属离子初始浓度相同时，所得配合物 Fe-Cu-Wool（Ⅱ）的 Cu/Fe 仅有 0.205，这表明当两种金属离子对羊毛纤维进行共配位反应时，Fe^{3+} 具有比 Cu^{2+} 更强的配位反应能力。

表 3-16　不同 Fe^{3+} 和 Cu^{2+} 浓度制备的羊毛纤维金属配合物

配合物	$C_{Fe,0}$	$C_{Cu,0}$	Q_{Fe}	Q_{Cu}	Q_T	Q_{Cu}/Q_{Fe}
	mmol · L^{-1}		mmol · g^{-1}			
Fe-Wool	100	0	0.825	0	0.825	0
Fe-Cu-Wool（Ⅰ）	75	25	0.729	0.089	0.818	0.122
Fe-Cu-Wool（Ⅱ）	50	50	0.689	0.141	0.830	0.205
Fe-Cu-Wool（Ⅲ）	25	75	0.422	0.413	0.835	0.979
Cu-Wool	0	100	0	0.831	0.831	—

3.7.4　染色羊毛纤维的应用

在废旧羊毛纤维制品中，经不同染料染色的织物通常占有一定比例，纤维表面存在的染料对其与 Fe^{3+} 的配位反应会产生影响。为此选择三种不同结构和浓度的酸性染料（酸性黑 10B、酸性嫩黄 2G 和酸性大红 G）对羊毛纤维进行染色，模拟废旧染色羊毛纤维制品。在测定它们的染色深度（K/S）曲线后使其与 Fe^{3+} 进行配位反应，得到三种染色羊毛铁配合物（对于酸性黑 10B：Fe-Wool-B，对于酸性嫩黄 2G：Fe-Wool-Y，对于酸性大红 G：Fe-Wool-R）。图 3-54 给出了三种染色羊毛铁配合物与未染色羊毛纤维铁配合物的比较结果。染色羊毛织物的 K/S 值随着染料浓度的增加而逐渐提高，说明染料浓度的增加有利于更多的染料吸附于织物

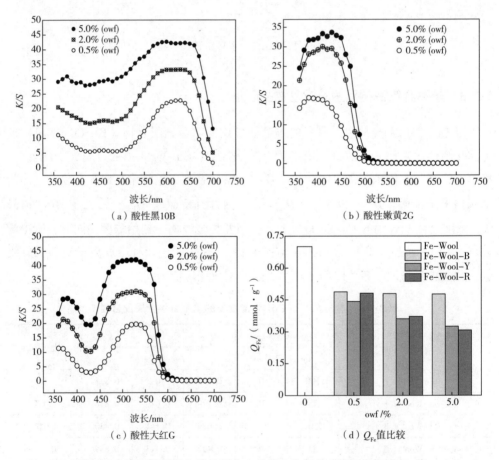

图 3-54　酸性染料染色羊毛的 K/S 曲线和染色羊毛铁配合物的 Q_{Fe} 值

表面。以染色羊毛纤维为原料制备的 Fe-Wool 的 Q_{Fe} 值显著低于以未染色羊毛纤维为原料制备的 Fe-Wool，并且随着染料浓度的增加而呈下降的趋势，其中 Fe-Wool-Y 和 Fe-Wool-R 的 Q_{Fe} 值变化更明显。这说明羊毛纤维表面吸附的酸性染料特别是酸性嫩黄 2G 和酸性大红 G 不利于其与 Fe^{3+} 的配位反应。这是因为酸性染料分子占据了与羊毛纤维分子中的氨基等配位基团，减少了 Fe^{3+} 与这些基团发生配位反应的机会。

3.7.5　羊毛纤维金属配合物的光吸收性能

图 3-55 分别给出了对羊毛纤维及其两种金属配合物 Fe-Wool（$Q_{Fe}=0.82mmol/g$）和 Cu-Wool（$Q_{Cu}=0.83mmol/g$）的 DRS 谱图。其中羊毛纤维的 DRS 谱线在紫外区存在较强的光吸收（曲线 a），这是羊毛纤维存在由 π 电子向 π* 激发态的跃迁所致。而羊毛纤维经 Fe^{3+} 或 Cu^{2+} 配位后的谱线（曲线 b 和 c），在紫外和可见光区域的吸收峰明显得到加强，特别是在可见光区域吸收峰增加幅度更大，尤其以 Cu-Wool 表现得更为突出，并且在约 722nm 处出现明显的吸收峰。这说明 Fe^{3+} 或 Cu^{2+} 的引入有利于羊毛金属配合物光吸收性能的提高。这可能主要由在配位反应中产生的由羊毛纤维至金属离子的电荷跃迁（LMCT）和金属离子的 d-d 跃迁等所致。

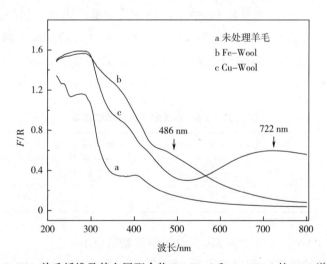

图 3-55　羊毛纤维及其金属配合物 Fe-Wool 和 Cu-Wool 的 DRS 谱图

3.8　基于纤维金属配合物的水体净化纺织品成形技术

近年来，纤维材料因具有比表面积较大、吸附性能好以及成本较低等优点已经成为非均相反应催化剂载体的选择热点。以散纤维形式制备的催化剂难以实现工业化应用，因此将纺织技术和化学改性方法相结合，通过改变功能纤维、增强纤维以及化学改性的方法优化制备纺织品环境催化材料，在提高其催化活性和机械性能等的基础上逐步形成工业化产品，这对于推动基于纤维金属配合物的水体净化纺织品的产业化应用具有重要意义。

3.8.1 PAN/PP 混纺针织物的制备和应用

研究证明，偕胺肟改性 PAN 纤维铁配合物作为非均相 Fenton 反应光催化剂对水中染料等有机污染物的降解反应具有明显的促进作用。但是偕胺肟改性 PAN 纤维的断裂强度等会在改性反应中发生显著下降而影响其实际使用性能。如何在提高其光催化活性的前提下保持优良的机械性能是改性 PAN 纤维铁配合物产业化应用的一个挑战。而将 PAN 纤维与其他纤维混纺加工并通过特殊的纺纱、织造和织物化学改性等环节的优化，制备具有优良综合性能的环境催化材料是目前的研究重点。

3.8.1.1 纤维的选择

分别选择 PAN 棉型短纤维和 PP 短纤维作为功能纤维和增强纤维，因为前者分子含有具有较高反应活性的氰基，有利于通过改性反应形成纤维金属配合物，而后者表面平直光滑，断裂强度较高且化学性质稳定。两种纤维的机械性能见表 3-17。

表 3-17 PAN 纤维和 PP 纤维的性能

纤维种类	线密度/dtex	长度/mm	断裂强力/cN	断裂伸长率/%
PAN	1.67	38.16	3.90	24.10
PP	1.65	37.86	5.10	60.05

3.8.1.2 PAN/PP 混纺纱线及其针织物的制备技术

采用相同的纺纱和针织工艺设计和制备五种不同混纺比的 PAN/PP 混纺纱线和纬平针组织针织物，其中功能纤维 PAN 与增强纤维 PP 的混纺比分别为 100/0、85/15、70/30、50/50 和 30/70。PAN/PP 混纺纱线及其针织物的基本参数如表 3-18 所示。

表 3-18　PAN/PP 混纺纱线及其针织物的基本参数

混纺比	PAN/PP 混纺纱线		PAN/PP 混纺针织物		
	线密度/dtex	捻系数	密度/［线圈数·(10cm)$^{-1}$］		克重/ (g·cm^{-2})
			横密	纵密	
100/0	66.2	254.6	54	47	21.00
85/15	65.8	256.1	56	46	19.36
70/30	65.7	249.8	50	45	20.15
50/50	66.3	251.7	53	47	19.78
30/70	65.9	257.4	55	44	20.43

3.8.1.3　PAN/PP 混纺纱线及其针织物的偕胺肟改性

（1）PAN/PP 混纺比对氰基转化率的影响

使用含有盐酸羟胺和 NaOH 的水溶液对不同混纺比的 PAN/PP 纱线和针织物进行改性处理，其中的 PAN 纤维与盐酸羟胺发生反应形成 AO-PAN/PP 混纺纱线和针织物，其中的 PP 纤维含量（C_{PP}）与氰基转化率（CD）之间的关系如图 3-56 所示。可以发现，AO-PAN/PP 混纺纱线和针织物的 CD 值随着其 C_{PP} 值的提高而呈线性增加，表明 PP 纤维的存在有助于其中 PAN 纤维的偕胺肟改性反应。其主要原因是 PP 纤维的表面比 PAN 纤维表面更平直光滑，且随着 PP 纤维的增加，PAN/PP 混纺纱线或针织物中两种纤维间的摩擦力和抱合力降低，能够使改性

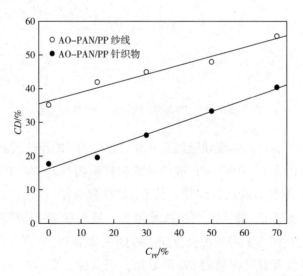

图 3-56　AO-PAN/PP 混纺纱线和针织物的 C_{PP} 与 CD 值之间的关系

溶液更容易渗入到纱线或织物的内部，促进了其与 PAN 纤维表面氰基的反应，有利于其转化为偕胺肟基团。研究发现，偕胺肟改性反应会使得 PAN 纤维产生收缩现象，而 PP 纤维的存在会在一定程度上减少这种收缩现象。值得注意的是，在相同 PP 纤维含量的条件下，针织物的 *CD* 值总是低于纱线的相应值，这意味着纱线中的 PAN 纤维比织物中的 PAN 纤维更易于与盐酸羟胺发生反应。原因为针织物中纤维之间的挤压力明显大于纱线中纤维之间的挤压力，造成织物中纤维间的空隙减小，阻碍了改性溶液向织物内部的渗入。

（2）PAN/PP 混纺比对偕胺肟改性纱线力学性能的影响

偕胺肟改性处理前后，不同混纺比的 PAN/PP 和 AO-PAN/PP 混纺纱线的断裂强力（*BS*）和断裂伸长率（*E*）如图 3-57 所示。混纺纱线的断裂强力和断裂伸长率随着 C_{PP} 的增加而显著降低，并在 $C_{PP}=30\%$ 时达到最小值。然而当 C_{PP} 继续增加时，断裂强力和断裂伸长率逐渐上升。经偕胺肟改性处理后混纺纱线的断裂强力下降，而断裂伸长率则表现出相反的变化。

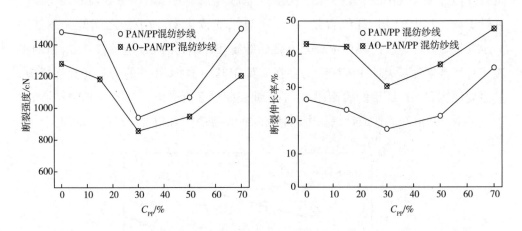

图 3-57　AO-PAN/PP 混纺纱线的力学性能

3.8.1.4　AO-PAN/PP 混纺纱线及其针织物与 Fe^{3+} 的配位反应

将不同混纺比的 AO-PAN/PP 混纺纱线和针织物与 Fe^{3+} 发生配位反应，形成 Fe-AO-PAN/PP 混纺纱线或针织物，其 C_{PP} 与铁配合量（Q_{Fe}）之间的关系如图 3-58 所示。Q_{Fe} 随着 C_{PP} 的提高而呈线性增加，这意味着 PP 纤维的存在能够促进其中的偕胺肟基团与 Fe^{3+} 的配位反应。原因主要是 PP 纤维含量的提高使 AO-PAN/PP 混纺纱线及其针织物的 *CD* 值增加，使其能和更多的 Fe^{3+} 进行反应，提高 Q_{Fe} 值。

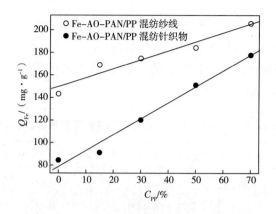

图 3-58　C_{PP} 与 Q_{Fe} 值之间的关系

与 Fe^{3+} 配位反应后，AO-PAN/PP 混纺纱线的 C_{PP} 值对其断裂强度及断裂伸长率的影响如图 3-59 所示。Fe-AO-PAN/PP 混纺纱线的断裂强度随着 C_{PP} 值的增加先降低后升高，这与 AO-PAN/PP 混纺纱线的变化规律相似。值得注意的是，经过 Fe^{3+} 配位反应后，AO-PAN/PP 混纺纱线的断裂伸长率也相应地降低。这是因为在反应过程中，Fe^{3+} 会不均匀地固定在 AO-PAN 纤维表面，加剧了其结构的不均匀性，通过应力集中效应降低了混纺纱线的断裂伸长率。

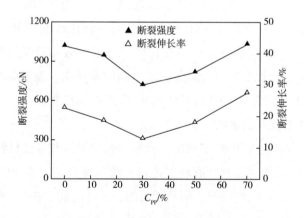

图 3-59　Fe-AO-PAN/PP 混纺纱线的力学性能

3.8.1.5　Fe-AO-PAN/PP 混纺纱线及其针织物的光催化性能

将不同 C_{PP} 值的 Fe-AO-PAN/PP 纱线或其针织物（Q_{Fe} 为 136.4mg/g 左右）作为 Fenton 反应光催化剂应用于活性红 195 的氧化反应中，其假一级反应速率常数（k）与 C_{PP} 值的关系见表 3-19。染料降解反应的 k 值随着 C_{PP} 值的增加而逐渐提高，这说明 Fe-AO-PAN/PP 混纺纱线或其针织物对染料的降解反应具有显著的催化作用，PP 纤维会促进 PAN/PP 混纺纱线或针织物的光催化性能。因为 PP 纤维能够使纱线或针织物的结构变松散，使 PAN 纤维表面的铁配合物易于与染料分子接触，促进了染料降解反应。

表 3-19　不同 C_{PP} 值的织物试样存在时降解反应速率常数

C_{PP}/%	Fe-AO-PAN/PP 纱线		Fe-AO-PAN/PP 针织物	
	$k/\min^{-1}$	R^2	$k/\min^{-1}$	R^2
0	0.0227	0.9979	0.0148	0.9963
15	0.0273	0.9985	0.0194	0.9971
30	0.0323	0.9986	0.0252	0.9946
50	0.0388	0.9995	0.0321	0.9922
70	0.0483	0.9993	0.0405	0.9892

3.8.2　PAN/PET 包芯纱线网状机织物的制备与应用

以功能纤维 PAN 纤维为包覆材料，以增强材料涤纶（PET）长丝为芯材纺制 PAN/PET 包芯纱线，充分发挥 PAN 纤维改性后的催化性能和 PET 长丝优良的力学性能，然后以此织造成具有疏松结构且尺寸稳定的透孔组织机织物。最后使用盐酸羟胺和 FeCl₃对此机织物进行偕胺肟改性和配位反应，制备兼具高效催化活性和优良力学性能且尺寸稳定性高的 PAN/PET 包芯纱机织物。

3.8.2.1　纤维材料的选择

分别选择 PAN 棉型短纤维和 PET 长丝作为包覆纤维和增强材料，因为 PAN 纤维分子含有高反应活性的氰基，有利于进行后续改性反应；而 PET 长丝力学性能强，化学性质稳定且耐光性较好。两种纤维的力学性能如表 3-20 所示。

表 3-20　PAN 纤维和 PET 长丝的力学性能

材料	长度/mm	线密度/dtex	断裂强度/（cN·dtex⁻¹）	断裂伸长率/%
PAN 纤维	38	1.67	2.93	24.1
PET 长丝	—	6714.9（74.61 旦）	41.18	23.3

3.8.2.2 PAN/PET 包芯纱线及其机织物的制备

分别以 PAN 纤维和 PET 长丝为包覆纤维和芯材,采用赛络纺包芯纱工艺纺制 PAN/PET 包芯纱线,然后通过机织工艺将其织造成具有较高强力且结构疏松的透孔组织织物。PAN/PET 包芯纱线及其透孔组织织物的主要参数如表 3-21 所示。

表 3-21 PAN/PET 包芯纱线及机织物的主要参数

项目指标		参数
PAN/PET 包芯纱线	线密度/tex	116
	捻系数	377
	包覆率（芯/皮）	15/85
PAN/PET 包芯纱线机织物	织物组织	透孔组织
	幅宽/cm	15
	经密/（根·$10cm^{-1}$）	69
	纬密/（根·$10cm^{-1}$）	72

3.8.2.3 PAN/PET 包芯纱线及其机织物的偕胺肟改性处理

使用常规湿法对 PAN/PET 包芯纱线及其机织物进行偕胺肟改性处理时,纱线和织物的收缩现象比较严重,显著影响其使用性能。为此在改性反应中,使用预加张力焙烘法对包芯纱线及其机织物进行处理,即在改性反应中给 PAN/PET 包芯纱线及其机织物施加特定的预加张力,并在反应后进行了 15min 的焙烘处理,能够有效地抑制两种纤维材料在反应过程中强力损伤,提升 PAN/PET 包芯纱线及其机织物的使用性能。

（1）预加张力的选定

在改性处理前分别对 PAN/PET 包芯纱线预加不同张力,并使其与盐酸羟胺发生反应形成 AO-PAN/PET 包芯纱线。不同预加张力条件下,试样的 CD 和断裂强力之间的关系如图 3-60 所示。AO-PAN/PET 包芯纱线的断裂强度随其 CD 值的增加呈下降趋势。这表明在有张力条件下,偕胺肟改性对包芯纱线的断裂强度仍然有一定的损伤,并且其断裂强度随着预加张力增加而不断地提高,在预加张力为 5N 时达到最大值。但是当预加张力进一步增大时,其断裂强度下降显著。这说明使用预加张力焙烘法对 PAN/PET 包芯纱线进行偕胺肟改性时,适当增大预加张力（5N）有利于提高其断裂强度。

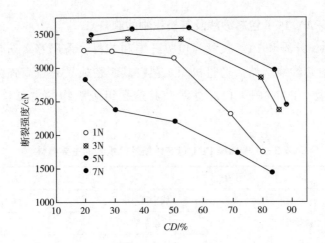

图3-60 不同预加张力时 AO-PAN/PET 包芯纱线的 CD 与其断裂强度之间的关系

（2）预加张力焙烘法对包芯纱线的 CD 和收缩率的影响

在不同盐酸羟胺浓度（C_{NH_2OH}）条件下，分别采用预加张力焙烘法和常规湿法对 PAN/PET 包芯纱线进行偕胺肟改性处理，得到的 AO-PAN/PET 包芯纱线的 CD 与其收缩率（S）与 C_{NH_2OH} 的关系如图 3-61 和图 3-62 所示。两种方法制备的 AO-PAN/PET 包芯纱线的 CD 值随着盐酸羟胺浓度的增加线性升高，表明提高盐酸羟胺的浓度可以促进 PAN/PET 包芯纱线的偕胺肟改性反应。使用预加张力焙烘法制备的 AO-PAN/PET 包芯纱线的 CD 总是略低于常规湿法的相应值。图 3-71 显示，常规湿法所制得的 AO-PAN/PET 包芯纱线的 S 值随着 CD 的升高而呈线性增加，其最大值可达到 70%，表明增加 CD 会使常规湿法制备的 AO-PAN/PET 包芯纱线

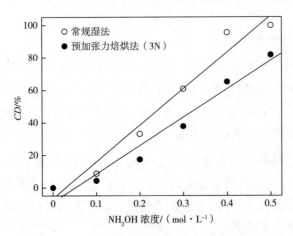

图3-61 盐酸羟胺浓度与 CD 的关系

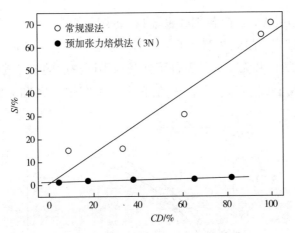

图 3-62　包芯纱线的 *CD* 与 *S* 的关系

产生严重的收缩现象。而预加张力焙烘法制备的 AO-PAN/PET 包芯纱线的 *S* 值均小于 4%，这意味着，采用预加张力焙烘法能够较好地解决偕胺肟改性过程中纱线严重收缩的问题。

（3）预加张力焙烘法对 AO-PAN/PET 包芯纱线力学性能的影响

从图 3-63 可知，两种改性方法制备的 AO-PAN/PET 包芯纱线的断裂强度均随着 *CD* 的提高而逐渐降低。值得注意的是，预加张力焙烘法制备的包芯纱线的断裂强度显著高于常规湿法制备的 AO-PAN/PET 包芯纱线。这说明预加张力焙烘法可很好地保持 AO-PAN/PET 包芯纱线的断裂强度，为其作为环境净化材料所需要的力学性能提供了保证。

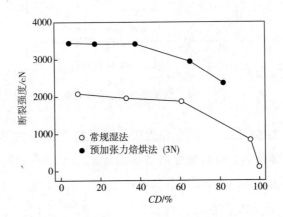

图 3-63　不同改性方法对 AO-PAN/PET 包芯纱线断裂强度的影响

3.8.2.4 AO-PAN/PET 包芯纱线与 Fe^{3+} 的配位反应

首先使用预加张力焙烘法制备 *CD* 为 37.1% 的 AO-PAN/PET 包芯纱线，然后分别在有张力（3N）和无张力的条件下使其与不同浓度的 Fe^{3+} 进行配位反应。所制备 Fe-AO-PAN/PET 包芯纱线的 Q_{Fe} 值和收缩率如图 3-64 和图 3-65 所示。

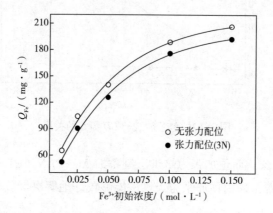

图 3-64 Fe^{3+} 浓度与 Q_{Fe} 值的关系

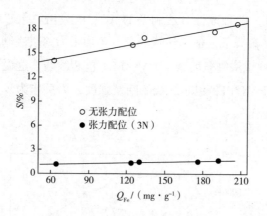

图 3-65 收缩率与 Q_{Fe} 值的关系

图 3-64 和图 3-65 显示，在有和无张力的条件下制备的 Fe-AO-PAN/PET 包芯纱线的 Q_{Fe} 值随着 Fe^{3+} 初始浓度的增加而逐渐增大。在相同条件下，有张力存在时制备的 Fe-AO-PAN/PET 包芯纱线的 Q_{Fe} 值略低于无张力存在时制备的试样。更重要的是，有张力存在时，制备试样的 *S* 值不高于 3%，且几乎不随 Q_{Fe} 值而变化，更显著低于以无张力存在时制备试样，这说明预加张力能够很好地解决在与 Fe^{3+} 配位过程中 AO-PAN/PET 包芯纱线产生的收缩问题，尤其是当 Q_{Fe} 值

较高时效果更加显著。预加张力对 Fe-AO-PAN/PET 包芯纱线断裂强度的影响如图 3-66 所示。

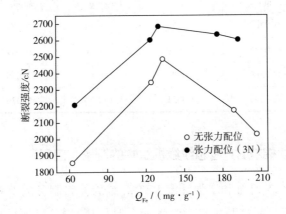

图 3-66　预加张力时制备 Fe-AO-PAN/PET 包芯纱线的断裂强度

图 3-66 显示，Fe-AO-PAN/PET 包芯纱线的断裂强度随着 Q_{Fe} 的增大而显著提高，并在 Q_{Fe} 值约为 130.0mg/g 时达到最大值。当 Q_{Fe} 继续增加时，其断裂强度不断降低，但是有张力存在时，制备试样的下降幅度较小。更重要的是，有张力存在时制备试样的断裂强度明显高于无张力存在时制备试样，说明有张力存在时，配位反应能够更好地保持纱线的断裂强度。这主要是因为在配位反应过程中，预加张力可能会提高纱线中纤维的伸展度和表面积，使 Fe^{3+} 在纤维表面的分布更加均匀，减少了纱线断裂强度降低的程度。

3.8.2.5　有张力存在时制备 Fe-AO-PAN/PET 包芯纱线的光催化性能

将有无张力时制备不同 Q_{Fe} 值的 Fe-AO-PAN/PET 包芯纱线作为非均相 Fenton 反应光催化剂用于活性红 195 的氧化降解反应，其假一级反应速率常数（k）见表 3-22。与无张力存在时制备试样相比，有张力存在时制备试样作为光催化剂的条件下降解反应的 k 值更高，并且随着其 Q_{Fe} 值的升高而变大，说明预加张力能够提高制备 Fe-AO-PAN/PET 包芯纱线的光催化活性。

表 3-22　不同 Fe-AO-PAN/PET 包芯纱线存在时染料降解反应的 k 值

Q_{Fe}/ (mg·g^{-1})	无张力		Q_{Fe}/ (mg·g^{-1})	预加张力（3N）	
	k/min^{-1}	R^2		k/min^{-1}	R^2
62.33	0.0125	0.9996	64.43	0.0216	0.9937

续表

Q_{Fe}/	无张力		Q_{Fe}/	预加张力（3N）	
(mg·g^{-1})	k/min^{-1}	R^2	(mg·g^{-1})	k/min^{-1}	R^2
124.29	0.0260	0.9971	123.61	0.0319	0.9986
133.33	0.0324	0.9919	130.00	0.0473	0.9927
188.84	0.0386	0.9990	176.05	0.0683	0.9928
206.67	0.0395	0.9951	192.33	0.0763	0.9900

3.8.3 海藻纤维/棉/PET 包芯纱线机织物的制备与应用

以功能纤维 PAN 纤维和增强纤维 PET 纤维为原料制备的 PAN/PET 包芯纱线机织物兼具高效催化活性和优良力学性能。但是其制备过程中的偕胺肟改性处理不仅工艺复杂，而且会消耗过多的能量和水，使制备成本较高。因此选用分子结构含有丰富羧基的海藻短纤维与棉纤维混纺纱作为包芯纱线的包覆材料，仍然以 PET 长丝作为芯材纺制海藻纤维（ALG）/棉（C）/PET 包芯纱线（ALG/C/PET 包芯纱线）并织造成网状机织物，可以避免偕胺肟改性处理，有利于制备综合性能优良和低成本的环境催化纺织品。

3.8.3.1 纤维材料的选择

为纺制 ALG/C/PET 包芯纱线，选择海藻短纤维和棉纤维混纺纱作为包覆材料，而将 PET 长丝作为芯丝以增强获得的包芯纱的力学性能，三种纤维的性能参数见表 3-23。

表 3-23 所用纤维的性能参数

材料	长度/mm	线密度/dtex	断裂强度/（cN·dtex^{-1}）	断裂伸长率/%
海藻纤维	40	5.53	1.62	10.3
棉纤维	28	1.68	2.8	8.3
PET 长丝	—	6750（75旦）	41.18	23.3

3.8.3.2 ALG/C/PET 包芯纱线网状机织物的制备

分别通过开松、梳理、并条和粗纱工艺，将海藻纤维与棉纤维纺制成 ALG/C 粗纱，然后采用赛络纺包芯纱工艺得到 ALG/C/PET 包芯纱线，最后通过机织工艺将其制成透孔组织织物。ALG/C/PET 包芯纱线及其机织物的主要参数见表 3-24。

表 3-24　ALG/C/PET 包芯纱线及其机织物的主要参数

项目指标		参数
ALG/C/PET 包芯纱线	线密度/dtex	116
	捻系数	370
	ALG 纤维所占比例	30%
ALG/C/PET 包芯纱机织物	织物组织	透孔组织
	幅宽/cm	15
	经密/（根·10cm⁻¹）	60
	纬密/（根·10cm⁻¹）	65

3.8.3.3　ALG/C/PET 包芯纱线网状机织物与 Fe^{3+} 的配位反应

在有和无张力条件下，分别将不同浓度的 Fe^{3+} 与 ALG/C/PET 包芯纱线进行配位反应，制备的 $Fe-ALG/C/PET$ 包芯纱线的 Q_{Fe} 和 S 值如图 3-67 和图 3-68 所示。两种方法制备的 $Fe-ALG/C/PET$ 包芯纱线的 Q_{Fe} 值随着 Fe^{3+} 浓度增加逐渐变大。有张力与无张力条件下得到的 ALG/C/PET 包芯纱线的 Q_{Fe} 几乎相同，这说明，张力是否存在对制备试样的 Q_{Fe} 值几乎没有影响。两种试样的收缩率虽然有所差别，但是其收缩率均不高于 5%，表明配位反应不会使 ALG/C/PET 包芯纱线发生严重的收缩，因此在配位反应中不用预加张力，可以降低加工成本。

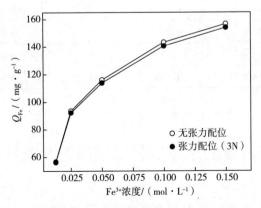

图 3-67　Fe^{3+} 浓度与 Q_{Fe} 值的关系

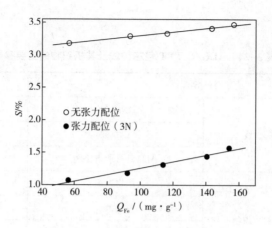

图 3-68　收缩率与 Q_{Fe} 值的关系

3.8.3.4　Fe-ALG/C/PET 包芯纱线的催化性能

将有和无张力条件下制备的 ALG/C/PET 包芯纱线作为非均相 Fenton 反应光催化剂，用于活性红 195 的氧化降解反应中，其假一级反应速率常数（k）见表 3-25。两种试样存在时，染料降解反应的 k 值均随着其 Q_{Fe} 值的增加而逐渐提高，并且在相同条件下它们的 k 值较为接近，表明预加张力并不对其光催化性能产生显著影响。

表 3-25　有无张力存在条件下制备试样存在时染料降解反应速率常数

无张力存在			预加张力（3N）		
Q_{Fe}/（mg·g⁻¹）	k/min⁻¹	R^2	Q_{Fe}/（mg·g⁻¹）	k/min⁻¹	R^2
56.67	0.0081	0.9196	56.34	0.0162	0.9135
93.63	0.0202	0.8193	92.25	0.0201	0.8813
116.10	0.0314	0.8530	113.87	0.0383	0.8853
143.33	0.0413	0.8331	140.56	0.0565	0.8892
156.60	0.0497	0.8444	154.00	0.0614	0.8971

3.9　基于纳米纤维的水体净化纺织品的制备技术

基于纳米纤维的负载型催化剂在环境净化领域具有光明的应用前景，这是因为纳米纤维不仅可作为构筑催化位点的基体，而且还可以提高所形成催化剂的吸附性能。纳米纤维材料作为高分子载体材料主要优点是：

①纤维直径小，比表面积大，可提供更多的催化活性中心，而且优异的吸附性有助于反应物的吸附和富集，加快光催化反应速度。

②纳米纤维的宏观形状为厚度极薄的二维平面膜结构，其具有的微观孔结构与传统多孔材料不同，而类似于孔道很短的通透性开孔结构，这有利于催化降解反应残留物或中间体的快速转移，可有效避免活性位点的损失或催化剂失活等现象。

③纳米纤维及其膜材料的柔韧性好，并可按照应用需求进行裁剪。

④制备纳米纤维膜的高分子材料一般都具有较高的耐化学腐蚀性能，能在复杂苛刻的水体环境中长时间稳定应用，并且易于重复利用。

⑤纳米纤维膜表面含有丰富的官能团便于其改性和与金属离子的配位反应。

3.9.1　使用静电纺丝技术制备 PAN 纳米纤维膜

静电纺丝法是目前唯一可以连续制备纳米纤维的方法，制备的纤维的直径、孔隙结构以及表面形态等均可以通过优化纺丝工艺进行调控。使用 PAN 原料纺制的纳米纤维可以通过纤维表面改性反应和金属离子配位反应，制备具有吸附和催化双功能的非均相光催化剂，并且其光催化活性受纳米纤维直径和结构的影响较大。在制备过程中通过静电纺丝工艺参数的优化纺制不同平均直径的 PAN 纳米纤维膜，并且它们的孔隙率（P）和水接触角都可以得到较准确的控制。图 3-69 给出了五种不同平均直径（D_m）的 PAN 纳米纤维膜，它们的孔隙率（P）和接触角（θ_{ca}）列于表 3-26 中。

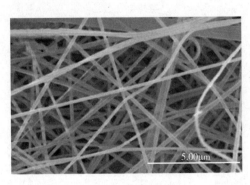
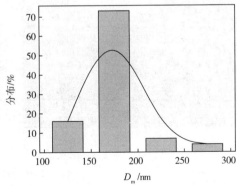

（a）D_m=156.7nm

图 3-69

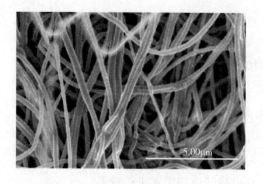
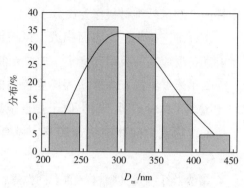

（b）D_m=290.1nm

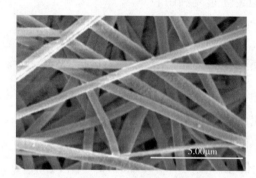
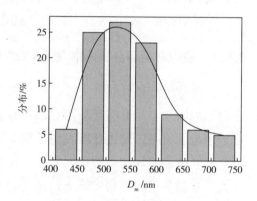

（c）D_m=512.2nm

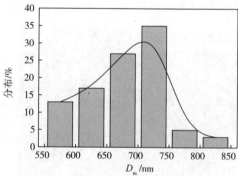

（d）D_m=716.8nm

 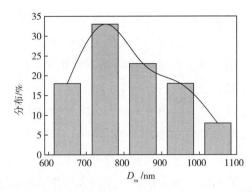

（e）D_m =842.7nm

图 3-69　不同 D_m 值 PAN 纳米纤维膜的 SEM 照片及直径分布

表 3-26　不同 D_m 值 PAN 纳米纤维膜的 P 值和 θ_{ca} 值

参数	D_m/nm				
	156.7	290.1	512.2	716.8	842.7
P/%	89.28	85.13	81.02	78.30	75.63
θ_{ca}/（°）	72.5	59.0	55.0	52.0	42.0

图 3-69 左边的照片图显示，五种直径尺寸的 PAN 纳米纤维表面形貌完整性良好，且从图 3-69 右边的柱状图中可以观察到五种不同 D_m 值的 PAN 纳米纤维膜的直径呈正态分布。这说明使用静电纺丝技术制备 PAN 纳米纤维膜时，其 D_m 值可以通过调节纺丝工艺参数进行控制。由表 3-26 可以发现，随着 PAN 纳米纤维膜 D_m 值的增加，其 P 值则逐渐地降低，表明 PAN 纳米纤维膜的直径越细其 P 值越高，说明其内部分布着很多细小的孔道。此外，PAN 纳米纤维膜的 θ_{ca} 值随着直径的增加而变小，这意味着 D_m 值较大的 PAN 纳米纤维膜的亲水性强。

3.9.2　偕胺肟改性 PAN 纳米纤维铁配合物的制备

3.9.2.1　不同直径的 PAN 纳米纤维的偕胺肟改性反应

将五种不同 D_m 值的 PAN 纳米纤维膜分别与盐酸羟胺在 pH 为 6 和温度为 70℃的条件下进行偕胺肟改性反应，60min 后得到不同氰基转化率（CP）的偕胺肟改性 PAN 纳米纤维膜（AO-n-PANM），它们的直径与 CP 值之间的关系如图 3-70 所示。可以发现，PAN 纳米纤维的 D_m 值越大，得到 AO-n-PANM 的 CP 值越高，且两者之间呈线性增长的趋势。这表明纤维直径的增大可以提高 PAN 纳米纤维膜的改性程度。原因主要与 PAN 纳米纤维膜的亲水性和纤维间的微孔结构有关。在偕胺肟改性反应中，盐酸羟胺分子首先吸附到 PAN 纳米纤维膜的表面，然后向其内部扩散，从而与 PAN 纳米纤维膜中的氰基发生改性反应，因此 PAN 纳米纤维膜吸附性能的提高有利于其改性反应进行。通常而言，比较大的比表面积和较高的孔隙率都有利于纳米纤维膜吸附性能的提高，然而通过对比五种不同直径 PAN 纳米纤维膜的 SEM 图（图 3-69）可以发现，纤维直径越小的 PAN 纳米纤维膜表面结构越光滑且纤维内部形成的孔隙结构越小，这都不利于盐酸羟胺分子在该纤维膜表面的吸附和扩散，而较大纤维直径的 PAN 纳米纤维膜不仅表面结构粗糙，而且膜材料内部的微孔较大，这都促进了盐酸羟胺分子在其表面的吸附和扩散，为两者的改性反应提供有利条件。此外，水接触角常被用来表征聚合物膜的亲水性能，图 3-71 显示，PAN 纳米纤维膜的 θ_{ca} 值随着直径的增加而变小，意味着 PAN

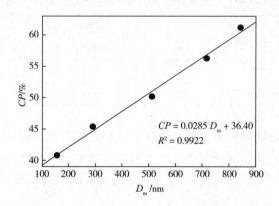

图 3-70　PAN 纳米纤维直径对 CP 值的影响

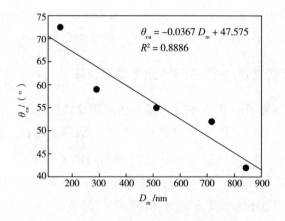

图 3-71　不同 D_m 值的 PAN 纳米纤维的 θ_{ca} 值

纳米纤维膜的 D_m 值越大，其亲水性越强，有利于盐酸羟胺分子与之发生改性反应。更重要的是，偕胺肟改性反应后 PAN 纳米纤维的直径会变粗，而其孔隙率则显著下降，见表 3-27。

表 3-27　偕胺肟改性反应后 PAN 纳米纤维的 D_m 值和 P 值

试样	CP/%	D_m/nm		P/%	
		改性前	改性后	改性前	改性后
AO-n-PANM-ⅰ	43.23	156.7	303.1	89.28	69.57
AO-n-PANM-ⅱ	44.30	512.2	860.2	81.02	62.27
AO-n-PANM-ⅲ	44.71	842.7	1460.3	75.63	51.48

3.9.2.2　偕胺肟改性 PAN 纳米纤维与 Fe^{3+} 的配位反应

图 3-72 给出了使用三种不同直径的偕胺肟改性 PAN 纳米纤维与 Fe^{3+} 的配位反应，制备的偕胺肟改性 PAN 纳米纤维铁配合物（Fe-AO-n-PANM）的 Q_{Fe} 值在反应过程中的变化。发现三种 Fe-AO-n-PANM 的 Q_{Fe} 值在反应过程中逐渐增加，说明 Fe^{3+} 不断地被固定于 PAN 纳米纤维表面。而且 PAN 纳米纤维直径越细，其形成配合物的 $Q_{Fe,120}$ 值（反应 120min）越高，表明细直径的 PAN 纳米纤维更易于与 Fe^{3+} 发生配位反应。这主要与细直径的 PAN 纳米纤维具有更大的比表面积而对 Fe^{3+} 显示出更大的亲和力有关。此外，温度的提高也有利于 Ao-n-PANM 与 Fe^{3+} 反应，增加其 $Q_{Fe,120}$ 值。

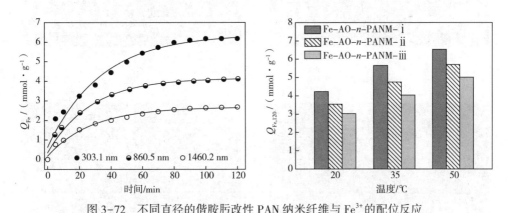

图 3-72　不同直径的偕胺肟改性 PAN 纳米纤维与 Fe^{3+} 的配位反应

3.9.3　混合改性 PAN 纳米纤维铁配合物的制备

3.9.3.1　PAN 纳米纤维的混合改性反应

使用含有不同摩尔比（1∶0、3∶1、1∶1、1∶3 和 0∶1）的盐酸羟胺（AO）

和水合肼（HH）的水溶液对 PAN 纳米纤维（$D_m=232nm$）进行混合改性反应，相应得到五种不同的改性 PAN 纳米纤维（AO-n-PAN、M-n-PAN$_1$、M-n-PAN$_2$、M-n-PAN$_3$和 HH-n-PAN）。它们的 SEM 照片以及增重率（W_g）和直径变化分别如图 3-73 和表 3-28 所示。

（a）AO-n-PAN   （b）M-n-PAN$_1$

（c）M-n-PAN$_2$ （d）M-n-PAN$_3$

（e）HH-n-PAN   （f）n-PAN

图 3-73　PAN 纳米纤维混合改性前后的 SEM 图

表 3-28　PAN 纳米纤维混合改性的 W_g 和 D_m 变化

n_{HH} ： n_{AO}	PAN 纳米纤维		普通 PAN 纤维	
	$W_g/\%$	D_m/nm	$W_g/\%$	$D_m/\mu m$
1：0	3.00	260	2.12	19.37
3：1	26.01	302	24.25	22.58
1：1	40.12	347	34.42	26.69
1：3	45.21	393	41.29	27.71
0：1	54.51	533	48.52	53.63

　　图 3-73 显示，未改性的 PAN 纳米纤维（n-PAN）均呈竖直状态随机分布于纳米纤维膜中，并且纤维之间仅是简单的堆积形成一体。经过混合改性处理后，纳米纤维因为溶胀和化学反应而变得弯曲，纤维之间相互粘连且其粘连程度随着水合肼比例 n_{HH} 减小而加剧。此外，混合改性 PAN 纳米纤维膜的柔性也随水合肼比例降低而变差且收缩现象加剧。如表 3-28 所示，经过混合改性处理后，PAN 纳米纤维的增重率随着水合肼比例增加而减小，表明相同条件下，水合肼与 PAN 纳米纤维的反应性比盐酸羟胺要低。另外，纳米纤维的 D_m 也随水合肼比例增加而变细。比较而言，普通 PAN 纤维的 W_g 和 D_m 值的变化趋势与混合改性 PAN 纳米纤维一致，但是其 W_g 值要低于后者，这是由于 PAN 纳米纤维的比表面积较大，有利于其发生改性反应。

3.9.3.2　混合改性 PAN 纳米纤维与 Fe^{3+} 离子的配位反应

　　将上述五种混合改性 PAN 纳米纤维和普通 PAN 纤维分别与 0.10mol/L 的 Fe^{3+} 进行配位反应，生成的相应配合物的铁配合量（Q_{Fe}）在反应过程中的变化情况如图 3-74 所示。五种配合物的 Q_{Fe} 值随着反应时间的延长而逐渐增加，并且在 400min 后反应达到平衡状态。此外，Q_{Fe} 值随着水合肼比例增加而减少，且 Fe-AO-n-PAN 的 Q_{Fe} 值要比 Fe-HH-n-PAN 的 Q_{Fe} 值约高 7 倍。这是由于水合肼比例增加会加剧纤维表面交联结构的生成，阻碍了其中配位基团的配位反应。比较而言，混合改性普通 PAN 纤维与 Fe^{3+} 配位反应变化趋势与混合改性 PAN 纳米纤维相似，但是前者配位反应达到平衡的时间在 800min 左右且其相应获得的 Q_{Fe} 值要低于后者。这是由于纳米纤维的比表面积比普通纤维显著增大，极大地促进了其对 Fe^{3+} 的吸附和配位反应。另一方面混合改性 PAN 纳米纤维的 W_g 值显著大于混合改性普通 PAN 纤维，也就意味着前者的改性程度更大，从而具有更多的配位基团与 Fe^{3+} 进行配位反应。

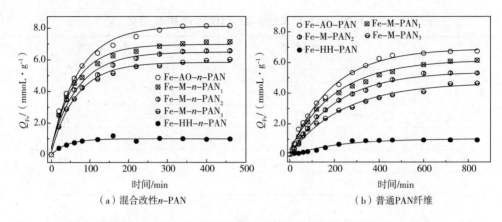

（a）混合改性n-PAN （b）普通PAN纤维

图3-74　混合改性 PAN 纳米纤维和普通 PAN 纤维与 Fe^{3+} 的配位反应

图 3-75 给出了混合改性 PAN 纳米纤维与 Fe^{3+} 配位反应后的 SEM 照片。发现经配位反应后，纤维膜的表面粗糙度增加，其中 Fe-AO-n-PAN 和 Fe-M-n-PAN$_1$ 的表面被泥状物包覆，使纳米纤维之间的粘连程度增加。Fe-M-n-PAN$_3$ 中纤维表面则出现许多颗粒状物质，而 Fe-HH-n-PAN 的表面较光滑，但在高放大倍数的 SEM 图片中，仍能观察到纤维表面凸起［图 3-75（f）］。

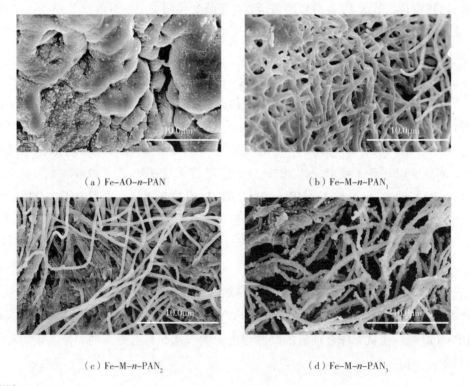

（a）Fe-AO-n-PAN　（b）Fe-M-n-PAN$_1$

（c）Fe-M-n-PAN$_2$　（d）Fe-M-n-PAN$_3$

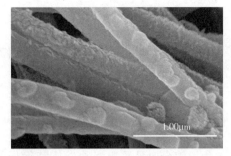

（e）Fe–HH–n–PAN　　　　　　　　（f）Fe–HH–n–PAN$_2$（5万倍）

图 3-75　混合改性 n-PAN 铁配合物的 SEM 图

3.9.4　改性 PAN 纳米纤维铁配合物的光吸收性能

图 3-76 为 AO-n-PAN 及其铁配合物的 DRS 谱图。AO-n-PAN 在 200～400nm 的紫外光范围内出现较强的吸收谱带。当其与 Fe^{3+} 发生配位反应后，AO-n-PAN 的吸收谱带不仅强度显著增加，而且宽度也扩至可见光区域，并随着配合物的 Q_{Fe} 值的增加而加强，这意味着 Fe^{3+} 的引入能够有效地改善 AO-n-PAN 的光吸收性能，使其不但可以吸收紫外光，而且还能够吸收可见光。这为其铁配合物 Fe-AO-n-PAN 作为光催化剂提供了可能。值得说明的是，使用不同直径的 PAN 纳米纤维制备的 Fe-AO-n-PAN 的 DRS 谱线几乎相同，表现出相似的光吸收特性。

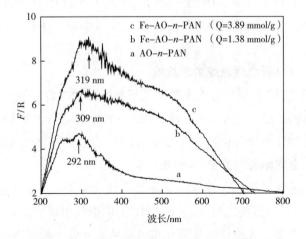

图 3-76　AO-n-PAN 及其铁配合物的 DRS 谱图

3.10 基于其他光催化技术的水体净化纺织品制备

3.10.1 金属酞菁负载纤维织物

为了使金属酞菁更好地发挥其优异的光催化特性，通常将其负载于高分子材料等多种材料表面，其中纤维材料因表面积大和易于加工等优点被广泛使用。两者之间的结合方式主要包括共价键、配位键和离子键等，其中金属酞菁通过共价键与纤维载体结合较为稳定。首先在金属酞菁分子结构中引入具有反应性能的活性基团，然后与纤维表面的活性基团反应而形成共价键结合的纤维负载型金属酞菁，可使金属酞菁具有更高的催化活性和较好的化学稳定性。金属酞菁结构中的中心金属离子具有很强配位能力，也可直接与纤维载体表面的配位基团进行配位反应得到负载型金属酞菁。以此获得的配合物结构与自然环境中生物酶的活性中心结构相似，具有更强的催化氧化性能。而通过离子键将金属酞菁负载到带异种电荷的载体表面也是较常见的负载方法，材料表面带电基团的增加降低了金属酞菁聚集的可能性，有利于提高其催化性能。

3.10.1.1 改性金属酞菁负载纤维素纤维

首先以硝基邻苯二甲酸和尿素等合成四（2,4-二氯-1,3,5-三嗪基）氨基钴或锌酞菁（统称 M-TDTAPc），并进而在其结构引入三嗪基。然后在65℃时使纤维素纤维分子结构中的羟基与 M-TDTAPc 中的三嗪基在 Na_2CO_3 存在条件下发生共价交联反应，得到改性金属酞菁负载纤维素纤维（M-TDTAPc-F），主要的反应过程如图 3-77 所示。

3.10.1.2 铁酞菁负载聚酯纳米纤维

首先将聚酯（PET）切片与配体聚 4-乙烯基吡啶（P4VP）进行混合纺丝得到表面具有 P4VP 的 PET 纳米纤维，然后使 P4VP 与铁酞菁（FePc）进行轴向配位反应得到铁酞菁负载 PET 纤维催化剂（FePc-P4VP/PET），其主要过程如图 3-78 所示。

3.10.1.3 金属酞菁负载 PAN 纳米纤维

首先使硝基邻苯二甲酸、尿素、钼酸铵和氯化钴等发生反应，制备四硝基钴酞菁（Co-TNPc），然后使之与 Na_2S 在 DMF 溶剂中发生反应得到四氨基钴酞菁粉末。将四氨基钴酞菁、无取代钴酞菁和四硝基钴酞菁等溶解于 N-甲基吡咯烷酮或二甲基甲酰胺溶液中，并与 PAN 溶解液混合借助静电纺丝法制备钴酞菁/PAN 纳

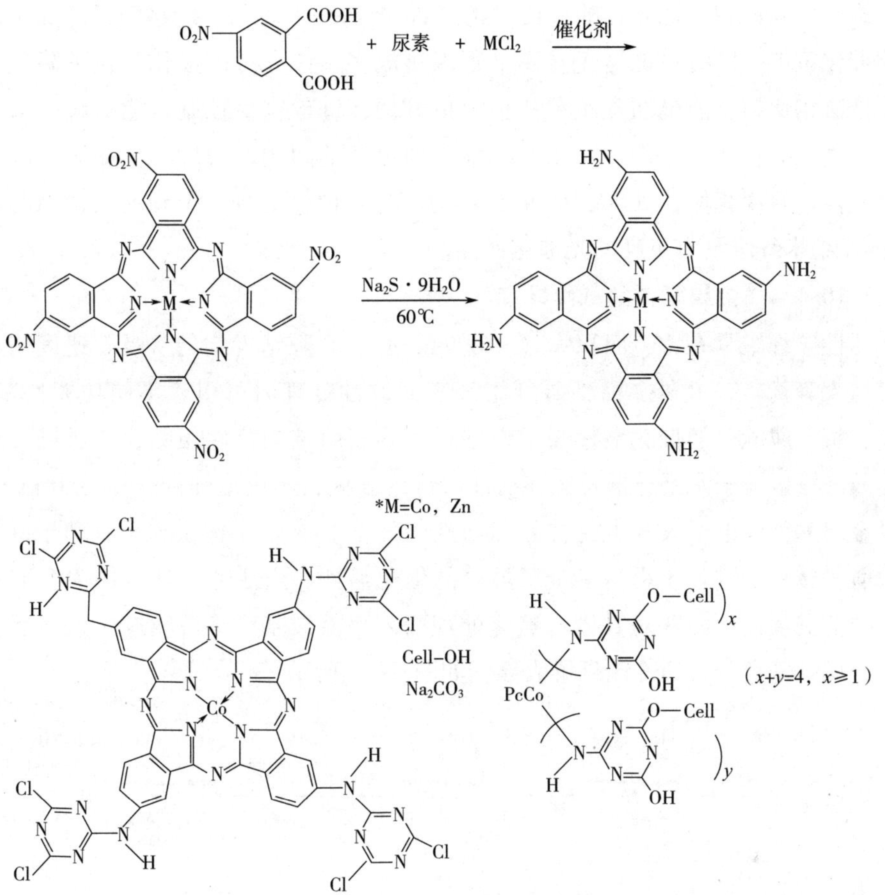

图 3-77　改性金属酞菁的合成及其在纤维素纤维表面的负载反应过程

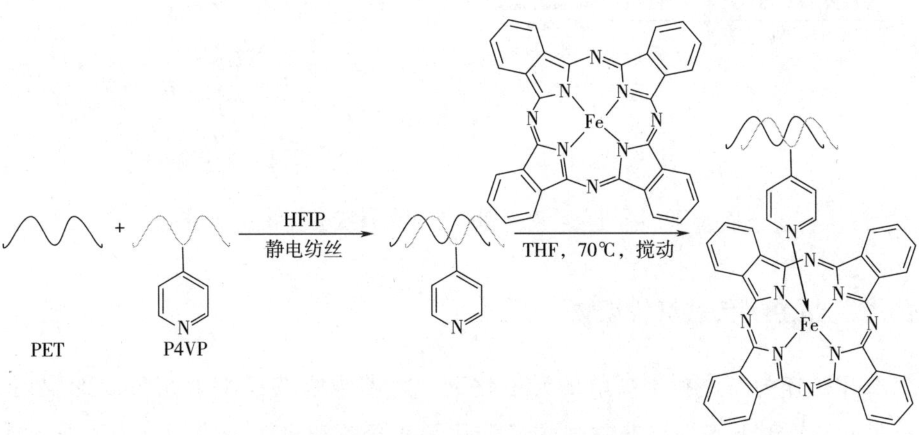

图 3-78　FePc-P4VP/PET 的制备路线

米纤维。研究证明，把金属酞菁负载到 PAN 纳米纤维表面，能够明显增加金属酞菁的催化位点，同时也能避免金属酞菁因形成多聚体导致的催化活性下降。与化学接枝法相比较，静电纺丝负载法更简单方便，过程容易控制，能够解决某些金属酞菁因无接枝反应基团，难以在纤维表面负载的问题。为进一步提高钴酞菁的光吸收性，石墨相氮化碳（$g-C_3N_4$）可对其进行改性处理，得到的改性钴酞菁负载 PAN 纳米纤维具有更高的光催化特性。

3.10.1.4　金属酞菁负载碳纤维

活性碳纤维具有比表面积大（$>1000m^2/g$）、孔隙结构均匀、吸附速度快和吸附容量大等优点。此外，活性碳纤维经表面改性处理后可引入不同功能性基团。因此，将金属酞菁的催化活性与活性碳纤维的表面结构特性相结合，通过共价键将金属酞菁以分子水平分散负载在活性碳纤维表面，不仅增加催化活性中心数量，而且金属酞菁的电子大 π 共轭体系与活性碳纤维上 π 电子体系结合有利于催化反应的电子转移，进一步提高了金属酞菁的催化活性。当活性碳纤维作为金属酞菁载体之前需要使用硝酸对其进行氧化处理引入表面羧基。然后经过一系列反应能够将金属酞菁负载在活性碳纤维表面，如图 3-79 所示。

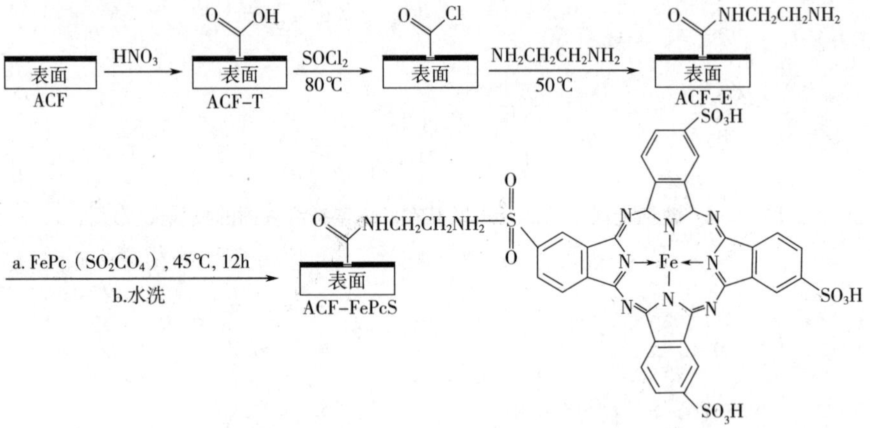

图 3-79　活性碳纤维表面改性和金属酞菁负载反应过程

3.10.2　Ag_3PO_4负载纤维织物

Ag_3PO_4作为一种新型高效的光催化剂，能够吸收波长小于 525nm 的辐射光，在可见光的辐射下表现出非常强的光催化氧化分解有机污染物的能力。通过浸轧和涂层工艺能够制备 Ag_3PO_4 负载棉织物。在浸轧工艺过程中，首先使用丁烷四羧酸（BTCA）等多元羧酸对棉织物进行改性处理以引入羧基，然后使用 Ag_3PO_4 水分散液，通过浸轧（二浸二轧处理，轧余率为 85%）—烘干（80℃×5min）—焙烘（120℃×3min）工艺对 BTCA 改性棉织物进行后整理，得到 Ag_3PO_4 负载棉织物。在涂层工艺过程中，首先使用 Ag_3PO_4 配制涂层浆，然后使用涂层机将涂层浆涂布于棉织物表面，再在 80℃ 条件下预烘 5min，最后在 160℃ 条件下焙烘 3min，得到 Ag_3PO_4 涂层棉织物。当将 Ag_3PO_4 负载于活性碳纤维时，通常是将活性碳纤维毡浸泡在 $AgNO_3$ 水溶液中，然后将适当浓度的 Na_3PO_4 水溶液添加其中，充分搅拌后陈化 24h，即得到 Ag_3PO_4 负载活性碳纤维。制备过程中，$AgNO_3$ 和 Na_3PO_4 的反应如反应式（3-12）。Ag_3PO_4 负载活性碳纤维能够光催化氧化分解水中的有机染料，这主要归因于 Ag_3PO_4 的光催化氧化特性和活性碳纤维高吸附性的协同效应。其中活性碳纤维能够吸附染料，十分有利于作为 Ag_3PO_4 与染料的充分接触，促进其发生非均相光催化氧化降解反应。

$$Na_3PO_4 + 3AgNO_3 \longrightarrow 3NaNO_3 + Ag_3PO_4 \qquad (3-12)$$

3.10.3　MOFs 负载纤维织物

MOFs 是指由金属离子与有机配体通过配位反应自组装形成的多孔晶体配位聚合物。MOFs 结构的特殊性使其对多种水体中的污染物特别是染料和重金属离子具有优良的吸附、分离和光催化去除能力。其中铁基 MOFs 在光催化去除污水中有机污染物和重金属离子方面显示出光明的应用前景。铁基 MOFs 材料多为 MIL 系列，主要包括 MIL-101（Fe）、MIL-100（Fe）、MIL-88（Fe）和 MIL-53（Fe）等，不仅具有 MOFs 的高吸附性，而且还显示出 Fe^{3+} 的催化特性。MIL-53（Fe）是一种以 Fe^{3+} 和对苯二甲酸为原料组装合成的三维金属有机框架材料，具有良好的可见光响应性和优异的化学稳定性，并具有制备方法简单，成本较低和环境毒性低等优点，在含有机染料和 Cr（Ⅵ）等工业废水的净化过程中发挥重要的作用。值得指出的是，由于 MIL-53（Fe）通常为粉末状态，在应用废水处理后回收困难，不易重复使用，不仅会导致二次污染问题，而且使处理工艺复杂和成本升高。而将其负载于纤维等材料表面不仅可以解决上述问题，而且还能够促进其工业化应用。为将 MIL-53（Fe）负载于涤纶表面，首先通过碱水解技术在其表面引入羧基，然后使用水热方法将 MIL-53（Fe）负载于改性涤纶表面制成非均相光催化剂。在水热法负载过程中，温度是影响纤维表面 MIL-53（Fe）负载量 Q_M 的关键性因素。温度的升高能使更多的 MIL-53（Fe）负载于改性涤纶表面，150℃ 时负载量在 400mg/g 左右，如图 3-80 所示。这主要是由于温度的升高可使纤维表面层发生溶胀，导致更多的羧基暴露于反应溶液中。此外，温度的升高加剧了 Fe^{3+} 在溶液中的热运动，这使其更易于向纤维表面扩散，有利于其与羧基接触并发生配位反应。近期的研究证明，MIL-53（Fe）负载改性涤纶织物在辐射光作用下，能够促进过硫酸钠对偶氮染料活性红 195 的氧化降解反应，即表现出优良的光催化作用，并且随着 MIL-53（Fe）负载量的提高，这种促进作用逐渐加强。这意味着负载于涤纶表面的 MIL-53（Fe）能够活化过硫酸钠而产生具有氧化性的自由基，加速染料发生氧化降解反应。

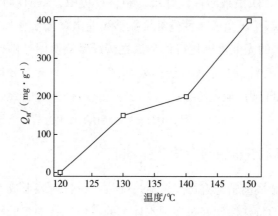

图 3-80　水热温度对涤纶表面 MIL-53（Fe）负载量的促进作用

3.10.4　Cu_2O 负载纤维织物

Cu_2O 是一种对可见光响应的 P 型半导体材料，其禁带宽度约 2.2eV，可被波长低于 563nm 的辐射光所激发，能够在太阳光辐射下发生光催化反应，被认为是一种极具发展潜力的光催化剂，在环境治理中具有光明的应用前景。将 Cu_2O 与纤维材料结合是拓展其产业化的重要途径之一。将 Cu_2O 纳米颗粒混入 PAN 纺丝液中，进行静电纺丝加工可以获得具有光催化功能的 Cu_2O 负载 PAN 纳米纤维。借助 Cu_2O 的光催化特性和 PAN 纳米纤维吸附性的协同效应，Cu_2O 负载 PAN 纳米纤维对水中的染料具有优良的光催化降解作用，且染料脱色率随着 Cu_2O 负载 PAN 纤维添加量的增加而提高。通过电化学沉积法能够制备 Cu_2O 负载活性碳纤维材料。主要制备过程包括两个步骤，活性碳纤维织物的制备和 Cu_2O 在活性碳纤维表面负载。在第一个步骤中，将纯棉织物经 KCl 水溶液处理后，经 1100℃碳化得到活性碳纤维织物。在第二个步骤中，活性碳纤维织物被放入盛有硫酸铜和乳酸水溶液的三电极电化学池（图 3-81）中，在碱性条件下，Cu^{2+} 和乳酸根络合得到 CuL_2^{2-}，然后其与溶液中 OH^- 结合形成能够缓慢释放 Cu^{2+} 的 $[CuL_2(OH)]^{3-}$，以保证体系中存在适当浓度的 Cu^{2+}。在此反应体系中形成 Cu_2O 的过程可用反应式（3-13）~式（3-16）进行描述。

$$CuL_2^{2-} + OH^- \longrightarrow [CuL_2(OH)]^{3-} \tag{3-13}$$

$$Cu^{2+} + e^- \longrightarrow Cu^+ \tag{3-14}$$

$$2Cu^+ + 2OH^- \longrightarrow Cu_2O + H_2O \tag{3-15}$$

$$Cu^{2+} + 2e^- \longrightarrow Cu \tag{3-16}$$

当给反应体系施加一定电压时，其中的氧化还原反应过程［式（3-14）和式（3-15）］会在阴极附近发生。这些反应的进行使 Cu^+ 在活性碳纤维表面积累，并与 OH^- 结合生成 Cu_2O 晶核沉积在其表面，然后 Cu_2O 晶核不断生长增大，最终在活性碳纤维表面形成完整的 Cu_2O 薄膜。

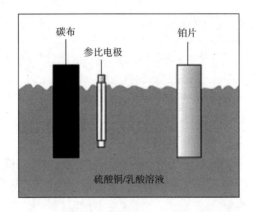

图 3-81　三电极电化学池简图

此外，使用水热法同样能够使 Cu_2O 负载于活性碳纤维表面。负载原理通常可以解释为在高温条件下，$Cu(CH_3COO)_2$ 溶于水后发生水解得到 Cu^{2+} 和 CH_3COO^-，其中生成的 CH_3COO^- 具有还原性，可将 Cu^{2+} 还原为 Cu^+。并且可以通过控制 $Cu(CH_3COO)_2$ 浓度和水热温度来调控 Cu_2O 结晶生长和成膜行为。研究证明，适当增加水热反应体系中 $Cu(CH_3COO)_2$ 浓度，可以得到较理想的 Cu_2O 负载活性碳纤维。在水热反应过程中，适当提高水热温度，能够增加 Cu_2O 粒子在活性碳纤维表面沉积和成膜现象。当温度升高至 180℃ 时，活性碳纤维表面几乎完全被 Cu_2O 粒子包覆，当温度升高到 200℃ 时，活性碳纤维表面 Cu_2O 粒子薄膜变得比较疏松且有明显脱落迹象。

3.11 水体净化纺织品的光催化作用原理和应用

3.11.1 改性 PAN 纤维金属配合物对染料降解反应的催化作用

3.11.1.1 偕胺肟改性 PAN 纤维铁配合物

选择活性红 195 （RR195）和酸性黑 234 （AB234）为目标污染物，分别构建五种不同的反应体系，其中染料浓度均为 50.0mg/L，并且调节体系 pH = 6.0。体系（1）仅含有 3.0mol/L H_2O_2，体系（2）含有 3.0mol/L H_2O_2 和 0.6mg 偕胺肟改性 PAN 纤维铁配合物（AO-PAN），体系（3）仅含 0.6mg 偕胺肟改性 PAN 纤维铁配合物（Fe-AO-PAN，Q_{Fe} = 61.95mg/g），体系（4）和（5）都含有 3.0mol/L H_2O_2 和 0.6mg Fe-AO-PAN。然后将它们分别置于光催化反应系统中，除体系（4）在暗态条件下反应之外，其他四种体系均在可见光辐射条件下反应，结果如图 3-82 所示。

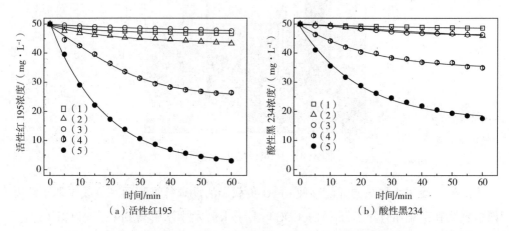

（a）活性红195　　　　　　　（b）酸性黑234

图 3-82　Fe-AO-PAN 对偶氮染料氧化降解反应的催化特性

图 3-82 显示，在反应体系(1)(2)和(3) 中，染料浓度随着反应时间的延长而缓慢降低，60min 时染料浓度稍有降低，这主要归因于 H_2O_2 很弱的氧化作用或AO-PAN 及其铁配合物对染料缓慢的吸附现象。在反应体系(4)和(5)中，染料浓度都随着反应时间的延长而不断降低，并且在可见光条件下染料浓度降低得更显著。这表明在 H_2O_2 和 Fe-AO-PAN 存在条件下，两种偶氮染料能够发生较为显著

的降解。原因是 H_2O_2 和 Fe-AO-PAN 构成了非均相 Fenton 催化氧化体系，Fe-AO-PAN 由于具有不饱和配位结构特点而发挥着非均相 Fenton 催化剂的作用，并且可见光能够促进 Fe-AO-PAN 的催化性能。为了研究 Fe-AO-PAN 作为非均相 Fenton 反应催化剂的作用机理，对在 Fe-AO-PAN 存在下，活性红 195 降解反应过程中产生的自由基进行了 ESR 分析，结果如图 3-83 所示。

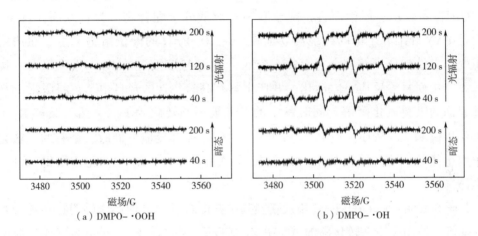

图 3-83　在 Fe-AO-PAN 作用下染料氧化降解反应的 ESR 谱

在暗态时，羟自由基（·OH）信号较弱，而未观察到超氧自由基（·OOH）信号，说明在暗态时，催化剂能够使过氧化氢分解生成羟自由基。因为催化剂能够通过反应式（3-17）生成超氧自由基，同时使催化剂中少量的 Fe^{3+} 被还原为 Fe^{2+}，并引发 Fenton 反应生成羟自由基［反应式（3-18）］，并导致染料在暗态时发生降解反应。但是超氧自由基是非常不稳定的，可能通过反应式（3-19）进一步转化为氧气，导致过氧化氢浪费。在光辐射条件下，羟自由基信号显著增强，也出现了较弱的超氧自由基信号。这说明光辐射促进了催化剂对过氧化氢的分解反应，并生成较少的超氧自由基和更多的羟自由基，使更多的染料发生降解。说明 Fe-AO-PAN 作为非均相 Fenton 催化剂是经济的，能够提高过氧化氢的利用率，这主要决定于其对紫外光和可见光具有较强的吸收性。另外，染料在光辐射条件下通过敏化作用，使在纤维表面的 Fe^{3+} 接受电子而被还原为 Fe^{2+}，促进了 Fe^{3+}/Fe^{2+} 之间的催化循环反应，使催化体系中更多的 H_2O_2 分解生成羟自由基，并与更多染料分子发生氧化反应。反应式（3-20）和式（3-21）描述了可能的反应过程。

$$Fe^{3+}/PAN+H_2O_2 \xrightarrow{h\nu/暗态} Fe^{2+}/PAN+HO_2 \cdot +H^{\oplus} \tag{3-17}$$

127

$$Fe^{2+}/PAN+H_2O_2 \longrightarrow Fe^{3+}/PAN+OH^{\ominus}+HO\cdot \qquad (3-18)$$

$$Fe^{3+}/PAN+HO_2\cdot \longrightarrow Fe^{2+}/PAN+O_2 \qquad (3-19)$$

$$Dye+Fe^{3+}/PAN \xrightarrow{h\nu} Dye^* \text{---}Fe^{3+}/PAN \longrightarrow Dye^{+\cdot}+Fe^{2+}/PAN \qquad (3-20)$$

$$HO\cdot +Dye^{+\cdot} \text{ or } Dye \longrightarrow Products \qquad (3-21)$$

Fe-AO-PAN 具有光催化作用的原因是 Fe^{3+} 与 AO-PAN 能够形成配位数为 6 的配位聚合物。通常而言，配位数为 6 的低分子配合物应为正八面体构型，但是 PAN 纤维分子链的缠绕和卷曲使 Fe-AO-PAN 的配位结构发生了扭曲或畸变，导致配位不够完全并存在着空位。通过与溶液中的 H_2O_2 发生络合、插入和空位恢复等反应使之活化，并产生具有高氧化性的羟自由基，将吸附于纤维表面的染料氧化降解。同时其中的 Fe^{3+} 被还原转化为 Fe^{2+}，然后又被 H_2O_2 氧化生成 Fe^{3+}，从而完成 Fe^{3+}/Fe^{2+} 之间的催化循环反应。同时，染料的光敏化作用也能够推动其催化循环反应的进行，使 Fe-AO-PAN 的催化作用得到进一步提高。

研究表明，Fe-AO-PAN 添加量及其中铁配合量的增加都能够明显促进染料的降解。使用高腈基转化率的 AO-PAN 制备的 Fe-AO-PAN 对染料降解反应的催化作用更高，这一方面因为高腈基转化率的 AO-PAN 制备的 Fe-AO-PAN 表面结构中的铁离子分布密度增加，即在反应体系中引入了更多的催化活性中心，促进了其与 H_2O_2 之间的反应，产生更高浓度的羟自由基。另一方面在 PAN 纤维表面引入偕胺肟基团，有利于其对阴离子偶氮染料的吸附。Fe-AO-PAN 可以在酸性和中性条件下催化染料进行降解反应，但是在碱性条件下其催化作用明显降低。因为 pH 的升高可能不仅会影响染料在催化剂表面的吸附，而且导致过氧化氢的分解过快，减少羟自由基的生成。再者 Fe-AO-PAN 催化剂中具有配位催化活性的铁离子在碱性范围内也可能会吸附大量氢氧根离子，使其催化活性受到抑制。

Fe-AO-PAN 在暗态就能催化染料降解反应。在辐射光场合 Fe-AO-PAN 对染料氧化反应的催化作用与辐射光强度之间有明显的正相关性。这可能是提高辐射光强度有利于吸附于催化剂表面的染料被激发并给出电子，促进了 Fe^{3+}/Fe^{2+} 之间的催化循环反应，产生更多的羟自由基，并使染料发生降解反应。暗态时，Fe-AO-PAN 的添加量 M 和 Q_{Fe} 值与染料降解反应 50min 时的脱色率 D_{50} 之间存在着正线性相关性（表 3-29）。可以通过提高 Fe-AO-PAN 的添加量或 Q_{Fe} 值的办法来促进暗态时染料降解反应，并达到其在辐射光条件下的降解效果。染料降解反应的紫外可见光谱和总有机碳（TOC）分析表明，暗态时 Fe-AO-PAN 不仅能促进染料分子中的偶氮键断裂反应，而且也可催化其中芳香环结构的分解反应并转化为 CO_2、水和无机盐。

表 3-29　催化剂添加量和 Fe^{3+} 含量与染料脱色率之间的关系方程

染料	线性关系方程	R^2
活性红 195	$D_{50} = 152.9M + 17.84$	0.9093
酸性黑 234	$D_{50} = 75.27M + 2.89$	0.9815
活性红 195	$D_{50} = 0.3883Q_{Fe} + 20.15$	0.9288
酸性黑 234	$D_{50} = 0.1763Q_{Fe} + 5.48$	0.9652

3.11.1.2　不同改性 PAN 纤维铁配合物催化活性比较

制备三种具有相似 Q_{Fe} 值（29.0mmol/g）的不同改性 PAN 纤维铁配合物，分别将它们作为 Fenton 反应光催化剂应用于 H_2O_2 对活性红 195 的氧化降解反应中。分别构建 4 种不同的含有 0.05mmol/L 活性红 195 的反应体系，并调节 pH 为 6.0。其中体系（1）中只含有 3.0mmol/L 的 H_2O_2，体系（2）仅添加改性 PAN 纤维铁配合物，体系（3）和（4）中则同时含有 3.0mmol/L 的 H_2O_2 和改性 PAN 纤维铁配合物，然后将其置于光化学反应器中，除体系（3）在暗态条件下反应外，其他体系均在可见光条件下进行反应，结果如图 3-84 所示。三种配合物对染料降解反应的光催化活性顺序如下：Fe-M-PAN>Fe-AO-PAN>Fe-HA-PAN，这主要取决于 Fe^{3+} 与 3 种改性 PAN 配体形成配合物的不饱和性。研究表明，高分子金属配合物的催化活性与金属离子和高分子配体的配位结构密切相关，提高配位的不饱和性能够使形成的配合物具有更高的催化活性。与 AO-PAN 相比，M-PAN 的分子结构较为复杂，其中交联结构的存在对 Fe^{3+} 的配位反应产生明显的空间位阻效应，这有助于提高其 Fe^{3+} 的配位不饱和性，能够活化更多的 H_2O_2 分子，从而使 Fe-M-PAN 具有更高催化活性。而 HA-PAN 中氨基腙基团交联特性更强，使其在纤维表面形成的交联结构过于复杂，导致 HA-PAN 大分子链在与 Fe^{3+} 配位时难以发生缠绕和卷曲，Fe-HA-PAN 配位对称性较高且趋于饱和，使 Fe-HA-PAN 显示出较低的催化活性。

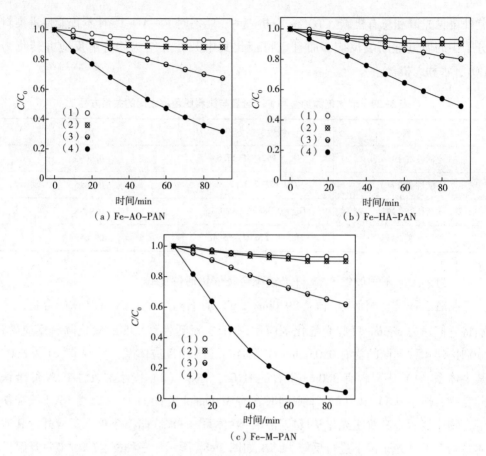

图3-84　三种改性PAN纤维铁配合物对染料降解反应的催化活性比较

3.11.1.3　AO-PAN金属配合物催化活性比较

将AO-PAN分别与Fe^{3+}、Cu^{2+}、Co^{2+}、Ce^{3+}和La^{3+}进行反应，制备五种配合量均为1.50mmol/g左右的配合物，作为非均相Fenton反应催化剂分别应用于罗丹明B的降解反应中。当AO-PAN金属配合物存在时，脱色率（D）随着反应时间的延长而不断增加，尤其在光辐射条件下更为突出（图3-85），这说明光辐射能够促进AO-PAN金属配合物的催化活性。值得注意的是，不论在暗态或光辐射条件下，Fe-AO-PAN的催化活性皆明显高于其他四种AO-PAN金属配合物，这与其在配位结构方面的差异密切相关。

3.11.1.4　配合物的Q_{Fe}值对其光催化活性的影响

在pH为6.0、可见光和3.0mmol/L H_2O_2存在条件下，分别将不同Q_{Fe}值的三种改性PAN纤维铁配合物应用于0.05mmol/L活性红195的氧化降解反应中，反应

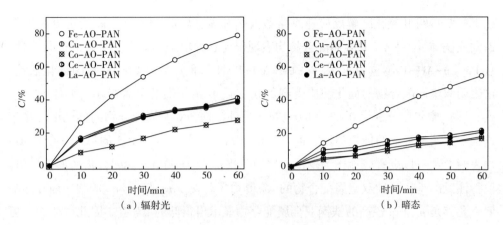

图 3-85　不同金属离子与 AO-PAN 配合物的催化活性比较

90min 时，染料脱色率（D_{90}）与其 Q_{Fe} 值之间的关系如图 3-86 所示。增加 Q_{Fe} 值导致染料脱色率逐渐提高，说明增加改性 PAN 纤维铁配合物的 Q_{Fe} 值有利于其光催化活性的提高。原因是提高 Q_{Fe} 值意味着配合物表面铁离子分布密度增加，即在反应体系中引入了更多的催化活性中心，导致更多吸附于配合物表面的 H_2O_2 分解为羟自由基，使更多的染料分子发生降解反应。此外，在相似的 Q_{Fe} 值条件下，三种配合物中 Fe-M-PAN 催化活性最高，这主要取决于这些配合物配位不饱和性的差异。

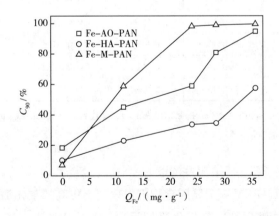

图 3-86　改性 PAN 纤维铁配合物的 Q_{Fe} 对脱色率的影响

3.11.1.5　AO-PAN 双金属配合物的催化性能

（1）助金属离子性质和配合量

表 3-30 给出了不同 n_{Cu}/n_{Fe} 或 n_{Ce}/n_{Fe} 的铁铜或铁铈 AO-PAN 双金属配合物存

在下，罗丹明 B 氧化降解反应速率常数（k_d 和 k_i，k_d 指暗态下，k_i 指可见光下）。铁铜或铁铈 AO-PAN 双金属配合物均表现出比各种单金属配合物更高的催化活性，且 Fe-Cu-AO-PAN（Ⅱ）和 Fe-Ce-AO-PAN（Ⅱ）分别具有最高的催化活性。这表明双金属配合物的催化性质受到其 n_{Cu}/n_{Fe} 或 n_{Ce}/n_{Fe} 的显著影响，最佳 n_{Cu}/n_{Fe} 或 n_{Ce}/n_{Fe} 摩尔比分别为 0.571 和 0.174。另外，铁铈双金属配合物的催化活性高于铁铜双金属配合物的催化活性，而且其最佳 n_{Ce}/n_{Fe} 值要低于后者的最佳 n_{Cu}/n_{Fe} 值，这表明 Ce^{3+} 可以更有效地作为辅助金属离子来提高 AO-PAN 铁配合物的催化性能。值得注意的是，两种双金属配合物的 Δk 值均随着 n_{Cu}/n_{Fe} 或 n_{Ce}/n_{Fe} 的增加而逐渐降低，尤其是 n_{Cu}/n_{Fe} 较高的铁铜双金属配合物显示出很低的 Δk 值。因此可认为，可见光能提高 AO-PAN 双金属配合物，特别是铁铈双金属配合物的催化活性。

表 3-30　助金属离子含量对罗丹明 B 降解反应速率常数的影响

配合物	暗态		可见光		$\Delta k = k_i - k_d$
	$k_d/\min^{-1}$	R^2	$k_i/\min^{-1}$	R^2	
Fe-AO-PAN	0.0149	0.9965	0.0492	0.9948	0.0343
Fe-Cu-AO-PAN（Ⅰ）	0.0301	0.9966	0.0641	0.9973	0.0340
Fe-Cu-AO-PAN（Ⅱ）	0.0502	0.9993	0.0767	0.9992	0.0265
Fe-Cu-AO-PAN（Ⅲ）	0.0254	0.9980	0.0555	0.9992	0.0301
Cu-AO-PAN	0.0041	0.9907	0.0055	0.9936	0.0014
Fe-Ce-AO-PAN（Ⅰ）	0.0314	0.9994	0.0778	0.9991	0.0464
Fe-Ce-AO-PAN（Ⅱ）	0.0513	0.9982	0.0967	0.9957	0.0454
Fe-Ce-AO-PAN（Ⅲ）	0.0254	0.9971	0.0697	0.9988	0.0443
Ce-AO-PAN	0.0045	0.9507	0.0101	0.9724	0.0056

注　Ⅰ代表制备时 Fe^{3+} 与 Cu^{2+} 或 Ce^{3+} 的摩尔比为 3∶1，Ⅱ代表 Fe^{3+} 与 Cu^{2+} 或 Ce^{3+} 的摩尔比为 1∶1，Ⅲ代表 Fe^{3+} 与 Cu^{2+} 或 Ce^{3+} 的摩尔比为 1∶3。

（2）助金属离子对 pH 适应性的改善

铁铜或铁铈 AO-PAN 双金属配合物不仅表现出更高的催化活性，而且在 pH 在 2~10 范围内仍然能够促使染料发生降解反应。其中 Fe-Ce-AO-PAN（Ⅱ）存在时，罗丹明 B 在 pH 为 8 的条件下 D_{60} 值仍可达到 61.4%（图 3-87）。表明该配合物作为催化剂具有一定的 pH 适用性，这使得用 Fenton 技术处理染料废水时可避免 pH 调整所造成的成本增加，对于高性能催化剂的研发和水处理过程中的节能减排均具有重要意义。

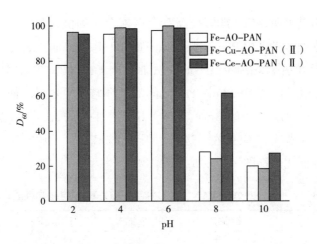

图 3-87 罗丹明 B 在不同 pH 条件下的脱色率

（3）助金属离子对重复利用性的改善

铁铜 AO-PAN 双金属配合物作为催化剂比 Fe-AO-PAN 在染料的降解反应中的重复利用性较高，Fe-Cu-AO-PAN 在连续使用 3 次后，其催化活性仍未发生明显下降，使用 5 次后才略有降低，然而仍明显高于 Fe-AO-PAN 在相同使用次数时的催化活性（图 3-88）。另外，在降解过程中，配合物中泄露到溶液中的金属离子浓度小于 3.0mg/L，证实铁铜 AO-PAN 双金属配合物如 Cu-Fe-AO-PAN（Ⅱ）稳定性优异。

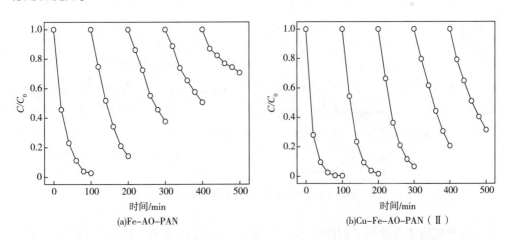

图 3-88 Fe-AO-PAN 和 Cu-Fe-AO-PAN（Ⅱ）的重复利用性比较

（4）助金属离子作用原理

通过多种分析手段考察了助金属离子对 AO-PAN 双金属配合物催化性能的促

进作用原理。结果表明，Cu^{2+}能够提高双金属配合物的催化活性，加快 H_2O_2的分解反应，并促进更多羟自由基的产生。Cu-Fe-AO-PAN（Ⅱ）表面具有比 Fe-AO-PAN 更多的活性位置。Cu-Fe-AO-PAN（Ⅱ）中 Fe^{3+}/Fe^{2+}的 ΔE 值显著低于 Fe-AO-PAN 的 ΔE 值，使其中的 Fe^{2+}/Fe^{3+}之间的循环转换更容易。而且 Cu-Fe-AO-PAN（Ⅱ）中 Cu^{2+}/Cu^+循环的 ΔE 值也低于其 Fe^{3+}/Fe^{2+}的 ΔE 值，这意味着双金属配合物中 Cu^{2+}/Cu^+循环反应更容易进行。因此，Fe^{3+}/Fe^{2+} 和 Cu^{2+}/Cu^+循环容易进行是其具有较高催化活性的一个主要原因。

表 3-31　Cu-Fe-AO-PAN（Ⅱ）和 Fe-AO-PAN 电化学性质比较

配合物	氧化还原	还原电位/V	氧化电位/V	ΔE/V
Fe-AO-PAN	Fe^{3+}/Fe^{2+}	-0.54	-0.40	0.14
Cu-Fe-AO-PAN（Ⅱ）	Fe^{3+}/Fe^{2+}	0.23	0.28	0.05
	Cu^{2+}/Cu^+	0.85	0.88	0.03

注　ΔE 为氧化还原电位差。

根据 Silbey 的方法和表 3-31 中的数据，计算出两种金属离子之间反应式（3-22）平衡常数为 $10^{0.338}$，这进一步证明两种金属离子之间的相互作用是产生协同效应的主要原因。

$$Fe^{3+}/PAN+Cu^+/PAN \Longleftrightarrow Fe^{2+}/PAN+Cu^{2+}/PAN \qquad (3-22)$$

铁铜 AO-PAN 双金属配合物 Cu-Fe-AO-PAN（Ⅱ）作为 Fenton 非均相反应催化剂的作用原理可用图 3-89 进行描述。

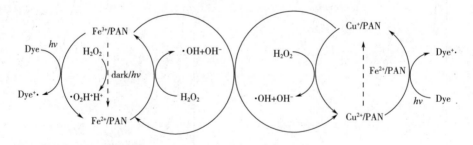

图 3-89　Cu-Fe-AO-PAN（Ⅱ）的催化作用原理

首先吸附于催化剂表面的 H_2O_2通过类 Fenton 反应使 Fe^{3+}还原为 Fe^{2+}，然后其迅速被 H_2O_2氧化而完成 Fe^{3+}/Fe^{2+}之间的循环并产生羟自由基。同时 Fe^{2+}也可以与配合物表面的 Cu^{2+}进行反应，生成 Cu^+和 Fe^{3+}，加速了 Fe^{3+}/Fe^{2+} 和 Cu^{2+}/Cu^+之间的循环，并产生更多的羟自由基。一般而言，Fenton 反应中速率较慢的 Fe^{3+}向 Fe^{2+}的转换应该是整个反应的控制步骤。然而可见光可以通过与配合物的作用促进 Fe^{3+} 还原为 Fe^{2+}，从而加速 H_2O_2 分解为羟自由基的反应。此外，吸附于催化剂表面的染料也可以通过光敏化作用促进金属离子（Fe^{3+} 向 Fe^{2+} 和 Cu^{2+} 向 Cu^+）之间的转换，也有利于催化剂活性的提高。

3.11.1.6 基于 Fe-AO-PAN 的两种光催化氧化体系的比较

分别以发光二极管（LED）光源和过硫酸钠（SPS）取代高压汞灯（Hg Lamp）/Fe-AO-PAN/H_2O_2 光催化氧化体系，构建新型的 LED/Fe-AO-PAN/SPS 光催化氧化体系，因为 LED 光源作为第四代光源的主要优点是光源结构中不存在汞或铅等有害物质，是一种环境友好的光源。更重要的是，其能耗低，寿命长达 $5\times 10^4 \sim 10\times 10^4 h$，远高于传统汞灯（500~2000h）。此外，其具有易于使用、安全性高、不需冷却和体积小等优点。不像太阳光利用设备需要占用大量土地面积，投资和运行成本低，这些优点都有利于其在光催化反应器及反应过程中的有效应用。过硫酸盐具有氧化力强，对环境友好和稳定性强以及便于储存运输等优点，在工业废水的净化处理中常被用作 H_2O_2 的替代物。与羟自由基相比，过硫酸盐被活化后所产生的硫酸根自由基（$SO_4^{-\cdot}$）具有氧化性高、稳定性好和对 pH 适用范围更广泛等特点，其中过硫酸钠（SPS）是最常用的过硫酸盐之一。因此，以不易生物降解的聚乙烯醇（PVA）作为模型污染物比较两种光催化氧化体系 LED/Fe-AO-PAN/SPS 和 Hg-lamp/Fe-AO-PAN/H_2O_2 对 PVA 的降解反应机理。

（1）Fe-AO-PAN 的 Q_{Fe} 值与 SPS 浓度的影响

使用含有不同 Q_{Fe} 值的 Fe-AO-PAN 与不同浓度的 SPS 混合，在 LED 可见光辐射条件下，对水溶液中的 PVA 进行光催化氧化降解反应，其中 Q_{Fe} 值和 SPS 浓度对 PVA 降解反应速率常数（k）和 PVA 水溶液黏度（η_{t90}）的影响如图 3-90 所示。随着 Q_{Fe} 值或 SPS 初始浓度的增加，k 值逐渐提高，而 η_{t90} 值则逐渐减小，这表明提高 Q_{Fe} 值或 SPS 初始浓度可增加 PVA 的降解速率使其相对分子质量的显著降低。此外，可见光辐射强度的增加也会导致 k 值增加和 η_{t90} 值降低。主要是因为 Q_{Fe} 值、SPS 初始浓度和可见光辐射强度的提高都会加速反应体系中含氧活性基（ROS）的生成，促进 PVA 分子链的分解反应。

（2）光催化氧化降解反应机理

活性氧自由基的检测是研究有机化合物光催化氧化降解机理的关键，从图 3-91（a）中 LED/Fe-AO-PAN/SPS 体系的 ESR 谱图发现，此体系中存在羟自

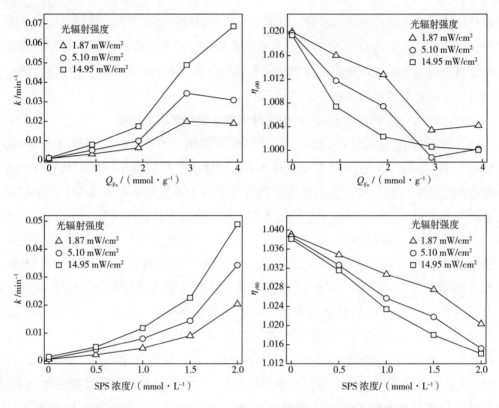

图 3-90　Fe-AO-PAN 的 Q_{Fe} 值和 SPS 浓度对 PVA 降解的影响

由基（·OH）和硫酸根自由基（$SO_4^{-\cdot}$），其中羧自由基的生成浓度明显高于硫酸根自由基的生成浓度。这两种自由基不仅能够使 PVA 氧化降解，还能够导致其发生矿化反应［图 3-91（b）］。随着 LED 可见光光辐射时间的延长，PVA 的 TOC_R 值逐渐升高。值得注意的是，LED/Fe-AO-PAN/SPS 体系在辐射光强度为 14.95mW/cm² 的条件下和 Hg-lamp/Fe-AO-PAN/H_2O_2 体系的 TOC_R 值变化趋势相似。

此外，图 3-92 给出了在两种体系中，PVA 氧化降解反应的紫外可见吸收光谱。在氧化降解反应之前，PVA 在紫外可见光范围内几乎没有吸收峰，反应开始后，在 270nm 处的吸收峰逐渐增加，说明反应过程中生成了具有不饱和键的中间产物。在 LED/Fe-AO-PAN/SPS 体系中，辐射光强度的升高导致这些具有不饱和键的中间产物浓度增加，并且辐射光强度为 14.95mW/cm² 时 PVA 的紫外可见吸收光谱与 Hg-lamp/Fe-AO-PAN/H_2O_2 体系尤为接近。

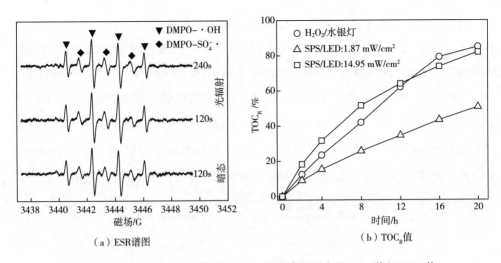

（a）ESR谱图　　　　　　　　（b）TOC_R值

图 3-91　在 Fe-AO-PAN 作用下 PVA 氧化降解反应的 ESR 谱和 TOC_R 值

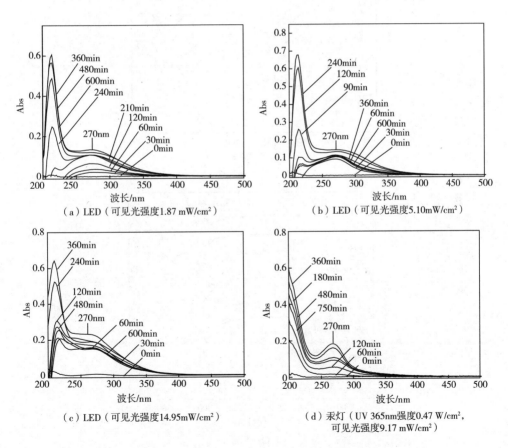

图 3-92　在两种不同体系中 PVA 氧化降解反应的紫外可见吸收光谱

使用傅里叶红外光谱（FTIR）分析 PVA 的氧化降解反应过程中产生的不饱和中间体（图 3-93）发现，未反应前 PVA 的典型特征吸收谱带主要包括 3000～3600cm^{-1}，2875～2917cm^{-1}，1329～1419cm^{-1} 和 1090～1100cm^{-1}，它们分别归属于 OH、CH$_2$、CH 和 C—O 的拉伸振动等。经 LED 光辐射后，其在 3000～3600cm^{-1} 和 1090～1100cm^{-1} 处的特征吸收谱带的位置和强度随着辐射光强度的不同而变化，特别是在 1710cm^{-1} 和 1630cm^{-1} 等处分别出现了新的吸收峰。这是因为体系中的自由基将 PVA 的羟基氧化形成羰基。当辐射时间超过 4h 时，在 1041～1060cm^{-1} 处也出

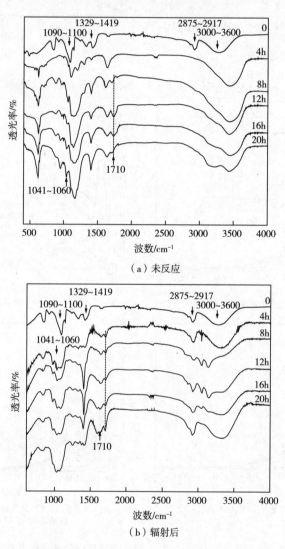

（a）未反应

（b）辐射后

图 3-93　在两种不同体系中 PVA 氧化降解反应的傅里叶红外光谱

现了一个逐渐增强的新吸收峰，这为 PVA 分子链断裂为短链分子提供了证据。值得注意的是，在两种体系中，PVA 降解过程的红外光谱类似。这些分析从不同角度证明，对于在此条件下的 PVA 氧化降解反应，LED/Fe-AO-PAN/SPS 体系能够完全取代 Hg-lamp/Fe-AO-PAN/H_2O_2 体系。

3.11.1.7　改性 PAN 纳米纤维铁配合物的光催化作用特性

使用三种直径 D_m 分别为 303.1nm、860.2nm 和 1460.3nm 的 AO-n-PAN 与 Fe^{3+} 进行配位反应，制备三种 Q_{Fe} 值接近的改性 PAN 纳米纤维铁配合物（简称 Fe-AO-n-PAN-X，其中 X = Ⅰ，Ⅱ 和 Ⅲ 分别代表 303.1nm、860.2nm 和 1460.3nm），它们的特性参数（P 为孔隙率、S_{BET} 为比表面积，θ_{ca} 为水接触角等）见表 3-32。将上述三种配合物作为非均相 Fenton 反应光催化剂，应用到不同反应条件下活性红 195 的氧化降解反应中，在反应过程中的脱色率（D）如图 3-94 所示。

表 3-32　不同直径 PAN 纳米纤维制备的铁配合物的性能参数

配合物	$Q_{Fe}/$ (mmol·g^{-1})	D_m/nm	P/%	$S_{BET}/$ (m^2·g^{-1})	$\theta_{ca}/$ (°)
Fe-AO-n-PAN-ⅰ	1.53	231.2	75.79	5.79	82
Fe-AO-n-PAN-ⅱ	1.48	612.3	73.05	5.13	69
Fe-AO-n-PAN-ⅲ	1.51	987.0	70.54	4.34	72

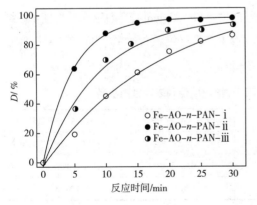
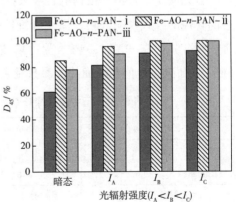

图 3-94

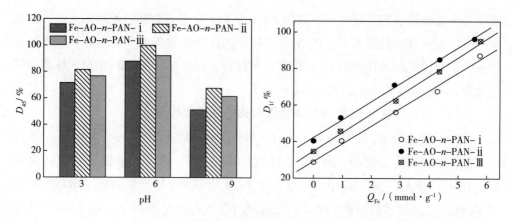

图 3-94　PAN 纳米纤维直径对所制备的铁配合物的光催化活性的影响

图 3-94 显示，当使用中等直径 PAN 纳米纤维制备的配合物 Fe-AO-n-PAN-ii 时，染料的 D 值最高，并且随着 Q_{Fe} 值和光辐射强度的增加而提高，依 pH 不同而有所变化。这说明，使用不同直径的 PAN 纳米纤维制备的铁配合物，对染料的氧化降解反应都具有光催化作用，其中 Fe-AO-n-PAN-ii 表现出最好的光催化活性，并受到光辐射强度和 pH 的影响。

3.11.2　含羧酸纤维铁配合物的光催化特性

3.11.2.1　光催化性能的比较

首先使用三种不同结构的含羧酸纤维与 Fe^{3+} 进行配位反应，制备三种 Q_{Fe} 值相近的含羧酸纤维铁配合物（海藻纤维铁配合物：Fe-Alginate，聚丙烯酸改性 PP 纤维铁配合物：Fe-PAA-g-PP，聚丙烯酸改性 PTFE 纤维铁配合物：Fe-PAA-g-PTFE），它们的 Q_{Fe} 值和表面特性参数见表 3-33。

表 3-33　三种含羧酸纤维铁配合物的 Q_{Fe} 值和表面性能参数

配合物	Fe-Alginate	Fe-PAA-g-PP	Fe-PAA-g-PTFE
$Q_{Fe}/$（mmol·g^{-1}）	2.32	2.37	2.29
比表面积 $S_{BET}/$（m^2·g^{-1}）	0.248	0.263	0.151
水接触角 $\theta_{ca}/$（°）	82.1	100.3	104.6

从表 3-33 可以看出，三种含羧酸纤维铁配合物的 Q_{Fe} 值在 2.29~2.32mmol/g，并且它们的比表面积也没有显著差异，但所形成的三种含羧酸纤维铁配合物的水接触角却有所不同。其中海藻纤维铁配合物的水接触角明显低于其他两种配合物

的水接触角。为了比较三种含羧酸纤维铁配合物的催化性能，分别将它们在可见光辐射条件下作为非均相 Fenton 反应光催化剂，应用于活性红 195 的氧化降解反应中，反应过程中活性红 195 的 D 值如图 3-95（a）所示。不同 Q_{Fe} 值的三种含羧酸纤维铁配合物存在时，活性红 195 的氧化降解反应 90min 时的脱色率（D_{90}）列于图 3-95（b）中。

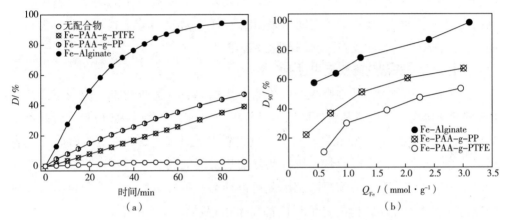

图 3-95　三种含羧酸纤维铁配合物光催化性能的比较

由图 3-95 可知，在三种含羧酸纤维铁配合物存在时，D 值均随着反应时间的延长而明显上升。并且随着三种含羧酸纤维铁配合物 Q_{Fe} 值的增加，染料的 D_{90} 值均显著提高，这表明三种含羧酸纤维铁配合物均对染料的氧化降解反应具有明显的催化作用。这主要是因为在含羧酸纤维铁配合物中，纤维分子链的缠绕和卷曲会导致其配位结构发生扭曲或畸变，使其与 Fe^{3+} 配位后产生空位中心，并能使吸附的 H_2O_2 分子分解产生高氧化性的羟自由基。在相同条件下，三种配合物存在时 D 值按照下列顺序排列：Fe-Alginate > Fe-PAA-g-PP > Fe-PAA-g-PTFE，这表明海藻纤维铁配合物比其他两种含羧酸纤维铁配合物表现出更好的催化活性。

原因可以从三个方面解释，一是海藻纤维大分子链中仅有 α-L-古罗糖醛酸上的羧酸基团能够以分子间配位的方式与 Fe^{3+} 进行配位反应，且海藻纤维中 Ca^{2+} 的存在可能也会限制 Fe^{3+} 的配位反应，这些因素都可能会导致海藻纤维与 Fe^{3+} 配位时存在更多的空位中心，增加其配位的不饱和性，使其催化活性得以强化。二是由表 3-33 可知，尽管三种含羧酸纤维铁配合物的比表面积相差不大，然而海藻纤维铁配合物的水接触角明显低于其他两种含羧酸纤维铁配合物，这表明前者比后二者具有更好的亲水性，因此相对于 Fe-PAA-g-PP 和 Fe-PAA-g-PTFE，降解反应体系中的水溶液更易于在海藻纤维铁配合物表面扩散和渗透，其中的染料和 H_2O_2 分子更容易吸附在其表面并发生降解反应，导致海藻纤维铁配合物的催化活性要高于其他两种含羧酸纤维铁配合物。三是在海藻纤维中的羧基与 Fe^{3+} 配位于纤维大分子的主链，H_2O_2 和染料分子更易于与配合物表面的催化活性中心接触，有利于染料的氧化降解反应，导致配合物对染料的催化降解的作用较强。而对于 Fe-PAA-g-PP 和 Fe-PAA-g-PTFE，与 Fe^{3+} 配位的羧基位于纤维大分子的侧链中，其分子结构复杂且不均匀，所形成的空间障碍抑制了 H_2O_2 和染料分子吸附在配合物表面的催化活性中心，影响其对染料的催化降解作用。

3.11.2.2　光催化降解反应过程分析

分别将三种含羧酸纤维铁配合物作为非均相 Fenton 光催化剂，应用于活性红 195 的氧化降解反应中，其紫外可见光谱图和 *TOC* 变化如图 3-96 所示。紫外可见光谱中波长 523nm 处的吸收峰代表染料偶氮键共轭体系，296nm 处的吸收峰代表染料芳香环结构，两个吸收峰的强度均随着反应时间的延长而不断降低，说明染料分子中这两部分发生分解反应，因此可以认为三种含羧酸纤维铁配合物对染料的发色基团和芳香环结构的降解反应都显示出促进作用。值得说明的是，当 Fe-Alginate 存在时，上述两峰在反应过程中下降得更快，显示该配合物对染料降解的催化活性更高。反应体系中的 TOC_R 值随着染料氧化降解反应的进行而逐渐增大，这表明三种含羧酸纤维铁配合物均能够促进染料分子发生降解反应，并使之矿化形成水、CO_2 和无机盐，达到彻底降解有机污染物的目的。值得注意的是，在染料矿化反应中，Fe-Alginate 仍然显示出比其他两种配合物更高的催化活性。

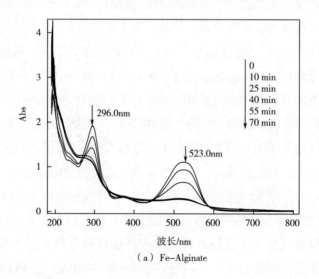

（a）Fe-Alginate

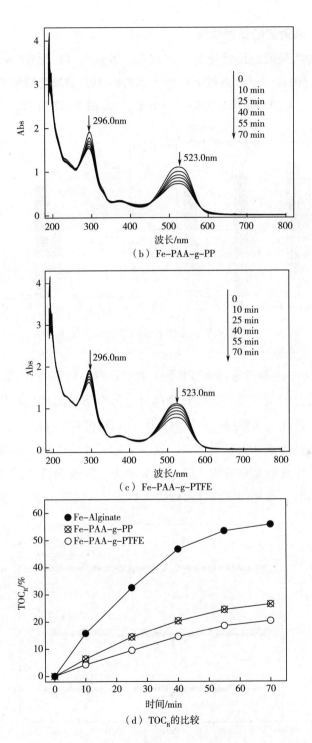

（b）Fe–PAA–g–PP

（c）Fe–PAA–g–PTFE

（d）TOC$_R$的比较

图 3–96　活性红 195 降解反应的紫外可见光谱和 TOC 去除率比较

3.11.2.3 辐射光的促进作用

分别将三种含羧酸纤维铁配合物在暗态、可见光（8.65W/cm²）和紫外光辐射（365nm，0.603W/cm²）条件下应用于活性红195的氧化降解反应中，其反应90min的脱色率（D_{90}）和TOC去除率（TOC_R）如图3-97所示。

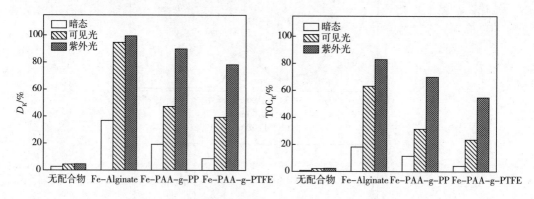

图3-97 不同辐射光条件下活性红195的D_{90}和TOC_R值

图3-97显示，三种含羧酸纤维铁配合物存在时，染料的D_{90}值和TOC_R值明显升高，这意味着它们均对染料的氧化降解反应具有明显的催化作用，且使其分解中间产物进一步矿化为无机物。光辐射条件下，D_{90}值和TOC_R值明显高于暗态条件下的相应值，尤其以紫外光辐射为甚。这表明辐射光均能够大幅度促进染料降解反应，且紫外光比可见光更有效。这是因为辐射光能够促进反应体系中羟自由基的产生（图3-98），可能的反应过程如式（3-23）～式（3-29）所示。在暗态和

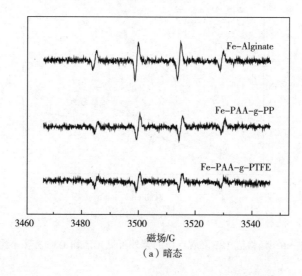

（a）暗态

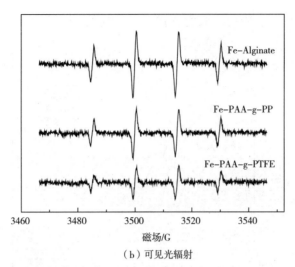

（b）可见光辐射

图 3-98　不同辐射光条件下 DMPO-·OH 的 ESR 谱

$$Fe^{3+}/纤维 + H_2O_2 \longrightarrow \left[Fe^{3+}/纤维（H_2O_2）\right] \tag{3-23}$$

$$\left[Fe^{3+}/纤维（H_2O_2）\right] \xrightarrow{h\upsilon/暗态} HOO\text{-}Fe^{3+}/纤维 + H^{\oplus} \tag{3-24}$$

$$HOO\text{-}Fe^{3+}/Fiber + 染料 \xrightarrow{h\upsilon} HO\text{-}Fe^{3+}/纤维 + 降解产物 \tag{3-25}$$

$$HO\text{-}Fe^{3+}/纤维 \xrightarrow{h\upsilon} Fe^{2+}/纤维 + HO\cdot \tag{3-26}$$

$$Fe^{2+}/纤维 + H_2O_2 \longrightarrow Fe^{3+}/纤维 + OH^- + HO\cdot \tag{3-27}$$

$$染料 + Fe^{3+}/纤维 \xrightarrow{h\upsilon} 染料^* \cdots Fe^{+3}/纤维 \longrightarrow 染料^{+\cdot} + Fe^{2+}/纤维 \tag{3-28}$$

$$HO\cdot + 染料^{+\cdot} \text{ or } 染料 \longrightarrow 降解产物 \tag{3-29}$$

可见光辐射的条件下，三种含羧酸纤维铁配合物存在时，染料氧化降解体系中均可以观察到 DMPO- ·OH 信号，且该信号峰强度仍按照上述顺序排列。值得注意的是，可见光辐射的引入可使该信号的强度显著提高，这表明当三种含羧酸纤维铁配合物存在时反应体系中产生了羟自由基，并且辐射光的引入使羟自由基数目增加。

此外，这可能还与其配合物在紫外光和可见光区的光吸收性能有关，图 3-99 给出了三种含羧酸纤维铁配合物在紫外光区和可见光区的 DRS 光谱。三种含羧酸纤维铁配合物在紫外光区均具有较强的吸收峰，而且其峰宽度从紫外光区扩展至可见光区，这意味着它们不仅能够吸收紫外光，而且可以吸收可见光。三种含羧酸纤维铁配合物在紫外光区（<400nm）的光活性更高，可认为是紫外光比可见光能更有效地促进光催化反应。与 Fe-Alginate 相比，其他两种含羧酸纤维铁配合物

在可见光区吸收峰处于波长较低的位置，而且其吸收强度也明显较弱，显示出较低的光子效率。

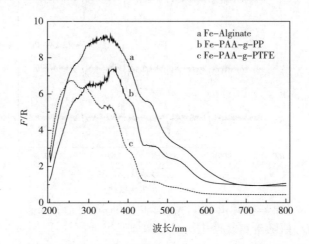

图 3-99　三种含羧酸纤维铁配合物的 DRS 谱图

3.11.2.4　pH 适应性

分别将具有相似 Q_{Fe} 值（2.12mmol/g 左右）的三种含羧酸纤维铁配合物在可见光辐射和不同 pH 的条件下，应用于活性红 195 的氧化降解反应中，其 90min 的脱色率（D_{90}）值见表 3-34。三种含羧酸纤维铁配合物在 pH 为 3~9 的条件下均对活性红 195 的氧化降解反应具有催化作用，并且 Fe-Alginate 具有更好的 pH 适应性。

表 3-34　不同 pH 条件下三种含羧酸纤维铁配合物存在时染料的 D_{90} 值

pH	$D_{90}/\%$		
	Fe-Alginate	Fe-PAA-g-PP	Fe-PAA-g-PTFE
3	98.36	68.55	53.8
6	91.41	64.37	46.5
9	82.14	57.62	39.85

3.11.2.5　重复使用性能

分别将三种含羧酸纤维铁配合物作为非均相 Fenton 反应光催化剂，在辐射光条件下重复应用于活性染料的氧化降解反应中，染料的 D_{90} 值见表 3-35。

表 3-35　三种含羧酸纤维铁配合物对染料的光催化降解重复利用性能

回用次数	$D_{90}/\%$		
	Fe-Alginate	Fe-PAA-g-PP	Fe-PAA-g-PTFE
1	97.11	68.55	53.8
2	97.21	64.37	46.5
3	97.19	60.62	39.85
4	97.32	53.4	29.72
5	97.46	47.26	20.71

表 3-35 显示，三种含羧酸纤维铁配合物在重复使用时 D_{90} 值发生了不同的变化，其中 Fe-Alginate 存在时，随着重复使用次数的增加，D_{90} 值并没有发生明显变化，第 5 次重复使用时，D_{90} 值仍达到 97.4%。而 Fe-PAA-g-PP 和 Fe-PAA-g-PTFE 存在时，D_{90} 值随着重复使用次数的增加发生显著降低。这表明两者在重复使用时，表现出催化活性明显降低的现象。可能原因有两方面：一是随着配合物使用次数的增加，配合物表面部分活性中心因吸附了染料分子或其降解中间产物，导致活性下降；二是染料降解反应后期，产生的小分子羧酸对 Fe^{3+} 产生络合效应，抑制 Fe^{3+} 进入 Fe^{3+}/Fe^{2+} 的催化循环，影响了其活性的发挥。对于海藻纤维铁配合物，由于海藻纤维具有特殊的"蛋盒"结构，Fe^{3+} 以分子间配位的方式被包覆在海藻纤维大分子链内，可能会降低活性中心对中间产物的吸附，从而避免了部分活性中心的失活，这使它比其他两种配合物的重复使用性能更好。

3.11.3　不同多元羧酸改性棉纤维铁配合物的光催化作用

3.11.3.1　多元羧酸（PCAs）的分子结构影响

使用酒石酸（TA）、柠檬酸（CA）和丁烷四羧酸（BTCA）制备三种含有不同 Q_{Fe} 值的多元羧酸改性棉纤维铁配合物（Fe-PCA-Cotton），然后在太阳光辐射（可见光 400~1000nm：21.75mW/cm^2；紫外光 365nm：4.97mW/cm^2）条件下分别将其作为非均相 Fenton 反应光催化剂，应用于活性红 195 的氧化降解反应中，30min 时染料脱色率 D_{30} 值和初始反应速率常数 k 值如图 3-100 所示。可以发现，当三种配合物的 Q_{Fe} 值逐渐增加时，D_{30} 和 k 值均表现出显著升高的趋势。这意味着纤维表面的铁配合量对于提高配合物光催化氧化活性具有关键作用。这主要与多元羧酸改性棉纤维配体与 Fe^{3+} 之间的不饱和配位结构密切相关。值得注意的是，对于 Fe-CA-Cotton 和 Fe-BTCA-Cotton，当 Q_{Fe} 值过高时，D_{30} 和 k 值稍有下降。这说明过高

的 Q_{Fe} 值会导致配合物的饱和配位程度提高，削弱其光催化性能。在相同 Q_{Fe} 值时三者的 D_{30} 值按如下排序：Fe-TA-Cotton>Fe-CA-Cotton>Fe-BTCA-Cotton。这表明随着多元羧酸分子结构中羧基数量的增加，所生成配合物的光催化活性降低。主要原因是，作为羟基羧酸的 TA 和 CA 分子结构中含有羟基，能够在对棉纤维进行改性时发生交酯反应，在其表面生成更为复杂的结构，当其与 Fe^{3+} 配位时能够形成多种配位形式而增加了其配位不饱和性。此外，这也与三种 Fe-PCA-Cotton 试样的亲水性有关。图 3-101 显示三种试样的水接触角排列顺序与上述顺序相反。TA 与棉纤维不能发生交联反应，导致其与 Fe^{3+} 配位反应后亲水性好，使得 H_2O_2 和染料在降解反应过程中能快速向纤维表面渗透，有利于与 Fe^{3+} 充分接触，从而导致染料被有效地降解。而 BTCA 与棉纤维的交联程度高，导致其与 Fe^{3+} 配位反应后其亲水性低，使其难以与 H_2O_2 和染料接触，阻碍了氧化降解反应。

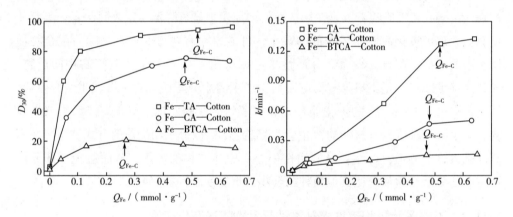

图 3-100　Q_{Fe} 值与 D_{30} 及 k 值之间的关系

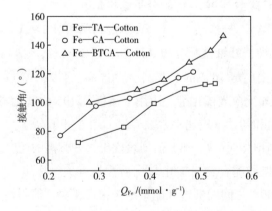

图 3-101　不同 Q_{Fe} 值时 Fe-PCA-Cotton 的水接触角

3.11.3.2　辐射光强度的影响

分别将 Q_{Fe} 值约为 0.38mmol/g 的三种 Fe-PCA-Cotton 作为非均相 Fenton 反应光催化剂应用于不同天气条件下的活性红 195 的氧化降解反应中，其中晴天时，太阳光辐射强度为可见光 400~1000nm：21.75mW/cm² 和紫外光 365nm、4.97mW/cm²，阴天时太阳光辐射强度为可见光 400~1000nm：8.28mW/cm² 和紫外光 365nm：0.32mW/cm²。在光催化氧化降解反应过程中，染料 D 值的变化如图 3-102 所示。

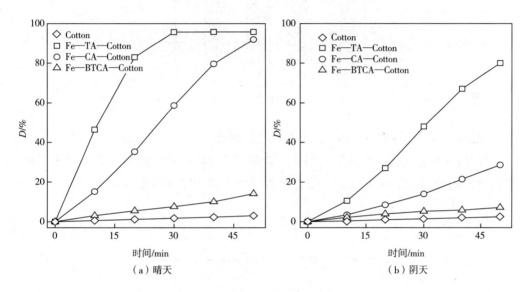

图 3-102　太阳光辐射强度对 D 值的影响

由图 3-102 可知，当 Fe-PCA-Cotton 存在时，随着氧化降解反应时间的延长，染料的 D 值显著升高。相同条件下晴天时的 D 值均显著高于阴天时的 D 值，这意味着三种催化剂在晴天的光催化降解性能显著高于在阴天时的光催化降解性能。这主要是因为三种配合物对可见光和紫外光均具有较强的吸收性能。晴天太阳光辐射强度升高，能够促进配合物表面的 Fe^{3+} 受到光辐射时能够被还原为 Fe^{2+}，通过 Fenton 反应产生更多的氢氧自由基，从而加快染料氧化降解反应。

3.11.3.3　Fe-PCA-Cotton 的重复利用性能

将 Q_{Fe} 值约为 0.38mmol/g 的三种 Fe-PCA-Cotton 作为非均相 Fenton 反应光催化剂，重复使用于染料氧化降解反应中，其 30min 的脱色率 D_{30} 值如图 3-103 所示。可以发现，D_{30} 值随着配合物使用次数的增加而稍有降低，这证明，重复利用后三种配合物对染料降解反应的光催化活性稍有下降，其中 Fe-TA-Cotton 表现出优良的重复利用性，可作为一种稳定的非均相 Fenton 反应光催化剂应用于水体净化中。

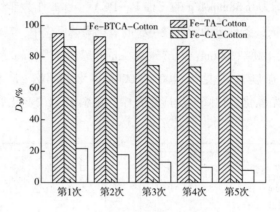

图 3-103　Fe-PCA-Cotton 在染料光催化降解反应中的重复利用性

3.11.3.4　Fe-PCA-Cotton 对染料氧化降解反应的光催化机理

使用电子自旋共振波谱仪（ESR）能够检测在染料降解反应过程中产生自由基，当 Fe-PCA-Cotton 存在时，反应体系的 ESR 谱如图 3-104 所示。

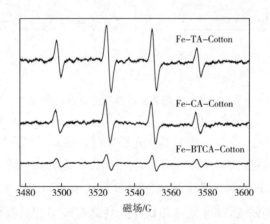

图 3-104　Fe-PCA-Cotton 存在时染料氧化降解反应的 ESR 谱图

从图 3-104 中可知，三种配合物体系的 ESR 谱图均出现了 1∶2∶2∶1 的特征峰，这意味着在染料降解反应体系中产生了氢氧自由基。其中 Fe-TA-Cotton 或 Fe-CA-Cotton 存在时，体系中产生氢氧自由基的特征峰强度显著高于 Fe-BTCA-Cotton 存在时相应值。为了确定反应体系中产生的自由基种类及其对染料降解反应的贡献，首先制备 Q_{Fe} 值约为 0.471mmol/g 的三种 Fe-PCA-Cotton，然后在添加 Fe-PCA-Cotton 和不同自由基淬灭剂［叔丁醇（TBA）：羟基自由基（·OH）的淬灭剂，1，4-苯醌（BQ）：超氧自由基（$O_2^-\cdot$）的清除剂。]条件下对活性红195 进行氧化降解反应，60min 时脱色率 D_{60} 值见表 3-36。

表 3-36　淬灭剂存在时 RR195 染料的 D_{60} 值

淬灭剂	D_{60}/%		
	Fe-TA-Cotton	Fe-CA-Cotton	Fe-BTCA-Cotton
未添加	97. 06	96. 57	16. 85
BQ	92. 57	92. 57	13. 57
TBA	10. 31	17. 42	3. 42

表 3-36 显示，在反应体系中未加入淬灭剂时，Fe-TA-Cotton、Fe-CA-Cotton 或 Fe-BTCA-Cotton 存在时，D_{60} 值分别为 97.06%、96.57% 和 16.85%，当体系中添加 TBA（2.0mol/L）时，三种配合物存在时，染料的 D_{60} 值分别降低为 10.31%、17.42% 和 3.42%。当添加 BQ（20mmol/L）时，D_{60} 值分别降低为 92.57%、92.57% 和 13.57%，这表明体系中染料的光催化氧化主要由大量的羟自由基所致，而少量的超氧自由基也参与了反应。值得说明的是，当体系中存在两种过量的淬灭剂，依然有少量的活性红 195 染料发生氧化降解反应，这意味着体系中除了上述两种自由基之外，还存在非活性物种而导致染料发生分解反应。

3.11.4　Fe-PAA-g-PP/SPS 体系的光催化氧化降解性能

3.11.4.1　Fe-PAA-g-PP/SPS 体系的光催化氧化作用

分别将不同 Q_{Fe} 值的聚丙烯酸改性 PP 纤维铁配合物（Fe-PAA-g-PP）在可见光辐射和 pH=6 的条件下，应用于 SPS 对活性红 195 的氧化反应中，染料脱色率（D）的和初始反应速率常数 k 值在反应过程中的变化如图 3-105 所示。

当 Fe-PAA-g-PP 的 Q_{Fe} 值升高时，D 值和 k 值均显著增加，表明 Fe-PAA-g-PP 对染料降解反应具有显著的光催化作用。主要是因为 Fe-PAA-g-PP 对 SPS 具有活化作用，在可见光辐射条件下，染料被转化为激发态（反应式 3-30），然后与 SPS 反应生成硫酸根自由基（$SO_4^-\cdot$）（反应式 3-31），从而对染料进行氧化降解。更重要的是，在可见光辐射条件下，被激发的染料分子将自身电子转移给配合物表面的 Fe^{3+}，并将其还原为 Fe^{2+}（反应式 3-32）。其与吸附在其表面的过硫酸根（$S_2O_8^{2-}$）或水中的溶解氧发生反应产生硫酸根自由基（$SO_4^-\cdot$）和超氧自由基（$O_2^-\cdot$）并对染料进行氧化降

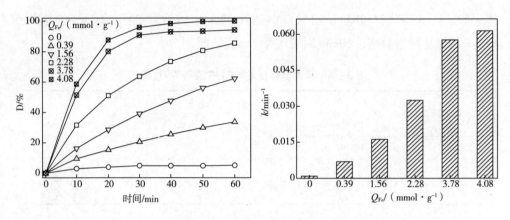

图 3-105　Fe-PAA-g-PP 的 Q_{Fe} 值与 D 值和 k 值之间的关系

解反应（反应式 3-33 和式 3-34）。与此同时，生成的 $SO_4^{-\cdot}$ 可与体系中的水分子相互作用产生氢氧自由基（反应式 3-35），三种自由基的协同作用使水中的染料发生氧化降解反应。此外，配合物表面的 Fe^{3+} 能够与体系中的 $S_2O_8^{2-}$ 反应，被氧化为 Fe^{2+}，进而促进 Fe^{3+}/Fe^{2+} 的循环反应（反应式 3-36），加快体系中活性物质的产生。

$$Dye + visible light \longrightarrow Dye^* \qquad (3-30)$$

$$Dye^* + S_2O_8^{2-} \longrightarrow Dye^+ + SO_4^{-\cdot} + SO_4^{2-} \qquad (3-31)$$

$$Dye + \equiv Fe^{3+} \xrightarrow{h\nu} Dye^{+\cdot} + \equiv Fe^{2+} \qquad (3-32)$$

$$\equiv Fe^{2+} + S_2O_8^{2-} \longrightarrow \equiv Fe^{3+} + SO_4^{-\cdot} + SO_4^{2-} \qquad (3-33)$$

$$\equiv Fe^{2+} + O_2 \longrightarrow \equiv F_e^{3+} + O_2^{-\cdot} \qquad (3-34)$$

$$S_2O_8^{2-} + 2H_2O \xrightarrow{OH^-} 2SO_4^- + SO_4^{-\cdot} + O_2^{-\cdot} + 4H^+ \qquad (3-35)$$

$$\equiv Fe^{3+} + S_2O_8^{2-} \longrightarrow \equiv Fe^{2+} + S_2O_8^{-\cdot} \qquad (3-36)$$

3.11.4.2　体系对 pH 的适应性

分别将 Q_{Fe} 值约为 3.86mmol/g 的 Fe-PAA-g-PP 置于不同 pH 的含有活性红 195 和 SPS 的水溶液中，使其在可见光辐射条件下进行氧化降解反应，其的 D 和 k 值如图 3-106 所示。在不同 pH 反应体系中，D 值均随着反应时间的延长而逐渐升高，在 pH=6 时，D 和 k 值最高，即使在 pH=9.5 时，反应 60min 的 D 值仍达到 67.67%。这意味着 Fe-PAA-g-PP 在较宽 pH 范围内均显示出较高的光催化活性，具有优良的 pH 适应性。

3.11.4.3　Fe-PAA-g-PP 的重复利用性

图 3-107 给出了 Fe-PAA-g-PP/SPS 体系重复应用于染料氧化降解反应中的 D 值。经过 4 次循环利用后，D 值没有明显下降，60min 时 D 值仍高达 89% 以上。这

表明在重复利用过程中，Fe-PAA-g-PP 依然对 SPS 保持优良的活化作用，几乎没有出现显著失活的现象。这证明 Fe-PAA-g-PP/SPS 体系是一种高效且稳定的非均相光催化氧化体系，在工业废水的净化中具有实际应用意义。

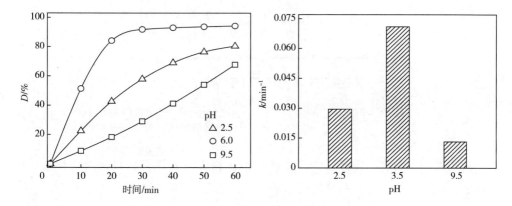

图 3-106　不同 pH 条件下的 D 值和 k 值

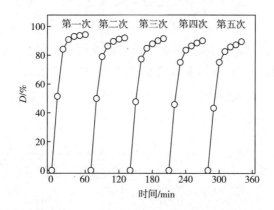

图 3-107　Fe-PAA-g-PP 在染料光催化氧化降解反应中的重复利用性能

3.11.4.4　Fe-PAA-g-PP/SPS 体系光催化氧化作用机理

（1）体系中自由基的鉴定和贡献

对于 Fe-PAA-g-PP/SPS 体系，从活性红 195 氧化降解反应的 ESR 谱（图 3-108）中发现，三条 ESR 谱线中均出现了 1∶2∶2∶1 的特征峰，这表明在 Fe-PAA-g-PP/SPS 体系中产生了羟自由基。当体系中引入可见光辐射时，谱线中还出现了 DMPO-SO$_4^{-}$ 加合物的微弱信号，这证明可见光辐射条件下 Fe-PAA-g-PP 能够活化 SPS 生成硫酸根自由基，但是其浓度明显低于羟自由基。此外，在 ESR 谱线中并未观察到超氧自由基，这可能是其浓度过低所致。

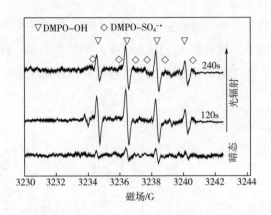

图3-108　Fe-PAA-g-PP存在时染料氧化降解反应体系的ESR谱图

为了进一步明确反应体系中产生的自由基种类及其在染料氧化降解反应中的贡献，在添加不同的自由基淬灭剂的条件下，活性红195的氧化降解反应过程中D值的变化如图3-109所示。当反应体系中未加入淬灭剂时，反应90min时D值达到95.41%，IPA（异丙醇）的添加使D值降为33.82%。这表明Fe-PAA-g-PP/SPS体系中超过60%的染料降解是由羟自由基和硫酸根自由基的共同氧化反应所致。当体系中加入TBA后，反应90min时D值降为43.35%，这表明羟自由基和硫酸根自由基对染料降解反应的贡献分别为45.18%和9.53%。在体系中加入过量BQ后，D值仅有6.88%的降低。说明体系中存在超氧自由基，但是对染料氧化降解的影响远低于羟自由基和硫酸根自由基。

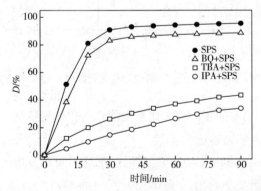

图3-109　淬灭剂对活性红195氧化降解反应的影响

（2）染料氧化降解反应途径

图3-110给出了Fe-PAA-g-PP和SPS存在时，活性红195的光催化氧化降解

反应的紫外可见分光谱和 TOC 去除率（TOC_R）的变化情况。在氧化降解反应中，代表染料分子中的共轭体系和芳香环结构的特征峰逐渐降低，反应的 TOC_R 随着反应时间的延长而逐渐提高，这说明染料分子被逐步分解为中间体，并进一步被矿化为 CO_2 或 H_2O 等。为了考察染料在 Fe-PAA-g-PP/SPS 体系中氧化降解的详细途径，使用 GC-MS 技术分别对可见光辐射时间为 1h 和 6h 的染料降解残液进行分析，体系中产生的染料降解中间产物如表 3-37 所示。

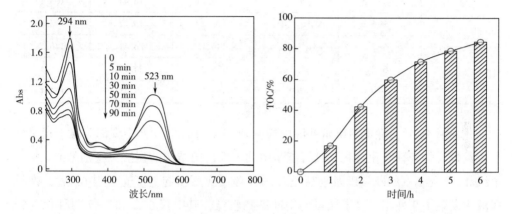

图 3-110　Fe-PAA-g-PP 存在时活性红 195 降解反应的紫外可见光谱和 TOC_R 值

表 3-37　Fe-PAA-g-PP/SPS 体系中活性红 195 被氧化降解 1h 和 6h 时的中间产物

光辐射时间	编号	分子式	相对分子质量	保留时间/min	m/z
1h	1-1	$C_{15}H_{16}N_2O_3S$	304.4	7.59	304.1
	1-2	$C_9H_{11}NO_4S$	229.3	3.81	229.0
	1-3	$C_{14}H_{17}N_3O_4S_2$	355.4	5.81	355.1
	1-4	$C_{15}H_{14}NO_4SCl$	339.8	5.81	339.0
	1-5	$C_{14}H_{15}N_2OCl$	262.7	22.25	262.1
	1-6	$C_9H_9NO_4$	195.2	19.75	195.1
	1-7	$C_{18}H_{30}N_2O_3$	322.4	18.13	322.2
	1-8	$C_{19}H_{21}NOS$	311.4	22.29	311.1
	1-9	$C_{15}H_{13}N_3O_2$	267.3	5.81	267.1
	1-10	$C_{12}H_{16}N_2O_6$	284.3	19.79	284.1
	1-11	$C_{16}H_{15}NO_2$	253.3	4.78	253.1

续表

光辐射时间	编号	分子式	相对分子质量	保留时间/min	m/z
6h	6-1	$C_3H_7NO_2$	89.1	7.74	89.1
	6-2	$C_{12}H_{14}O_4$	222.2	14.45	222.1
	6-3	$C_{10}H_{22}O_2$	174.3	25.226	174.2
	6-4	$C_4H_4O_6$	148.1	17.32	148.0
	6-5	$C_4H_9NO_2$	103.1	16.44	103.1
	6-6	$C_6H_{12}N_2O_5$	192.2	15.72	192.1
	6-7	$C_6H_{10}O_4$	146.1	26.41	146.1
	6-8	$C_7H_{13}O_4N$	175.2	26.97	175.1
	6-9	$C_9H_8O_3$	164.2	14.45	164.1

光辐射 1h 后，在染料降解残液中检测到 11 种中间体，其中大部分属于相对分子质量较大的芳香胺化合物，这可能是由共轭发色团结构的裂解，特别是 C—N ═单键和—N ═N—的断裂以及随后萘环的开环反应所引起的。光辐射 6h 后，染料残液中发现了 9 种相对分子质量的中间产物较低，其中仅 6-2 和 6-9 两种化合物属于含苯环的芳香族化合物，6 种化合物属于有机羧酸类化合物。这表明，延长光辐射时间能够显著促进染料结构中芳香环的分解，形成更多的脂肪族线性结构中间体，尤其是通过开环反应形成有机羧酸类化合物。随后这些中间产物进一步分解为小分子碎片，甚至矿化成 CO_2 和 H_2O。

如图 3-111 所示，在该体系中染料氧化降解反应途径主要分为三个阶段：一是染料分子中磺酸钠基团在水中发生解离从而使其具有负电性，这导致其与配合物表面 Fe^{3+} 之间通过静电引力作用或配位反应而被吸附于其表面，自由基优先攻击与配合物接触的染料磺酸基和偶氮键、不饱和键等容易被氧化的位置使其发生氧化反应而断裂脱色，并生成萘环和苯环等化合物；二是芳香环结构中的不饱和键受到自由基的攻击，发生开环反应形成有机羧酸；三是自由基氧化有机羧酸等中间产物直至将其矿化为 CO_2 和水。

3.11.5 EDTA 改性棉纤维铁配合物对 Cr（Ⅵ）的光催化还原去除

近几十年来，铬化合物作为重要的工业原料已经得到广泛应用，产生的大量含铬工业废水不仅导致了严重的生态环境污染问题，而且危害人体健康。研究证明，水体中的 Cr（Ⅵ）通常以 CrO_4^{2-}、$HCrO^{4-}$、$HCrO_4^-$ 和 $Cr_2O_7^{2-}$ 等形式存在，从

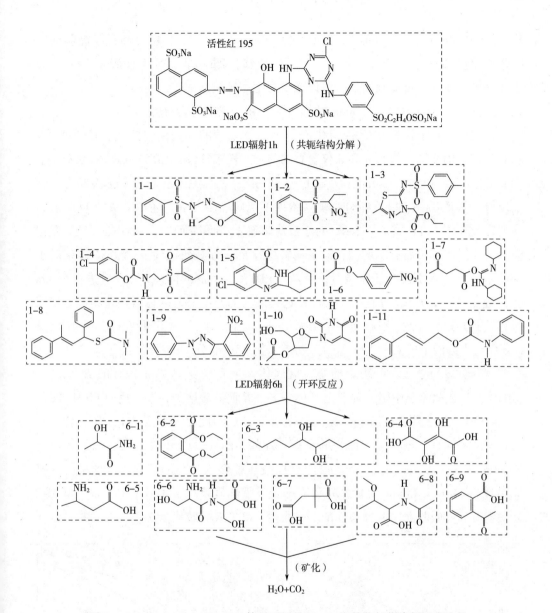

图 3-111　Fe-PAA-g-PP/SPS 体系对活性红 195 光催化氧化降解反应途径

而使水体呈淡黄色，并且都具有很强的生物毒性，会引起人体慢性中毒进而诱发
多种癌症，目前已被多国环保机构列为优先污染物。而在水中的 Cr（Ⅲ）主要以
水合离子配合物的形式存在，其毒性约是 Cr（Ⅵ）的 1%。使用 EDTA 铁配合物尽
管能够还原去除 Cr（Ⅵ），但是对水体 pH 范围要求过窄，且反应结束后处理液残
留的 EDTA 和铁离子难以去除，又引起了新的环境污染。EDTA 改性棉纤维铁配合

物（Fe-EDTA-Cotton）不仅能光催化还原 Cr（Ⅵ）为 Cr（Ⅲ），而且还能够通过吸附作用将 Cr（Ⅲ）离子去除，具有催化和吸附双重功能，显著地提高了 Cr（Ⅵ）去除效率，并且其重复利用好，可以减少对生态环境造成二次污染。

3.11.5.1　Fe-EDTA-Cotton 对 Cr（Ⅵ）的光催化还原作用

首先构建 6 个含有 0.04mmol/L Cr（Ⅵ）水溶液的不同反应体系。其中体系 a 和 b 仅含有棉纤维，体系 c 和 d 仅含有 EDTA 改性棉纤维（EDTA-Cotton），体系 e 和 f 仅含有 Fe-EDTA-Cotton（$Q_{Fe}=0.169$mmol/g）。其中体系 a、c 和 e 在暗态条件下反应，体系 b、d 和 f 在汞灯光辐射条件下反应。Cr（Ⅵ）还原率 R 在反应过程中的变化如图 3-112（a）所示。对于反应体系 a、b 和 c 而言，尽管 Cr（Ⅵ）的 R 值随反应时间延长而有所增加，但是均未超过 5%。这表明上述三个反应体系对水中的 Cr（Ⅵ）几乎没有还原能力。而含有 EDTA-Cotton 的体系 d 在反应进行 60min 时，Cr（Ⅵ）的 R 值增加至 13.75%。这是因为 EDTA-Cotton 在紫外光和可见光区域有较弱的光吸收性，其促进了 EDTA-Cotton 表面结构中的还原性基团 C—H 以及 C＝O 与水溶液中的 Cr（Ⅵ）发生还原反应，使得部分 Cr（Ⅵ）被还原（反应式 3-37 和式 3-38）。值得注意的是，反应体系 e 反应进行 60min 时的 R 值仅为 8.03%，当在此体系中引入辐射光（体系 f），R 值显著增加，并在反应 60min 时达到 89.53%，这表明 Fe-EDTA-Cotton 对 Cr（Ⅵ）的催化还原反应具有催化作用，并且辐射光能够促进其催化活性的发挥。此外，图 3-112 还显示在光辐射条件下增加 Fe-EDTA-Cotton 的 Q_{Fe} 值能够明显提高其对 Cr（Ⅵ）的催化还原效率。主要原因是 Fe-EDTA-Cotton 对紫外光和可见光吸收性显著高于 EDTA-Cotton。当受到光辐射时，其吸收光子并使表面的 Fe^{3+} 通过 LMCT 效应转化为 Fe^{2+}。生成的 Fe^{2+} 可

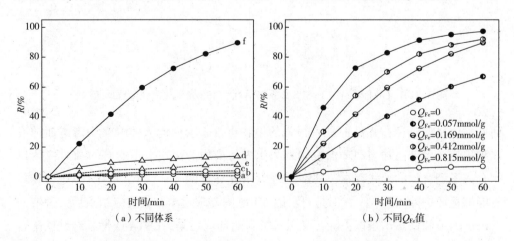

（a）不同体系　　　　　　　　　（b）不同 Q_{Fe} 值

图 3-112　Fe-EDTA-Cotton 对 Cr（Ⅵ）的催化还原作用

将 Cr（Ⅵ）还原转化为 Cr（Ⅲ），同时 Fe^{2+} 又转变为 Fe^{3+}（反应式 3-39 和式3-40）。在此过程中形成的 Fe^{3+}/Fe^{2+} 循环反应能够使体系中的 Cr（Ⅵ）持续被还原。

$$—C—H+Cr（Ⅵ）+H_2O \longrightarrow —C—OH+Cr（Ⅲ）+H^+ \quad (3-37)$$

$$—C≡O+Cr（Ⅵ）+H_2O \longrightarrow —COOH+Cr（Ⅲ）+H^+ \quad (3-38)$$

$$\equiv Fe^{3+}+h\nu \longrightarrow \equiv Fe^{2+} \quad (3-39)$$

$$\equiv Fe^{2+}+Cr（Ⅵ） \longrightarrow \equiv Fe^{3+}+Cr（Ⅲ） \quad (3-40)$$

3.11.5.2　辐射光和 pH 的影响

使用 Q_{Fe} 值为 0.365mmol/g 的 Fe-EDTA-Cotton 分别在四种不同辐射光源（LED-L、LED-M 和 LED-H 的可见光辐射强度分别为 $1.87mW/cm^2$、$5.10mW/cm^2$ 和 $14.95mW/cm^2$；高压汞灯光辐射程度为可见光：$9.17mW/cm^2$，紫外光 365nm：$0.47mW/cm^2$）温度为 20℃、pH 为 6 的条件下，对 Cr（Ⅵ）进行光催化还原反应，反应过程中 Cr（Ⅵ）的 R 值如图 3-113 所示。Cr（Ⅵ）的 R 值随着 LED 光源可见光强度的提高而增加，并且高压汞灯光辐射时的 R 值显著高于三个 LED 光辐射时的相应值。这说明尽管高压汞灯的可见光强度低于 LED-H，但是其比 LED-H 能够更有效地使 Fe-EDTA-Cotton 对 Cr（Ⅵ）进行光催化还原反应。这是因为 Fe-EDTA-Cotton 对紫外光的吸收性能显著强于可见光。而高压汞灯的辐射光中紫外光含量较多，尽管辐射强度不高，但是紫外光波长较短，所提供的光子能量大，可以加快 Fe^{3+}/Fe^{2+} 的循环转化速率，显著促进了 Cr（Ⅵ）的还原反应。更重要的是，低能耗的 LED 光源同样能够促进 Cr（Ⅵ）的光催化还原反应，并且高光辐射强度的 LED 光源可以替代高耗能较大的汞灯在反应过程中的使用，这对于降低反应成本和简化反应操作都具有实际意义。

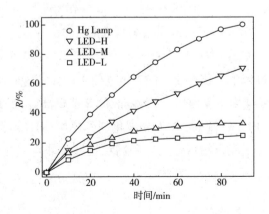

图 3-113　不同辐射光条件下 Cr（Ⅵ）的光催化还原过程

从图3-114中发现，在pH为3和6时，Fe-EDTA-Cotton使得Cr（Ⅵ）的R值在60min内达到90%以上，说明在酸性和中性环境中其具有优良的光催化还原性能，但是在pH=9时，Fe-EDTA-Cotton对Cr（Ⅵ）的光催化还原性能大幅度降低。这可以解释为在偏酸性介质中，Fe-EDTA-Cotton表面的—N═基团容易被质子化，通过静电引力作用促进了其对Cr（Ⅵ）的吸附作用，加快光催化还原反应的进行。另外，依据反应式（3-41）和式（3-42）可知，溶液中H^+浓度的提高也有利于Cr（Ⅵ）的还原反应的进行，而pH升高降低了溶液中H^+浓度，不仅使上述两个反应难以进行，而且还会使纤维表面的铁离子与其中的OH^-反应形成不溶性沉淀而失活。

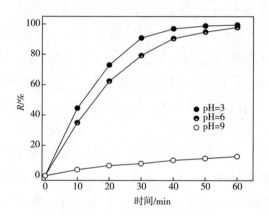

图3-114 体系的pH对R值的影响

$$HCrO_4^- + 7H^+ + 3e^- \Longrightarrow Cr^{3+} + 4H_2O \qquad (3-41)$$

$$CrO_4^{2-} + 8H^+ + 3e^- \Longrightarrow Cr^{3+} + 4H_2O \qquad (3-42)$$

3.11.5.3　Fe-EDTA-Cotton的重复利用性能

图3-115给出了Q_{Fe}值为0.716mmol/g的Fe-EDTA-Cotton重复使用于Cr（Ⅵ）的光催化还原反应过程中R值变化。随着重复使用次数的增加，R值并没有出现显著降低的情况，在第4次重复使用时，60min的R值仍高达82.37%，这证明连续4次重复利用后，Fe-EDTA-Cotton作为光催化剂的还原活性依然很高，几乎没有出现失活问题。这表明此配合物可作为一种高稳定性的非均相光催化剂能够有效地应用于水中Cr（Ⅵ）还原反应过程中。

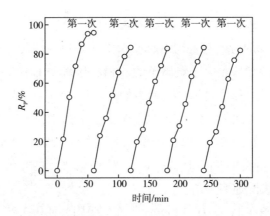

图 3-115　Fe-EDTA-Cotton 在催化还原 Cr（Ⅵ）反应中的重复利用性能

3.11.5.4　Fe-EDTA-Cotton 对铬离子的去除性能

经过光催化还原反应后，水溶液中的 Cr（Ⅵ）转变为毒性较小的 Cr（Ⅲ），然而 Cr（Ⅲ）对环境仍然具有一定的危害性，在高浓度情况下这种危害会更严重，且在自然条件下仍会被氧化为毒性更大的 Cr（Ⅵ），因此在还原反应完成后，继续去除水中 Cr（Ⅲ）是非常必要的。通过优化调控 Fe-EDTA-Cotton 表面的 Q_{COOH} 值和 Q_{Fe} 值能够使其兼具光催化还原和吸附去除 Cr（Ⅵ）的功能。为此首先制备 Q_{COOH} 值为 1.12mmol/g 的 EDTA-Cotton，然后通过控制其与 Fe^{3+} 的配位反应，得到 Q_{Fe} 值仅为 0.412mmol/g 的 Fe-EDTA-Cotton。需要说明的是，通过控制其与 Fe^{3+} 的配位反应而保留部分羧基能够吸附被还原后生成的 Cr（Ⅲ），以达到除铬的目的。图 3-116 给出了 EDTA-Cotton 及其铁配合物在光辐射、pH=6 和室温条件下对 Cr（Ⅵ）的还原率 R 和铬离子的去除率 η。

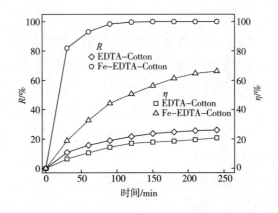

图 3-116　EDTA-Cotton 及其铁配合物对 Cr（Ⅵ）的还原和对铬离子的去除效果

从图 3-116 中发现，EDTA-Cotton 存在条件下，随着反应时间的延长，R 和 η 值均缓慢增加，240min 时，两者均不超过 30%。值得说明的是，在相同反应时间内，Cr（Ⅵ）的 R 值始终稍大于铬离子的 η 值，这表明 EDTA-Cotton 对水溶液中 Cr（Ⅵ）的光催化还原和铬离子去除能力较差。比较而言，Fe-EDTA-Cotton 存在条件下，在相同反应时间内，Cr（Ⅵ）的 R 值显著高于铬离子的 η 值，这种差异在反应初期尤其显著，90min 时，R 值已高达 98.37%，240min 时，η 值达到 66.19%。这意味着溶液中 Fe-EDTA-Cotton 对 Cr（Ⅵ）的光催化还原反应速率明显高于对铬离子的去除速率。

为了确定铬离子在 Fe-EDTA-Cotton 表面的吸附，使用 XPS 技术对经还原去除反应后的 Fe-EDTA-Cotton 进行分析发现，Fe-EDTA-Cotton 的 XPS 谱线上，在 577.33eV 处出现了 Cr 元素的特征吸收峰，这说明还原反应后水溶液中的铬离子转移到 Fe-EDTA-Cotton 表面。在经分峰处理后得到的图中发现了分别位于 577.69eV 和 586.85eV 的特征峰，它们对应 Cr（Ⅲ）的 $2p_{3/2}$ 和 $2p_{1/2}$ 特征峰（图 3-117）。这进一步证明水中的 Cr（Ⅵ）首先被光催化还原为 Cr（Ⅲ）后再被吸附。因此 Fe-EDTA-Cotton 对 Cr（Ⅵ）还原去除作用原理可描述为 Cr（Ⅵ）首先被 Fe-EDTA-Cotton 光催化还原为 Cr（Ⅲ），然后生成的 Cr（Ⅲ）逐渐被 Fe-EDTA-Cotton 表面未与 Fe^{3+} 发生配位反应的羧基或—N＝等通过静电吸引力作用所捕获，从而将其从水溶液中吸附去除。此外，从图 3-117 中 Fe 元素的 XPS 谱图发现，使用前后 Fe-EDTA-Cotton 表面 Fe 元素的 XPS 谱图变化不大，进一步说明 Fe-EDTA-Cotton 具有较好的使用稳定性。通过增加 Fe-EDTA-Cotton 在实验过程中的添加量，能够进一步提高水体中铬离子去除量，当其添加量为 40g/L 时，其 120min 的去除率（η_{120}）高达 99%（图 3-118）。这意味着水中的铬离子已经被添加的 Fe-EDTA-Cotton 几乎完全去除。

3.11.5.5　Fe-EDTA-Cotton 对染料的光催化氧化降解反应

Fe-EDTA-Cotton 在对铬离子还原去除的同时，还能够和过硫酸钠（SPS）配合对水体中的染料等有机污染物进行氧化降解反应。图 3-119 给出了具有不同 Q_{Fe} 值的 Fe-EDTA-Cotton 作为非均相光催化剂，在光辐射条件下活性红 195 染料脱色率（D）的变化。Fe-EDTA-Cotton 和过硫酸钠（SPS）共同存在时，染料的 D 值随着 Q_{Fe} 值和光辐射强度显著提高，证明 Fe-EDTA-Cotton 在光辐射条件下能够活化 SPS，使其产生高氧化性的自由基，加速染料的氧化分解反应，其铁配合量和辐射光是影响其光催化性能的关键因素。

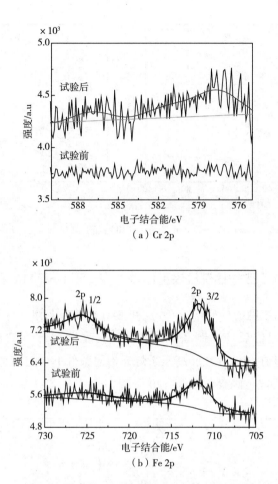

（a）Cr 2p

（b）Fe 2p

图 3-117　去除实验反应前后 Fe-EDTA-Cotton 表面 Cr 和 Fe 的 XPS 谱图

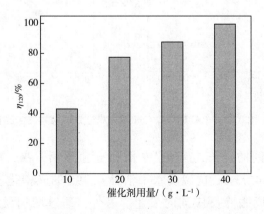

图 3-118　Fe-EDTA-Cotton 添加量与 η_{120} 值之间的关系

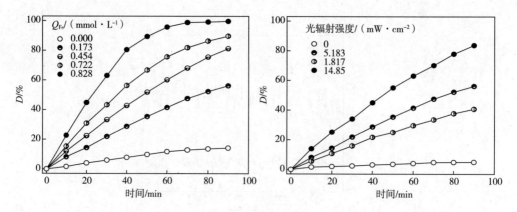

图 3-119　Fe-EDTA-Cotton 的 Q_{Fe} 值和光辐射强度对染料 D 值的影响

3.11.6　CA/EDTA 改性棉纤维铁配合物对染料和 Cr（Ⅵ）的同时去除

使用相同摩尔浓度的柠檬酸（CA）和 EDTA 对棉织物进行双改性反应，然后将其与 Fe^{3+} 进行配位反应，制备 CA/EDTA 双改性棉纤维铁配合物（Fe-CA/EDTA-Cotton），其在 SPS 存在和高压汞灯光辐射条件下，能够对水中的活性红 195 和 Cr（Ⅵ）同时去除，结果如图 3-120 所示。

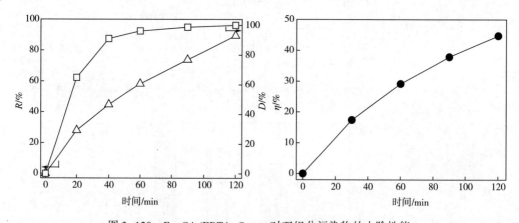

图 3-120　Fe-CA/EDTA-Cotton 对双组分污染物的去除性能

随着光辐射时间的延长，D 值、R 值和 η 值逐渐升高，120min 时分别达到 89.45%、100% 和 44.73%。这说明水中活性红 195 的光催化氧化降解反应和 Cr（Ⅵ）的光催化还原去除反应同时发生。另外，通过增加反应体系中 Fe-CA/EDTA-Cotton 的添加量，能够显著提高染料和 Cr（Ⅵ）的去除率，当其添加量为 50g/888L 时，60min 时的脱色率（D_{60}）以及 120min 时的 Cr（Ⅵ）还原率 R_{120} 值和铬离子去除率（η_{120}）值均达到 90% 以上（图 3-121）。表明在水中染料分子几乎被完全降解的同时，其中的铬离子也接近被全部去除，这主要归因于 Fe-CA/EDTA-Cotton 表面柠檬酸铁配合物很强的光催化活性和 EDTA 分子对还原生成的 Cr（Ⅲ）的吸附性能。

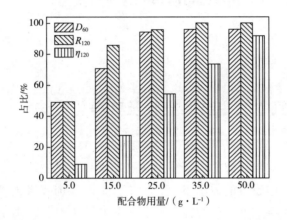

图 3-121　配合物用量对 D_{60} 值、R_{120} 值和 η_{120} 值的影响

第4章 基于光催化技术的空气净化纺织品制备与应用

4.1 室内空气中的主要污染物及其净化方法

近三十年来，我国社会和经济得到快速发展，人民生活水平大幅度提高，城市化进程加快，民用建筑的需求量急剧增加，室内装饰装修也更加普遍，居住和办公场所的装修水平水准逐步提高，新兴建筑和装饰材料特别是化学合成建材被广泛使用，室内空气污染问题越来越常见。与此同时，高档家具和家用电器纷纷进入家庭和办公室，形式多样的家用化学品如化妆品、香料和杀虫剂等在室内环境中的使用频率不断增加，进一步加剧了室内空气污染，给人民身体健康带来巨大威胁。另外，统计表明，现代人约80%以上的时间在室内度过，室内空气质量无疑是影响人们身体健康的一个重要因素。世界卫生组织（WHO）针对全球范围内严重的室内空气污染问题提出了一种称为"病态建筑物综合征"（sick building syndrome：SBS）的病症。其主要症状包括头痛、头昏恶心、鼻塞、胸闷、眼睛刺激和喉咙酸痛等，都与室内空气污染相关。自2000年以来，我国不少地区环境监测中心或卫生防疫中心报告指出幼儿园、写字楼和家庭居室在内的室内空气质量不容乐观，检测合格率甚至低于40%，严重的室内空气污染已经成为当今重要的社会问题。研究证明，在不合格的室内空气环境中，甲醛、氨和苯系物均存在不同程度的超标现象，其中超标严重的房屋中居住者出现了SBS的主要症状，这表明我国室内空气污染问题具有普遍性和严重性。

4.1.1 室内空气主要污染物及其来源

室内空气污染问题是由多种因素共同作用的结果，主要包括化学污染、生物污染、放射性污染和物理污染。其中化学污染物主要是从混凝土、装修材料和厨房等处释放出来的氨、氮氧化物、硫氧化物和碳氧化物等无机化合物，以及甲醛、苯和甲苯等挥发性有机化合物（volatile organic compounds，VOCs）。生物污染主要指在室内滋生的细菌和霉菌等微生物。放射性污染主要是来自从混凝土中释放出来的氡气以及由石材制成品等释放的 γ 射线等。相关分析表明，目前造成室内空气环境污染最严重和普遍的污染是化学污染，研究显示，在室内空气中已经检测出 500 多种有机化合物，其中的 20 多种物质具有致癌或致突变性。

4.1.1.1　建筑和装饰材料

混凝土和居室装饰材料，如涂料、胶合板材和多种填料等不仅能够释放大量氨气和甲醛等，而且还能够释放大量的挥发性有机化合物（VOCs）。它们主要包括芳香烃、环烷烃、萜烯类、脂肪醇类、醛酮类和脂肪酸类等九大类化合物，且其浓度随着装修时间的延长逐渐呈下降趋势。研究发现，经装修后家庭室内空气中检出率最高的是苯、甲苯、二甲苯等苯系物和乙酸乙酯与乙酸丁酯等低分子脂类以及环己烷、戊醛和丁醛等低分子醛酮类等。

4.1.1.2　室内家具和办公用品

人们日常生活和工作中使用的家居产品，如各类家具和办公设备，如电脑和打印机等，都会向室内空气中散发不同种类的 VOCs。此外，使用的室内清洁产品，如去污剂、消毒剂和空气清新剂等也会释放氯苯、萜醇和萜碳氧化物等。这些污染物会引起人体眼和鼻刺激等多种不适反应。

4.1.1.3　人类活动

室内环境中活动的人体在新陈代谢过程中会产生超过 500 种化合物。其中经呼吸道排出近 150 种，而经人体皮肤汗腺排出的体内废物，如尿素和氨等超过 170 种。此外，当从人体皮肤脱落的细菌浓度过高时，也将会形成室内生物污染，影响人体健康，甚至诱发多种疾病。同时，人类的清洁、烹饪和化妆等室内活动都可能直接或间接造成室内空气中污染物浓度显著增加。此外，吸烟也是与人类活动相关的室内空气污染物的主要来源。其污染物中主要含有乙醛、丁二烯、苯乙烯和甲苯等多种挥发性有机物。

4.1.2　室内空气典型污染物性质和危害

目前室内空气环境中最典型和最普遍的污染物是甲醛，它以危害重和污染时效长而引起人们普遍关注，另一类典型污染物就是以苯系物为代表的 VOCs。除此之外，氨气作为一种室内空气典型污染物，具有释放时间长和刺激气味较大等特点，这使人们对室内氨气污染的关注在一段时期内超过了其他污染物。

4.1.2.1 甲醛

甲醛（HCHO）来源极其广泛，在室内空气中浓度高，在我国有毒化学品优先控制名单中高居第二位。甲醛作为最简单的醛类，在室内环境中易挥发，其密度比空气稍高，常温易溶于水。甲醛在室内环境中的释放速率除与家用物品所含的甲醛量有关外，还与温度、湿度和风速等有关。一般而言，气温越高，甲醛释放越快。室内湿度大，则甲醛易溶于水雾中而滞留室内。室内湿度较低时，空气干燥，甲醛则易向室外排放。研究表明，通常甲醛在室内环境的释放期为 3~15 年。目前甲醛已经被 WHO 确定为致癌和致畸形物质，被公认为变态反应源。当室内空气中的甲醛含量达到 0.5mg/m³ 时，眼睛受刺激而流泪，超过 0.6mg/m³ 时，咽喉感到不适或疼痛，继而引起恶心呕吐、咳嗽胸闷和肺水肿等严重病症，甚至会致人死亡。长期接触低剂量甲醛，不仅可引起慢性呼吸道以及记忆力和智力下降等疾病，甚至诱发鼻咽癌、结肠癌、白血病和脑瘤等疾病。其中儿童和孕妇对甲醛尤为敏感，受到的危害更大。当甲醛的室内环境浓度超标 10% 时，就应引起足够重视。为此包括 WHO 和中国等很多国家和组织都严格规定了室内空气中甲醛浓度的指导限值或最大容许浓度，见表 4-1。

表 4-1 世界多国和组织制定的室内甲醛浓度指导限值或最大容许浓度

国家或组织	限值/（mg·m⁻³）	备注
WHO	0.08	总人群，30min 指导限值
芬兰	0.13	1981 年确定的建筑物指导限值
意大利	0.12	暂定指导限值
挪威	0.06	推荐指导限值
美国	0.10	美国环保局（EPA）
日本	0.12	室内空气质量标准
中国	0.08	室内空气质量标准

4.1.2.2 苯系物

苯系物通常为分子结构中含有苯环的挥发性化合物，其水溶性极低，但溶于多种有机溶剂。苯系物具有芳香味的刺激性，其中的芳香烃蒸气一般具有吸入毒性。高浓度的芳香烃蒸气主要对动物和人体中枢神经系统具有麻醉作用，其中少数芳香烃可使造血系统受损害，其中苯的毒性最强。代表性苯系物的主要毒性见表 4-2。室内空气中，苯系物主要来自于装修和家具中的涂料、油漆和黏合剂等。研究证明，室内空气中苯系物污染对人体的造血机能危害极大，是诱发再生障碍性贫血和白血病的主要原因。空气中苯系物对人体皮肤也会产生危害，苯经皮肤的吸收量值几乎等于经呼吸道的吸收量值。由于苯系物主要来源于涂敷于墙体和家具的表面油漆和涂料等材料，导致苯系物具有释放面积较大和释放速率较快的特点，通常条件下苯系物释放期不超过 1 年。

表 4-2　苯系物主要毒性特征

化合物	毒性
苯	人体致癌剂，主要经呼吸道吸入和皮肤吸收引起中毒；急性毒性累及中枢神经系统，产生麻醉作用；慢性毒性主要影响造血机能及神经系统，对皮肤有刺激作用
甲苯	低毒物质，具有麻醉作用，对皮肤黏膜有较大刺激性，可经呼吸道及皮肤侵入机体
乙苯	低毒物质，能通过呼吸道、皮肤和消化道吸收，急性毒性主要是对眼睛和呼吸道的刺激作用，但对造血系统无伤害
二甲苯	低毒物质，主要是对中枢神经和自主神经系统有麻醉和刺激作用，慢性毒性比苯弱。对造血系统损害尚无确实证据，可引起轻度、暂时性的末梢血象改变

4.1.2.3　氨气

氨（NH_3）在室温和常压条件下是一种无色而具有强烈刺激性臭味的碱性气体，比空气轻，极易溶于水。氨在空气中可燃烧，当其在空气中的体积比达到 16%~25% 时可发生爆炸。氨分子中的孤电子对倾向于和其他的分子或离子形成配位键，易生成各种形式的氨合物。氨以游离态或盐的形态存在于大气或室内空气环境中，也是造成空气污染的一个重要因子。室内空气中的氨气主要来源于建筑混凝土里添加的高碱混凝土膨胀剂和含尿素的混凝土防冻剂等外加剂，这些含有大量铵盐物质的外加剂在墙体中随着湿度和温度等环境因素的变化而还原成氨气并从墙体中缓慢释放出来，造成室内空气中氨浓度的大量增加。美国卫生和公众服务部的报告显示，当氨气在空气中的浓度超过 $1 \times 10^3 \, mg/m^3$ 时就会引起一些人的眼睛、鼻子和咽喉等部位的刺激作用，当其浓度升高至 $2.5 \times 10^4 \, mg/m^3$ 时，就会导致头痛和恶心等现象，并在眼睛、鼻子和咽喉等部位出现大面积烧伤。当暴露于更高浓度的氨气环境中，人体的眼睛、肺部和皮肤等会表现出严重的烧伤和永久损伤。

4.1.3　室内空气污染物的主要控制技术

4.1.3.1　污染源控制方法

使用无污染或低污染的装修材料取代高污染材料，以避免或减少室内空气污染物的产生是最理想的控制办法。近年来世界多个发达国家都加快了对绿色建材的研发速度。不仅制订有机挥发物散发量的试验方法，而且建立绿色建材的性能标准，对建材产品推行低散发量环境标志认证。例如丹麦和瑞典等北欧国家于1989年实施了统一的北欧环境标志，制定了建筑材料有机化合物室内空气浓度指导值。而德国在1977年就发布了"蓝天使"环境标志。日本近年来推出了新型净化空气和隔声隔热防水的硅藻土建材以及能分解异味和改善空气质量的生物精密陶瓷黏合剂等。

4.1.3.2 室内空气污染物吸附技术

在各种空气净化器中吸附技术是采用较多的方法。常用吸附材料主要包括多孔炭材料、活性碳纤维以及分子筛、沸石、多孔黏土矿石、活性氧化铝和硅胶等。吸附技术由于具有脱除效率高和富集功能强的优点，目前成为治理低浓度有害气体的有效方法。但是吸附材料通常存在吸附易饱和、稳定性差、容易脱附，易受温度和污染物浓度变化的影响等问题。因此吸附材料需定期更换，且由于污染物吸附后并没有改变其化学性质，故此其在适当的条件下会重新释放出来，易造成二次污染。化学吸收法是在吸收液中加入氧化剂或络合剂等，通过改变化学结构来破坏污染物气体的分子结构的技术，可以显著降低空气中污染物浓度。对于室内空气中的甲醛，多采用无机铵盐和亚硫酸盐、脲及其衍生物、肼和双氰胺以及含有氨基的聚合物等作为吸收剂，因为这些化合物能容易地与甲醛反应，达到去除甲醛的目的。

4.1.3.3 光催化氧化技术

光催化氧化技术主要使用半导体光催化剂，当辐射光接触催化剂表面时产生强氧化性的羟基自由基和负氧离子，使有机污染物分子发生氧化反应生成CO_2和水等物质。在光催化氧化法中，最常用的光催化剂为纳米TiO_2，在紫外光辐射条件下产生羟基自由基。能够无选择性地氧化各种有机物，并可同时降解多种污染物，兼具杀菌消毒的作用。光催化氧化法具有在常温常压下操作和能有效氧化去除痕量有机污染物的优点。与其他空气净化方法相比，其能耗较低，无二次污染，能够使污染物彻底矿化。所用纳米TiO_2催化剂具有稳定性高、价格低廉、无毒和易于再生等优势，易于商业化推广。

4.1.3.4 其他控制技术

将等离子体技术和催化分解相结合，利用等离子体高能态特性降解有害气体。其优点是几乎对所有的有害气体都有很高的净化效率，缺点是易产生一氧化碳等副产物，需增加后处理过程。此外，还可以通过细菌分解或植物吸收来除去甲醛等空气污染物。

4.2　基于纳米 TiO₂的空气净化纺织品制备技术

4.2.1　使用纳米 TiO₂水分散液对织物后整理

使用浸轧工艺和涂层工艺等工业化的后整理方法制备纳米 TiO₂负载织物，这不仅突破了实验室常用的提拉法和沉积法等负载方法的限制，更重要的是，为工业化生产具有光催化功能的纺织品提供理论基础和实际经验。由于纳米 TiO₂产品多为超细粉体，因此如何将其均匀分散于水中，制备纳米 TiO₂水分散液就成为制备纳米 TiO₂负载织物的关键性问题。

4.2.1.1　纳米 TiO₂水分散液制备技术

通常，为了获得均匀和稳定的纳米 TiO₂水分散液，首先将规定重量的纳米 TiO₂粉体加入去离子水中，使用超声波振荡器处理 5h，然后加入适量的聚乙二醇（PEG），机械搅拌 30min 即可得到乳白色纳米 TiO₂水悬浮液。影响纳米 TiO₂水分散液稳定性的主要因素包括 PEG 的相对分子质量和加入量、pH、超声分散和陈化时间等。

（1）PEG 的相对分子质量和加入量

为了提高纳米 TiO₂水分散液的稳定性，经过超声波振荡器处理后，在得到的纳米 TiO₂水分散液中分别加入不同相对分子质量的 PEG 作为分散剂，机械搅拌 30min 得到稳定水分散液。然后利用分光光度法分别测定离心处理前后的吸光度值，并计算其比值，如表 4-3 所示。

表 4-3　PEG 相对分子质量对 TiO₂分散液吸光度比值的影响

相对分子质量	62	400	600	1000
A_{02}/A_{01}	0.12	0.19	0.20	0.18
A_{482}/A_{481}	0.19	0.18	0.31	0.32

注　A_{01}、A_{02}分别为未陈化分散液离心前后的吸光度，A_{481}、A_{482}分别为陈化 48h 离心前后的吸光度。

由表 4-3 中数据可以看出，随着所用 PEG 相对分子质量的增大，吸光度比值也逐渐增大；并且陈化时间越长，吸光度比值越大。这说明相对分子质量较高的

PEG 对分散液的稳定性贡献大。纳米 TiO_2 由于具有较大的比表面和表面原子配位不足的特性，比普通 TiO_2 有更强的吸附性。而 PEG 是含有醚链的非离子型聚合物，其基团不带电荷，却是高度极化的原子团，其中 C—O、C—H 和 H—O 都是强极性键。此外，纳米 TiO_2 与 PEG 之间可通过氢键、范德华力、偶极子的弱静电引力产生吸附，其中以氢键形成的吸附为主，且 PEG 分子量越大，饱和吸附量越大；另一方面的研究表明，可以通过非离子性物质吸附在颗粒周围，建立起一个物质屏障，防止颗粒相互接近，使它们不能接近到产生强大吸引力的范围，而且这种吸附层越厚，颗粒之间的距离越大，分散体系越稳定。这种屏障效应通常对吸附层的空间位阻起到稳定作用。基于这样的理论，可以认为相对分子质量较小的 PEG 分子吸附到纳米 TiO_2 粒子表面，空间位阻效应较小，不能够有效地防止纳米粒子的聚集。而相对分子质量较大的 PEG 分子吸附到纳米 TiO_2 粒子表面。由于分子比较大，吸附层较厚，能够在颗粒之间的形成较大距离，空间位阻效应较为明显，可以有效防止纳米粒子的团聚。

为考察聚乙二醇的添加量对纳米 TiO_2 水分散液稳定性的影响，在经过超声波处理后的纳米 TiO_2 水分散液中分别加入分子量为 1000 的聚乙二醇，搅拌后得到稳定的水分散液。它们离心处理前后，在特定波长处吸光度值比值与聚乙二醇的添加量之间的关系见表 4-4。

表 4-4　PEG（1000）用量对 TiO_2 分散液吸光度比值的影响

PEG 用量/（$g \cdot L^{-1}$）	1.0	2.0	4.0	10.0
A_{02}/A_{01}	0.22	0.27	0.27	0.29
A_{482}/A_{481}	0.28	0.21	0.26	0.32

从表 4-4 可以发现，随着 PEG 用量的增加，吸光度比值略有提高，这说明 PEG 用量的变化对分散液稳定性的影响并不显著。研究证明，当 PEG 浓度低于饱和吸附浓度时，分散体系中绝大部分 PEG 高分子链被吸附到纳米 TiO_2 表面，并且 PEG 用量的增加可以促进其在 TiO_2 粒子表面的吸附作用，吸附量也有所提高，能够起到空间位阻的作用。但是如果 PEG 的加入量超过饱和吸附浓度时，吸附量不仅没有提高，甚至会下降。这是因为 PEG 的加入量过大时，分散体系中多余的 PEG 分子链相互缠绕在一起，反而会使颗粒团聚，且相对分子质量越大，这种破坏分散体系稳定性的作用越明显。

（2）超声分散和陈化时间

在制备纳米 TiO_2 水分散液的过程中，选择合适的超声分散和陈化时间有利其稳定性的提高，所以在不同的超声分散和陈化时间下制备纳米 TiO_2 水分散液，它们的吸光度见表 4-5。随着超声分散时间的延长，分散液的吸光度逐渐提高，然而当超过 90min 或 150min 时，吸光度则有所下降。这表明对于水分散液的稳定性而言，超声分散时间并非越长越好，在 90~150min 内得到的水分散液的稳定性较高。随着陈化时间的延长，分散液的吸光度呈降低之势，说明其稳定性不断变差。

表 4-5　超声分散时间和陈化时间对纳米 TiO_2 分散液吸光度的影响

时间	T_{a0}	T_{a24}	T_{a96}	T_{a120}	T_{a168}
T_{u30}	2.044	2.524	2.311	2.388	1.633
T_{u90}	2.177	2.591	1.981	2.290	2.246
T_{u150}	2.822	2.071	2.466	2.561	2.27
T_{u300}	2.345	1.479	1.220	0.756	0.864

注　T_{u30}、T_{u90}、T_{u150}、T_{u300} 分别为超声分散 30min、90min、150min 和 300min；T_{a0}、T_{a24}、T_{a96}、T_{a120}、T_{a168} 分别为陈化 0、24h、96h、120h 和 168h。

（3）pH

在其他制备条件相同条件下，不同 pH 也会导致所制备的纳米 TiO_2 水分散液的稳定性发生显著变化，图 4-1 给出了 pH 与其吸光度的关系。当 pH 处于 3~5 和 10~11 时，纳米 TiO_2 水分散液的吸光度呈现较高水平，说明其稳定性好；而当 pH 处于 6~8 范围内时，吸光度几乎为零，这说明纳米 TiO_2 分散液非常不稳定。研究表明，TiO_2 粒子表面存在酸碱平衡，如反应式（4-1）和式（4-2）。

$$—Ti—OH+H^+ \rightleftharpoons —Ti—OH_2^+ \quad pH=4.98 \tag{4-1}$$

$$—Ti—O+H^+ \rightleftharpoons —Ti—OH \quad pH=7.80 \tag{4-2}$$

这使 TiO_2 粒子表面带有不同电荷并存在等电点，对应于等电点的溶液 pH 是 6.39。当分散液的 pH 在纳米 TiO_2 的等电点附近时，其稳定性最差，而偏离该点时，则有利于分散液的稳定存在，图 4-1 所示的结果正好与此相吻合。当 pH 较低时，氢离子浓度较高。由于氧原子中含有孤对电子，氢离子很容易与其形成氢键，从而削弱了 Ti—O 键的强度，即在酸性条件下 Ti—O 键不稳定，易发生水解反应。当分散液的 pH 在纳米 TiO_2 的等电点附近时，由于电荷量低，导致其分散液的稳定性最差，而偏离该点时，由于 TiO_2 粒子表面的双电层产生的斥力大，有利于其分散，则使纳米 TiO_2 分散液稳定地存在。但是当 pH 超过 11 时，碱的加入导致体系的离子强度升高，双电层厚度降低，由范德华力引起的絮凝发生，导致体系的稳定性下降。Zeta 电位是反映纳米粒子在水中稳定性的重要参数，图 4-2 给出了不同 pH 时纳米 TiO_2 水分散液的 Zeta 电位。

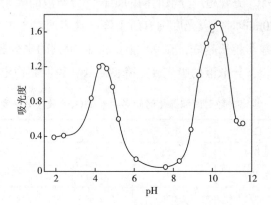

图 4-1　pH 与纳米 TiO_2 分散液吸光度的关系

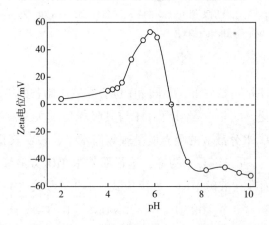

图 4-2　纳米 TiO_2 水分散液的 pH 与 Zeta 电位之间的关系

　　从图 4-2 可知，随着纳米 TiO_2 分散液 pH 的逐渐升高，其 Zeta 电位不断增加，在 pH 为 5.5 时达到最高值，然后迅速下降，当 pH 约为 6.40 时其 Zeta 电位接近为零，然后随着 pH 的升高而继续下降转为负值。可以解释为在 pH 小于等电点时，纳米 TiO_2 颗粒表面带正电荷，一些带负电荷的离子依靠库仑力吸附在颗粒表面而构成吸附层。由于双电层的作用，颗粒间相互排斥而分散性较好。随着 pH 的升高，颗粒表面带电量逐渐减小，颗粒间作用力变小，分散性能下降，当 pH 为 6.39 时颗粒表面带电为零，pH 大于 6.39 时颗粒表面带负电，正电荷吸附在颗粒的表面形成双电层，相互间的排斥增强，分散性能又重新变好。纳米 TiO_2 颗粒在水中的稳定性与其表面特性有关，在零 Zeta 电位点（IEP），颗粒表面不带电荷，其因为无序运动和不断碰撞易发生凝聚。当颗粒表面电荷密度较高时，颗粒有较高的 Zeta 电位，颗粒表面的高电荷密度使粒子间产生较大的静电排斥力，因此悬浮体保持较高的稳定性。而 pH 大于等电点后，颗粒的 Zeta 电位迅速增大；当 pH 小于等电点时，颗粒的 Zeta 电位也迅速增大；而当 pH 小于 5.5 时，分散液的电位值反而大幅下降。这可能是由于 PEG 分子沉积在纳米 TiO_2 颗粒的表面，当分散液中存在较多的氢离子时，PEG 分子中包含的羟基可以吸附大量的氢离子形成稳定的氢键，破坏了颗粒表面的双电层，使其 Zeta 电位急剧下降。

4.2.1.2　使用浸轧法制备纳米 TiO_2 负载织物

浸轧浴主要由规定浓度的纳米 TiO_2 水分散液、添加剂和 JFC 润湿剂构成。其中添加剂具有固着纳米 TiO_2 粒子于织物表面的作用，而润湿剂可使纤维快速润湿，同时帮助纳米 TiO_2 粒子在纤维表面扩散和渗透以使之分布均匀。然后借助实验用轧车与焙烘机系统，使织物经二浸二轧（轧液率 75%）后再经 100℃ 预烘 2min 处理，最后对其进行高温焙烘。其中焙烘的作用是强化纳米 TiO_2 粒子和添加剂固着，有利于其与纤维之间黏附强度的提高，改善加工织物的耐洗性。

（1）纤维性能的影响

在相同的负载条件下，使用含有相同浓度（30g/L）的纳米 TiO_2 水分散液浸轧液通过上述工艺过程分别对棉织物、涤纶织物和涤/棉混纺织物进行整理得到负载织物。然后在相同条件下使用三种负载织物进行氨气光催化降解实验，反应过程中的假一级反应速率常数 k 和氨气浓度分别列于表 4-6 和图 4-3 中。

表 4-6　负载织物与光催化降解反应速率常数的关系

负载织物	棉织物	涤纶织物	涤/棉织物
反应速率常数 k_i/min^{-1}	0.301	0.0047	0.0225
回归系数 R	0.9612	0.9167	0.9670

从图 4-3 可知，在纳米 TiO_2 光催化剂负载纯棉织物的场合，体系中的氨气浓度在反应过程中下降很快，在较短时间内就达到零。而在纳米 TiO_2 光催化剂负载涤纶织物和涤/棉混纺织物的场合则不然，体系中的氨气浓度下降缓慢，直到 40min 时氨气浓度仍处于较高水平，尤以负载涤纶织物为甚。此外，由表 4-6 中的氨气光催化降解反应速率常数也可确定三种织物表面负载的 TiO_2 光催化剂的活性

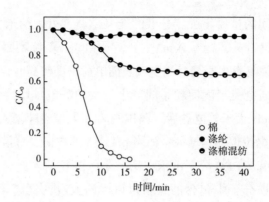

图4-3　棉和涤纶及其混纺织物负载纳米 TiO_2 催化剂的氨净化性能

次序为：TiO_2-棉 > TiO_2-涤/棉 > TiO_2-涤，这证明负载涤纶织物和涤/棉混纺织物的氨气净化性能远不及负载纯棉织物。原因可能主要与这两种纤维在理化性能和形态结构方面的差异有关。棉纤维属纤维素类高分子物，不仅具有复杂松散的聚集态结构和粗糙的表面形态以及相对较大的可及区，而且纤维素分子上含有多个羟基，这都使棉纤维具有较高的亲水性。而涤纶是对苯二甲酸乙二醇酯的聚合物，除了端基之外分子链中不含亲水基团，此外涤纶结晶度高，分子链排列紧密而亲水性差。因此可以认为，一方面棉纤维在浸轧时能够比涤纶吸附更多的纳米 TiO_2 分散液，导致相对较多的纳米 TiO_2 附着于其表层。使用电镜观察发现，负载整理后在棉纤维表面形成相对均匀和厚实的纳米 TiO_2 颗粒层，有利于光催化反应；另一方面，纤维素大分子中的羟基可视作弱酸性基团，其能够促进棉纤维对氨气的吸附性，有利于氨气在纤维表面的吸附，为光催化降解氨气反应提供了条件。另外，纳米 TiO_2 对有机物的光催化降解反应主要是由于羟自由基和超氧负离子自由基的氧化作用而引起的。当紫外光照射到纳米 TiO_2 表面时，在其表面生成电子—空穴对，其中空穴和电子分别与吸附于 TiO_2 表面的水和氧气作用，形成具有很强氧化性的羟自由基和超氧负离子。而涤纶的低吸水性可能会使在其表面的纳米 TiO_2 获得相对较少的水分，限制了羟自由基等的生成，导致纳米 TiO_2 负载涤纶织物的光催化能力下降。

（2）纳米 TiO_2 水分散液的用量

在 TiO_2 负载织物的制备过程中，浸轧液中 TiO_2 水分散液的用量是决定 TiO_2 粒子在纤维表面负载量的主要因素。通常而言，TiO_2 水分散液的用量愈多，TiO_2 粒子在纤维表面负载量愈高。提高了光催化反应效率，氨气去除率有所提高，但是过高的 TiO_2 水分散液用量则可能使纳米 TiO_2 形成大颗粒物，加剧了纳米 TiO_2 在纤维表面的团聚现象，限制了光催化反应性能，使氨气去除率有所降低。

（3）焙烘温度

在使用浸轧法制备 TiO_2 负载棉织物的过程中，焙烘是非常关键的加工环节，不仅能使纳米 TiO_2 粒子固着在纤维的表面，而且由于纤维在高温焙烘时热运动加剧会发生膨胀，因此还可能使其进入纤维的原纤或大分子链段之间，十分有利于纳米 TiO_2 粒子在纤维表面的负载作用。同时，高温焙烘有利于纳米 TiO_2 粒子的活化，改善其光催化能力。此外，在加入添加剂的场合，高温焙烘能够促进添加剂在纤维表面的交联和成膜作用，有利于纳米 TiO_2 粒子的负载。图 4-4 给出了使用两种不同规格的棉织物所制备的 TiO_2 负载棉织物的氨气去除率与焙烘温度之间的关系。焙烘温度的增加能够引起 TiO_2 负载棉织物的氨气去除率的提高。这是因为焙烘温度的增加会使纳米 TiO_2 粒子更易于与棉纤维接触，并且团聚和分布不均匀的现象减少，有利于其吸收光子产生的电子—空穴对发生有效分离，促进氢氧自由基的生成，使纳米 TiO_2 的光催化能力有所提高。

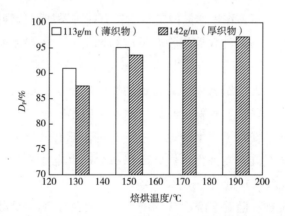

图 4-4　焙烘温度与 TiO_2 负载棉织物的氨气去除率的关系

（4）添加剂

为了改进纳米 TiO_2 在纤维表面的负载牢度，提高 TiO_2 负载棉织物净化性能的耐久性，可以在浸轧工作浴中加入一些添加剂，如有机硅和有机氟类添加剂或丙烯酸类黏合剂等。这主要是因为有机硅和有机氟类添加剂具有较低的表面张力，对纤维具有较强的吸附性，易于在纤维表面形成薄膜，将纳米 TiO_2 粒子包覆其中。丙烯酸类黏合剂对纤维具有更强的黏着性，十分有利于把纳米 TiO_2 粒子固定在纤维表面。另外这些添加剂通过成膜作用将纳米 TiO_2 粒子与纤维材料隔离，也有利于减少纳米 TiO_2 粒子对纤维材料的氧化性。但是这些添加剂可能会对纳米 TiO₂ 光催化氧化性能产生负面影响。图 4-5 给出了使用含有浓度为 30g/L 的氨基硅油乳液 AM-200 和丙烯酸类黏合剂 TOW 的浸轧液时，制备的纳米 TiO₂ 负载棉织物对氨气去除率。

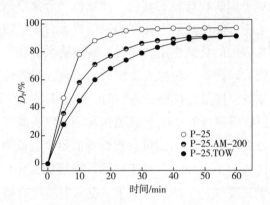

图 4-5　添加剂对 TiO₂ 负载棉织物氨气去除率的影响

图 4-5 显示，与不存在添加剂的实验比较，在有添加剂特别是黏合剂 TOW 的场合，所制备的纳米 TiO₂ 负载棉织物在反应初期的氨气去除率明显下降，这主要是由于这些添加剂，特别是黏合剂 TOW 都属于高分子化合物，其良好的黏合性和成膜性能够在纳米 TiO₂ 粒子表面形成包覆薄膜。这种薄膜表面接受紫外线照射的强度就会减弱。而且只有当薄膜表面的空间电荷层厚度近似于入射光进入固体的透入深度时，所有吸收光子产生的电子—空穴对才能有效分离。另一方面，由于这两种聚合物本身不具有光催化活性，所以将会削弱电子—空穴对的密度，并且使电子空穴的分离效率降低。

从图 4-6 可发现，随着水洗次数的增加，三种纳米 TiO₂ 负载棉织物的氨气去除率出现降低的趋势，尤其以没有添加剂者下降的程度最为明显。主要原因是在水洗过程中，由于水流的冲击和摩擦引起负载于棉织物表面的 TiO₂ 粒子发生脱落，而且水洗次数越多，脱落的概率和数量也就越大，导致纳米 TiO₂ 在棉织物表面的负载量降低，光催化性能随之下降。尤其是在没有添加剂的情况下，纳米 TiO₂ 粒子对纤维的附着力较低，在水洗过程中更易脱落，使纳米 TiO₂ 在棉织物表面的负载量更少，光催化性能进一步下降。另外还观察到，在相同的水洗次数的条件下，添加黏合剂 TOW 的纳米 TiO₂ 负载棉织物的氨气去除率稍高于其他两者，特别是在水洗次数较多的场合。这可能由于是 TOW 为丙烯酸类黏合剂，具有更好的黏合性和成膜性，在高温处理的条件下能够将纳米 TiO₂ 粒子牢固地黏合在纤维的表面。

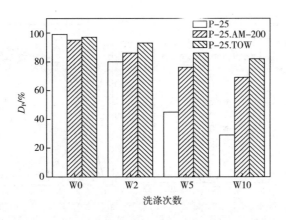

图 4-6　添加剂与纳米 TiO_2 负载棉织物耐洗性能的关系

4.2.1.3　使用涂层法制备纳米 TiO_2 负载织物

在涂层法制备工艺中，首先将规定重量的纳米 TiO_2 分散液、增稠剂（10g/L）和黏合剂混合均匀配制涂层浆。然后调节涂层机的涂层刮刀与承压辊的距离，确定涂层薄膜的厚度，同时选择刮刀涂布速度并在织物表面均匀涂布涂层浆，将涂层织物导入烘箱烘干。最后将织物置于焙烘机中，在 170℃焙烘 1.5min。如进行多次涂层，则应在烘干后再行涂布，最后一并焙烘即可。涂层浆中纳米 TiO_2 水分散液用量对所制备 TiO_2 负载棉织物的氨气净化性能的影响如图 4-7 所示［温度＝（25±1）℃，相对湿度＝（45±2）%，进气速率＝0.5L/min］，并与浸轧法制备纳米 TiO_2 负载织物进行比较。在图 4-7 中发现，在浸轧液或涂层浆中，TiO_2 水分散液加入量的增加能够使 TiO_2 负载棉织物氨气去除率有所提高，但是涂层法制备纳米 TiO_2 负载织物的表现不够显著。值得注意的是，尽管在涂层浆中纳米 TiO_2 水分散液加入量较浸轧液中高，但是涂层法制备的纳米 TiO_2 负载织物的氨气去除率却稍低于浸轧法制备的。这主要与涂层浆中的添加黏合剂和增稠剂组分有密切的关系。因为此二组分均为高分子化合物，具有良好的黏合性和成膜性，能够将纳米 TiO_2 粒子包覆于纤维表面的薄膜之中。这种薄膜的厚度远高于浸轧法在纤维表面形成的薄膜，会使其表面接受紫外线照射的强度变弱。由于只有当薄膜表面的空间电荷层厚度近似于入射光进入固体的透入深度时，所有吸收光子产生的电子—空穴对才能有效分离，并发生光催化反应。所以薄膜厚度的增大不利于吸收光子产生的电子—空穴对发生有效的分离，对光催化反应有一定的限制作用。此外，这种较厚的涂层薄膜覆盖于纤维表面，会引起纤维性能的明显变化，使其亲水性和吸附性下降，也会影响在其表面发生的氨气光催化降解反应。

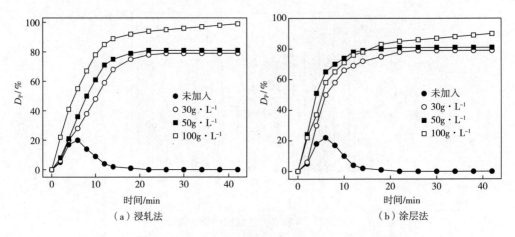

（a）浸轧法　　　　　　　　　　（b）涂层法

图 4-7　纳米 TiO_2 水分散液用量与负载棉织物氨气去除率的关系

以涂层法制备的纳米 TiO_2 负载棉织物比浸轧法具有更好的耐洗性能（图 4-8，浸轧法空白试样：未加入添加剂；洗涤条件：浴比 1∶50，10min/次）。洗涤次数的增加引起两种纳米 TiO_2 负载棉织物的氨气去除率的降低，尤以浸轧法制备的纳米 TiO_2 负载棉织物为甚。相比较而言，经过 10 次洗涤后，涂层法制备的纳米 TiO_2 负载棉织物的氨气去除率几乎未发生明显下降，而浸轧法制备的纳米 TiO_2 负载棉织物的氨气去除率的下降幅度超过 20%。而在浸轧液中未加入添加剂的纳米 TiO_2 负载棉织物的氨气去除率却发生非常显著的降低。这说明通常情况下，尽管涂层法制备的纳米 TiO_2 负载棉织物的氨气去除能力略差于浸轧法制备的，但是却具有较高的耐水洗性能，这主要与在涂层法制备过程中所使用的黏合剂组分有密切的关系，它能够将纳米 TiO_2 粒子包覆于纤维表面的薄膜之中，防止其在洗涤过程中脱落，使纳米 TiO_2 负载棉织物保持较好的光催化净化特性。

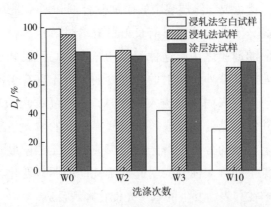

图 4-8　洗涤次数与 TiO_2 负载棉织物氨气净化性能之间的关系

4.2.2　使用纳米 TiO_2 水溶胶对织物后整理

尽管使用纳米 TiO_2 水分散液借助浸轧法或涂层法对织物进行整理能够得到纳米 TiO_2 负载织物，并且这种方法具有工艺简单和制备成本低等优点，但是其中所制备的纳米 TiO_2 水分散液的稳定性不高，其中的纳米 TiO_2 粒子易发生团聚，不仅会显著降低其光催化降解性能，而且也不利于纳米 TiO_2 粒子在纤维表面的吸附，导致负载织物功能耐久性差。更重要的是，所制备纳米 TiO_2 负载织物只有在紫外光辐射条件下才能有效地发挥环境净化作用。为了解决这些问题，利用钛酸丁酯低温水解控制技术能够合成纳米 TiO_2 水溶胶，其主要技术特点如下。

①在室温或不高于 50℃ 时合成，不需要耗能的焙烧或水热处理，适合于耐热性差的有机纤维材料表面负载，故具有制备简便和绿色节能的特点。

②得到的纳米 TiO_2 水溶胶属于热力学稳定体系，粒子直径通常不高于 10nm，稳定性极高。

③水溶胶中的纳米 TiO_2 粒子是在液相中原位生长和分散化存在的，与纳米 TiO_2 粉体相比其晶体结构缺陷显著，具有较为宽泛的能量分布，可吸收紫外光、可见光和近红外光，在太阳光驱动光催化材料的制备技术中具有巨大的应用潜力。

④纳米 TiO_2 水溶胶对纤维材料具有强的吸附性，易于在其表面成膜，并且配合固定剂的使用能显著提高负载织物的功能耐久性。在使用后整理工艺制备纳米 TiO_2 负载纤维材料过程中，纳米 TiO_2 水溶胶的制备与应用是关键性技术，更是决定所制备产品的整理工艺、功能性和加工成本的最主要因素。

4.2.2.1　纳米 TiO_2 水溶胶的制备方法

纳米 TiO_2 水溶胶制备方法通常是将钛酸丁酯充分溶解在有机溶剂如乙醇中，并将其缓慢加入酸性水溶液中，使其发生控制性水解反应，得到中间体水分散液，然后经陈化得到具有光催化性能的锐钛型纳米 TiO_2 溶胶。具体制备步骤是在室温条件下将钛酸丁酯与无水乙醇混合形成钛酸丁酯的乙醇溶液。同时在蒸馏水中加入乙酸以获得所需 pH 的乙酸水溶液。然后将钛酸丁酯的乙醇溶液加入上述乙酸水溶液中，形成乳白色水分散液。随后将得到的水分散液陈化形成微黄色半透明水溶胶，最后对上述水溶胶进行减压蒸馏，去除杂质后得到纳米 TiO_2 水溶胶。其制备流程如图 4-9 所示。

此外在制备过程中，分别选定纳米 TiO_2 水溶胶的 pH、500nm 波长处的吸光度

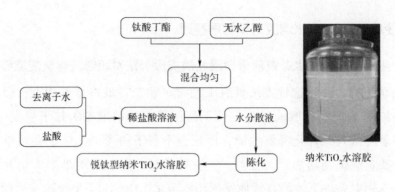

图4-9　纳米 TiO₂水溶胶的制备流程图

（A_{500}）、固含量以及在 90min 时酸性红 88 的脱色率（D_{90}）值等主要指标作为质量控制参数，构成较为全面的质量评价体系。其中 A_{500} 值用来评价纳米 TiO₂水溶胶透明度和稳定性。而 D_{90} 值用来评估纳米 TiO₂水溶胶的光催化活性。

（1）纳米 TiO₂水溶胶的合成反应工艺优化

将钛酸丁酯的乙醇溶液在特定温度和搅拌条件下，均匀滴入盐酸水溶液中得到乳白色水分散液，经陈化后形成微黄色透明的纳米 TiO₂水溶胶。在制备中水添加量和盐酸添加量是影响纳米 TiO₂水溶胶的功能性和稳定性的最主要因素。其中水添加量提高会使得纳米 TiO₂水溶胶的 pH 和透明度升高，陈化期缩短，光催化活性增强，黏度和含固量下降。但是水添加量减少则会使其酸性过强，稳定性差，不利于作为织物后整理剂使用（表4-7 和图4-10）。盐酸添加量高会使得溶胶酸性太强和催化活性低，稳定性下降，这会导致陈化期长且稳定性差（表4-8 和图4-11）。

表4-7　水添加量与纳米 TiO₂水溶胶性能之间的关系

N_{BT/H_2O}	1∶40	1∶60	1∶80	1∶120	1∶160	1∶200
pH	1.1	1.3	1.5	1.6	1.8	2.1
A_{500}	2.581	0.490	0.312	0.179	0.144	0.141
η_{30}/（×10⁻³）	142.9	39.59	11.70	4.788	4.758	4.287
η_{60}/（×10⁻³）	98.34	29.48	10.16	4.302	3.965	2.982
含固量/%	7.73	5.77	4.19	3.00	2.69	2.20
陈化期	19 天	10 天	16h	34h	48h	60h

注　N_{BT/H_2O} 为钛酸丁酯与水的摩尔比；A_{500} 为 500nm 波长时的吸光度，越低表示水溶胶越透明；η_{30} 和 η_{60} 分别是剪切速率为 30s⁻¹ 和 60s⁻¹ 时的黏度。

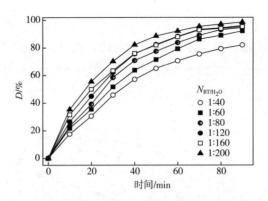

图 4-10　水添加量对纳米 TiO₂ 水溶胶光催化降解性能的影响

表 4-8　盐酸添加量对纳米 TiO₂ 水溶胶性能的影响

$N_{BT/HCl}$	1 : 0.1	1 : 0.2	1 : 0.3	1 : 0.4	1 : 0.5
pH	2.4	1.9	1.5	1.2	1.1
A_{500}	0.517	0.107	0.105	0.138	0.131
$\eta_{30}/$ (×10⁻³)	7.466	5.060	5.850	3.802	3.838
$\eta_{60}/$ (×10⁻³)	2.802	2.249	2.703	2.901	3.269
含固量/%	2.64	2.42	2.51	2.65	2.68
陈化期	25 天	5 天	47h	19h	17h

注　$N_{BT/HCl}$ 为钛酸丁酯与盐酸的摩尔比。

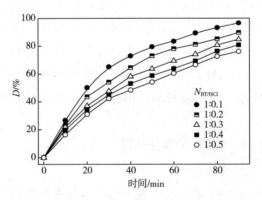

图 4-11　盐酸添加量对纳米 TiO₂ 水溶胶光催化降解性能的影响

（2）陈化期的确定与调控

陈化时间也是决定纳米 TiO₂ 水溶胶性能的一个重要因素。在陈化过程中锐钛矿晶体以聚集—长成方式生长而成。陈化时间的延长会促使小晶粒长成致密而形状规则的锐钛矿晶体，表现出更好的催化降解性能。进一步研究证实，在陈化时溶胶中的大量锐钛矿晶体处于不同的生长阶段，内部缺陷的数量和性质各异，具有较为宽泛的能量分布，使其吸收紫外光、可见光和近红外线，具有更强的太阳光催化性能。图4-12给出了陈化时间对纳米 TiO_2 水溶胶光催化降解性能的影响。

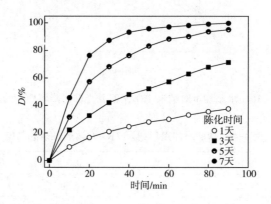

图4-12　陈化期与纳米 TiO_2 水溶胶光催化降解性能之间的关系

（3）后处理加工改善产品质量

陈化处理后的纳米 TiO_2 水溶胶需要经过特殊的后处理加工才能作为环境净化整理剂，因为较强的酸性会对整理织物的力学性能和颜色特征有所影响；纳米 TiO_2 水溶胶的含固量较低不利于应用；水溶胶中含有异味的丁醇等副产物。因此必须使用一系列的纳米 TiO_2 水溶胶后处理技术解决这些问题。其主要包括减压蒸馏、有机酸处理和添加 pH 调节剂等，其中减压蒸馏不仅能够调节纳米 TiO_2 含量，而且去除副产物异味效果显著。而有机酸能够通过与丁醇等的酯化反应将其转化为芳香味的有机酯类化合物；pH 调节剂使产品的 pH 变为弱酸性。后处理技术的优化应用会使得纳米 TiO_2 水溶胶的质量和应用性能大幅度提高，符合后整理剂工业化生产和应用的标准。

4.2.2.2　纳米 TiO_2 水溶胶的表征分析

（1）纳米 TiO_2 粒径及其分布

为了观察分析纳米 TiO_2 水溶胶中粒子的尺寸分布、形貌以及微观结构，使用透射电子显微镜和纳米粒度分析仪对纳米 TiO_2 水溶胶进行观察测定，其结果如图4-13所示。可以发现，在透射电镜（TEM）图像中观察到了大量的椭圆形纳米 TiO_2 颗粒。值得注意的是，在 TEM 图像中纳米 TiO_2 粒子在短轴方向的平均粒径为 $15\sim17nm$，长轴方向为 $30\sim35nm$。从粒径分布图中发现，液相中纳米 TiO_2 粒子的平均直径约为 34.8nm，这与上述 TEM 所观察到的纳米 TiO_2 粒子尺寸结果相吻合。此外不难发现，纳米 TiO_2 的粒径分布较为均一，无其他明显的杂质成分，基本符合商业化的应用标准。

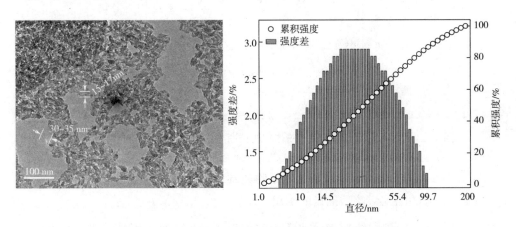

图 4-13　纳米 TiO_2 水溶胶的 TEM 图像和粒径分布

（2）晶型分析

从图 4-14 发现，三种纳米 TiO_2 样品在 25.4°、38.0°、48.2°、54.3° 和 64.5° 处均出现了较强的特征峰，这与锐钛矿相的特征峰相吻合。证明三种纳米 TiO_2 粒子的结晶方式均以锐钛矿型为主。在 P-25 的谱线中的 27.5°、36.0°、41.79° 和 57.31° 处出现了弱的特征吸收峰，这对应金红石相的结晶方式。而在 JR-05 和纳米 TiO_2 水溶胶的 XRD 谱线中，没有发现代表金红石相（27.7°）或者板钛矿相（31.1°）的特征衍射峰。这表明 P-25 由大量的锐钛矿型和少量的金红石型纳米 TiO_2 晶体组成，其他两种纳米 TiO_2 由锐钛矿型晶体组成。此外，使用三种纳米 TiO_2 的 XRD 谱线中 [101] 晶面衍射峰数据，根据 Scherrer 公式计算求得纳米 TiO_2 水溶胶、JR-05 和 P-25 的晶粒尺寸分别为 4.71nm、5.89nm 和 22.1nm。这说明纳米 TiO_2 水溶胶具有比 P-25 和 JR-05 尺寸更小的锐钛矿型纳米 TiO_2 晶体。值得说明的是，由此计算得到的纳米 TiO_2 水溶胶的平均晶粒尺寸显著低于由 TEM 或纳米粒度分析仪所观察和测量得到的粒子尺寸（30~35nm）。这主要是由于在水相介质中形成含有多个纳米 TiO_2 微晶的聚集体所致。此外，在纳米 TiO_2 水溶胶的 XRD 谱线中的特征衍射峰，尤其在 25.4° 处的特征衍射峰强度和宽度均比其他两种粉体小，这是因为纳米 TiO_2 水溶胶中纳米粒子是在室温和水相中所形成的，可能会导致纳米粒子出现显著晶格畸变现象。

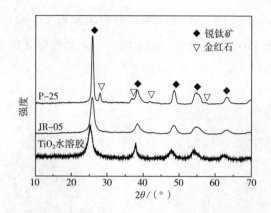

图 4-14　纳米 TiO_2 水溶胶烘干粉体和两种商品化纳米 TiO_2 粉体的 XRD 谱图

4.2.2.3　纳米 TiO_2 水溶胶负载棉织物的制备

（1）纳米 TiO_2 水溶胶添加量的影响

使用含有不同体积纳米 TiO_2 水溶胶的整理液对棉织物进行轧—烘—焙整理能得到具有不同纳米 TiO_2 负载量（Q_{TNP}）的负载棉织物，然后在光辐射条件下将其应用于活性红 195 的氧化降解反应中。图 4-15 列出了反应 90min 时染料的脱色率（D_{90}）与和 Q_{TNP} 值之间的关系。随着整理液中纳米 TiO_2 水溶胶用量的增加，棉织物表面的 Q_{TNP} 值和染料的 D_{90} 值均逐渐增加。这是因为纳米 TiO_2 水溶胶用量的增加使得吸附在棉纤维表面的纳米 TiO_2 粒子增多。当纳米 TiO_2 负载织物受到光辐射时，更高的 Q_{TNP} 值有利于纳米 TiO_2 吸收更多的光子产生大量的电子—空穴对，从而催化水分子或溶解氧分解生成更多的强氧化性自由基，加速染料的氧化反应。

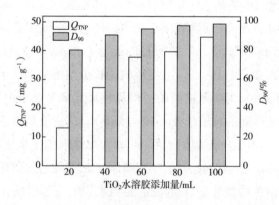

图 4-15　纳米 TiO_2 水溶胶添加量对 Q_{TNP} 和 D_{90} 值的影响

（2）纳米 TiO_2 水溶胶 pH 的影响

从图 4-16 可以看出，纳米 TiO_2 水溶胶负载棉织物的 Q_{TNP} 值随着 pH 的升高而显著增大。这说明升高整理液的 pH 有助于 Q_{TNP} 值的增大。因为 pH 升高会导致纳米 TiO_2 水溶胶的黏度和胶粒尺寸变大，更易附着在棉织物表面。另一方面，pH 的升高能够降低纳米 TiO_2 粒子与棉纤维之间的静电斥力作用，从而增强其在棉织物表面的吸附和沉积。值得注意的是，随着纳米 TiO_2 水溶胶的 pH 变化，染料的 D_{90} 值可以进行如下排序：pH = 6.0 > pH = 3.0 > pH = 9.0。这是因为纳米 TiO_2 属于两性氧化物，其等电点约为 pH = 6.25，当体系的 pH 高于或者低于等电点时，纳米 TiO_2 会发生团聚而生成较大尺寸的颗粒，使其比表面积变小，对污染物的吸附能力变弱，光催化活性降低。此外，在碱性条件下纳米 TiO_2 表面发生去质子化，此时纳米 TiO_2 颗粒表面带负电荷，如反应式（4-3）。而酸性红 88 是阴离子单偶氮染料，在碱性条件下发生电离反应使其表面带负电荷，这些因素的协同作用增加了体系中纳米 TiO_2 与染料分子之间的静电斥力作用，降低了染料分子在催化剂表面的吸附量，使得光催化氧化降解反应变得更加缓慢，因此在 pH = 9.0 时染料的 D_{90} 值低于 pH = 3.0。

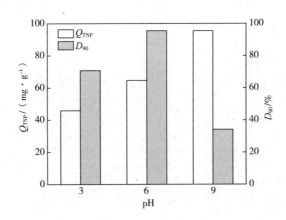

图 4-16　纳米 TiO_2 水溶胶 pH 与 Q_{TNP} 和 D_{90} 值之间的关系

$$\equiv TiOH \rightleftharpoons \equiv TiO^- + H^+ \tag{4-3}$$

（3）焙烘条件的影响

在不同焙烘温度条件下制备纳米 TiO_2 水溶胶整理棉织物，然后将其应用于染料的氧化反应中，负载织物的 Q_{TNP} 值与 D_{90} 之间的关系如图 4-17 所示。随着焙烘温度的升高，Q_{TNP} 值和染料的 D_{90} 值均略有增加，这说明较高的焙烘温度在一定程

度上有利于纳米 TiO_2 在棉织物表面的固着。随着焙烘时间的增加，Q_{TNP} 值和染料的 D_{90} 值几乎没有变化，这意味着焙烘时间的延长对纳米 TiO_2 在棉织物表面的固定和其光催化活性几乎没有影响。但是过高的焙烘温度（高于130℃）或过长的焙烘时间都会使得棉织物的机械强度和白度显著降低，因此在制备过程中的焙烘温度通常不高于130℃，而焙烘时间在 0.5~1min 为宜。

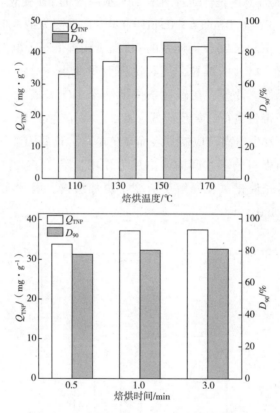

图 4-17　焙烘温度和时间对 Q_{TNP} 和 D_{90} 值的影响

4.2.2.4　纳米 TiO_2 水溶胶负载棉织物的表征

（1）表面形貌观察

为了观察和比较水溶胶中的纳米 TiO_2 在棉织物表面的吸附和分布状态，首先制备质量分数约为 2.5% 的 JR-05 和 P-25 两种纳米 TiO_2 水分散液以及纳米 TiO_2 水溶胶，随后通过轧—烘—焙后整理工艺使用上述三种纳米 TiO_2 整理液对棉织物进行处理，得到三种 Q_{TNP} 值（89.83mg/g 左右）相近的负载织物。它们的 SEM 照片以及相对应的纳米 TiO_2 整理液照片如图 4-18 所示。从图 4-18（a）可发现，使用蒸馏水处理后的棉纤维形态几乎没有发生变化，依然呈天然的扭曲带状结构。图 4-18（b）~（d）显示，经过纳米 TiO_2 负载整理后，棉纤维表面变得粗糙，并被分布不均匀的纳米 TiO_2 粒子所覆盖。其中使用纳米 TiO_2 水溶胶（b）或 JR-05（c）负载的棉纤维表面薄膜较为光滑且有微小裂纹。值得说明的是，使用 P-25 对棉织物负载后，其表面似乎被粉状和泥状物所覆盖，形成的薄膜很不均匀，这与纳米 TiO_2 水溶胶和 JR-05 在棉织物表面的形态完全不同，意味着纳米 TiO_2 粒子在织物表面的形貌与其尺寸和在水溶液中的扩散行为有关，成膜的连续性则随着纳米粒子尺寸的增大而变差。纳米 TiO_2 水溶胶或 JR-05 的粒子尺寸明显小于 P-25，在水

（a）未处理棉织物

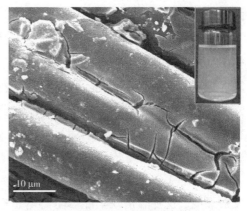
（b）纳米 TiO_2 水溶胶负载织物

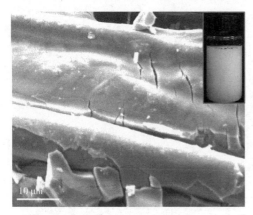
（c）JR-05 负载织物

（d）P-25 负载织物

图 4-18 不同纳米 TiO_2 负载棉织物的 SEM 图

插入的照片：（a）为蒸馏水，（b）为纳米 TiO_2 水溶胶，

（c）和（d）分别为 JR-05 和 P-25 水分散液（约 2.50%，质量分数）

中具有良好的分散性，而 P-25 在水中的分散性差，导致 P-25 在水溶液中易于发生团聚而形成大颗粒的纳米 TiO_2，使其更加不均匀地附着在纤维表面。此外，从图中纳米 TiO_2 整理液照片可清楚看到，尽管三种纳米 TiO_2 整理液的浓度相近，但是它们透明度按如下排序：纳米 TiO_2 水溶胶>JR-05 水分散液>P-25水分散液，这表明纳米 TiO_2 粒子的粒径越小，其所形成的整理液的透明度越好。

（2）纳米 TiO_2 负载棉织物的光吸收性能

紫外可见漫反射光谱（DRS）可以有效地评价纳米 TiO_2 光催化剂对辐射光的吸收性能。图 4-19 给出了纳米 TiO_2 水溶胶负载棉织物的 DRS 谱图。其中棉织物的 DRS 谱线仅在 200～300nm 波长范围内有微弱的吸收峰，这主要是由纤维素纤维分子结构中的 $\pi \rightarrow \pi^*$ 跃迁所导致的。值得说明的是，当经过纳米 TiO_2 水溶胶整理后，棉织物在紫外光和可见光区的吸收强度均有所增强，且纳米 TiO_2 负载量的增加可以促进其对光的吸收性能。这表明所制备纳米 TiO_2 水溶胶具有吸收紫外光和可见光的宽光谱响应性质，为其作为太阳光驱动型催化剂奠定了理论基础，并且为其将来的工业化应用的低成本运行提供了必要条件。这一方面是因为纳米 TiO_2 水溶胶在陈化过程中，生成了大量表面缺陷明显的锐钛矿晶型的纳米 TiO_2 粒子。另一方面，纳米 TiO_2 水溶胶中，纳米颗粒的光散射效应可以增加棉织物可见光区域的反射强度。这种晶格缺陷能够阻碍电子空穴对的复合，使得纳米 TiO_2 颗粒具有宽光谱的激发能力。

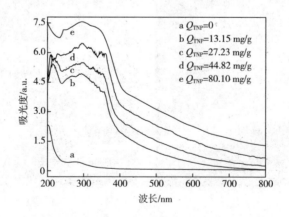

图 4-19　纳米 TiO_2 水溶胶负载棉织物的 DRS 谱图

4.3　基于金属酞菁的空气净化纺织品制备技术

4.3.1　金属酞菁化合物的合成方法

4.3.1.1　八羧基金属酞菁衍生物

将均苯四甲酸酐、尿素、$CoCl_2$ 或 $FeCl_3$ 和钼酸铵混合加热到 190℃ 反应 3h 得到初始产物。然后使之在 100℃ 的 KOH 溶液中水解，直到不再有氨气产生为止，得到八羧基钴或铁酞菁化合物（Co-oaPc 或 Fe-oaPc）。相关反应路线和产物结构如图 4-20 所示。

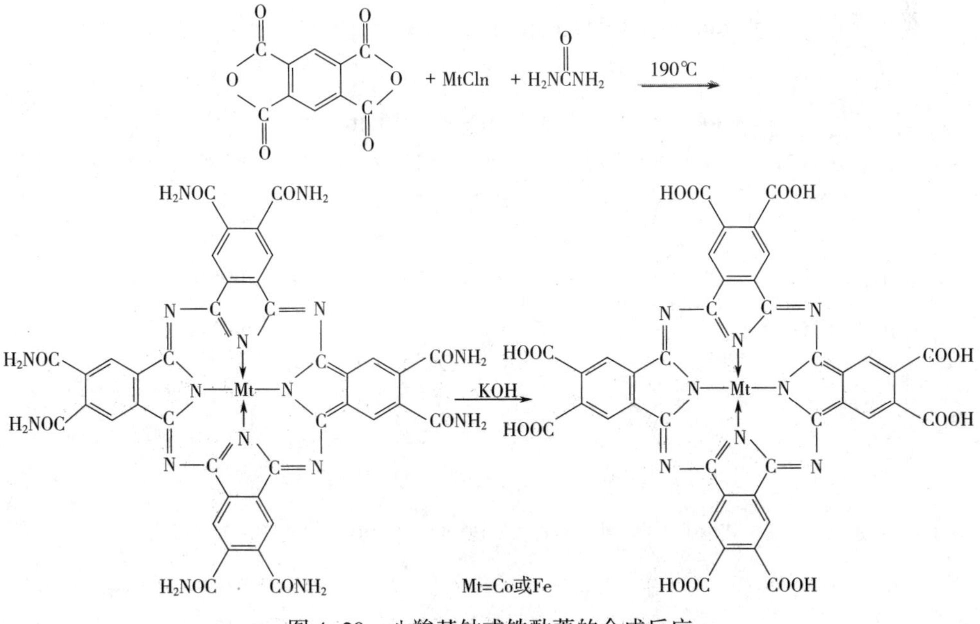

图 4-20　八羧基钴或铁酞菁的合成反应

4.3.1.2　四羧基金属酞菁

使用苯酐—尿素路线也能够合成四羧基钴酞菁（Co-CPc）和四羧基铁酞菁化合物（Fe-CPc），合成原理如图 4-21 所示。

4.3.1.3　双核金属酞菁衍生物

同样使用苯酐—尿素路线法也能够制备双核钴酞菁（CoPc$_2$）和双核铁酞菁（FePc$_2$）。其制备反应路线如图 4-22 所示。

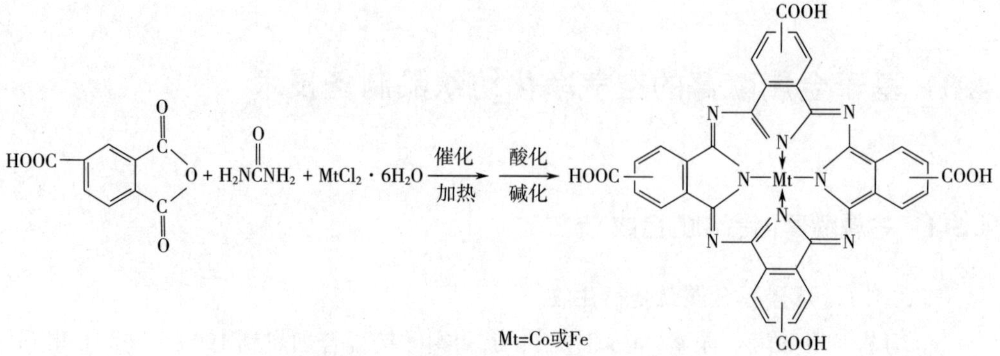

图 4-21　四羧基钴或铁酞菁的合成反应

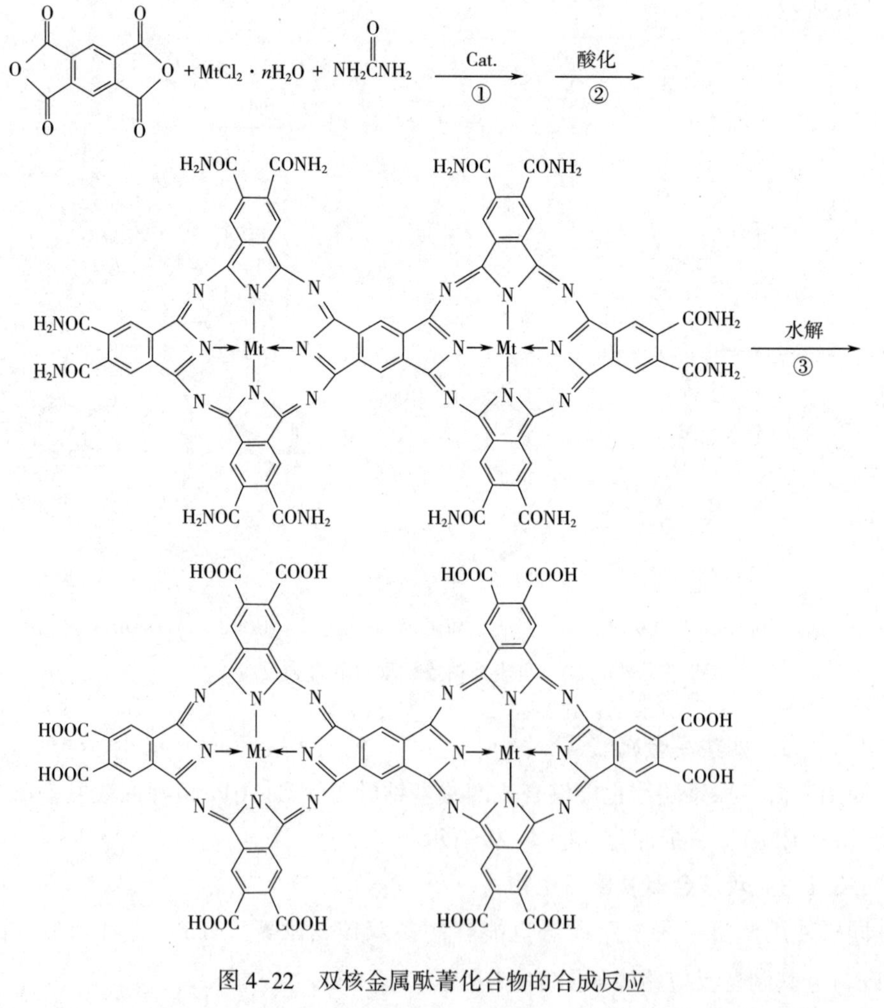

图 4-22　双核金属酞菁化合物的合成反应

4.3.1.4　其他金属酞菁衍生物的合成

将四氨基钴酞菁（APc）和丁二酸酐或顺丁烯二酸酐溶于 DMF 溶剂中，在 60~70℃反应 24h 可以得到两种新型钴酞菁衍生物（SPc 和 MPc），其结构式如图 4-23 所示。

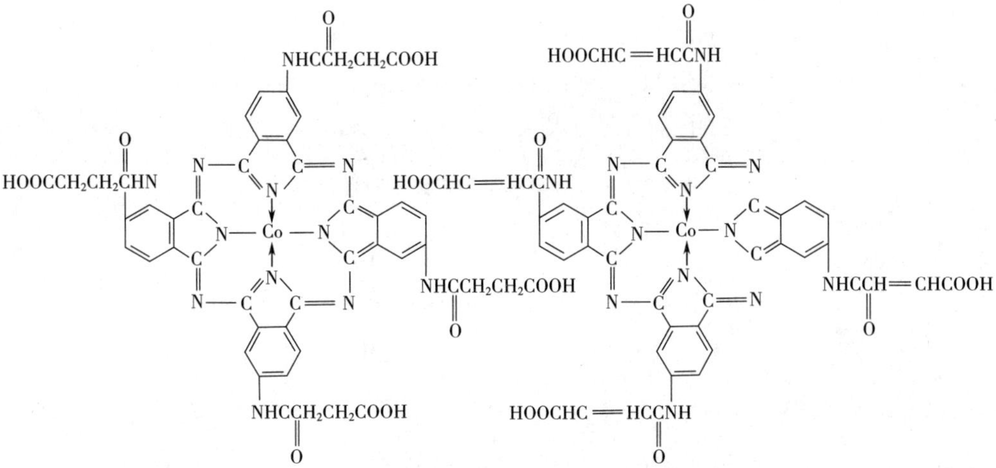

图 4-23　两种新型钴酞菁衍生物 SPc 和 MPc 的结构式

4.3.2　金属酞菁化合物在纤维表面的负载工艺

为了将金属酞菁衍生物负载于纤维表面，通常将纤维织物加入到含有 MA 阳离子改性剂和 NaOH 的水溶液中，并使之在 60℃反应 1h 得到阳离子改性纤维。由于纤维表面显正电性，在碱性条件下能够与带有负电性的金属酞菁衍生物通过静电引力结合得到金属酞菁负载纤维材料。图 4-24 描述了纤维素纤维阳离子改性的反应过程，得到的阳离子改性纤维素纤维能够与金属酞菁衍生物，如八羧基钴或铁酞菁化合物（Co-oaPc 和 Fe-oaPc）等反应得到 Co-oaPc 或 Fe-oaPc 负载纤维素纤维。

通过与上述类似的阳离子改性反应，也可将双核金属酞菁衍生物（Mt₂Pc₂，Mt=Co 或 Fe）负载于蚕丝纤维（SF）表面，这是因为蚕丝纤维上的羧基、羟基和氨基可以与 MA 反应使之阳离子化，其与 Mt₂Pc₂ 分子中解离的羧基阴离子具有较强的静电作用而与蚕丝纤维结合。在负载过程中，首先将蚕丝纤维与 MA 在 60℃和碱性条件下，反应得到阳离子改性蚕丝纤维（CSF）。然后再将 CSF 浸入含 Mt₂Pc₂ 的酸性水溶液中进行反应得到 Mt₂Pc₂ 负载蚕丝纤维，相关改性和负载反应如图 4-25 所示。

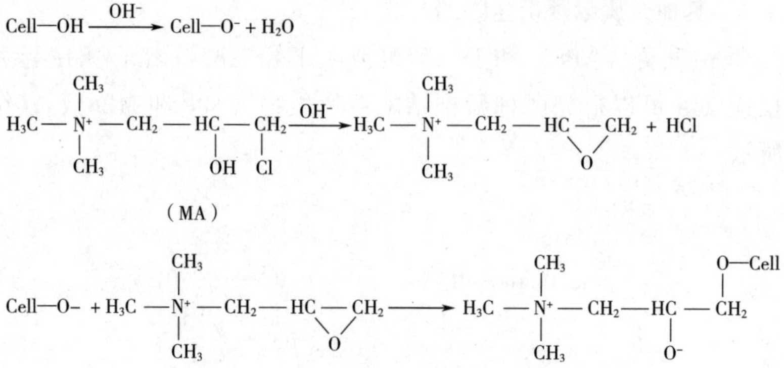

$$Cell—OH \xrightarrow{OH^-} Cell—O^- + H_2O$$

图 4-24 纤维素纤维的阳离子改性反应

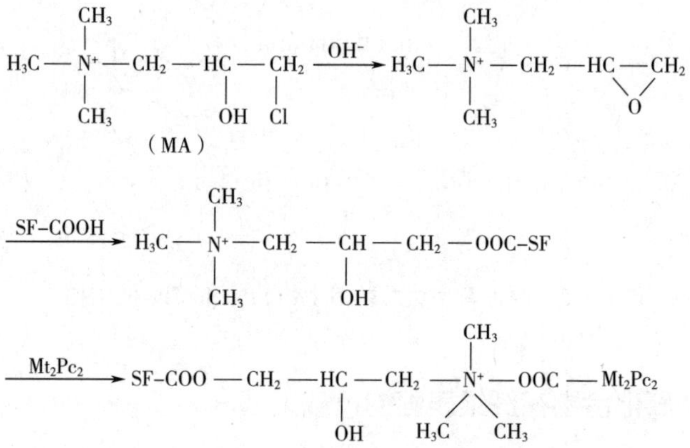

图 4-25 Mt$_2$Pc$_2$ 在蚕丝纤维表面的负载反应

4.3.3 金属酞菁负载纤维对空气中含硫化合物的净化作用

使用上述改性和负载反应制备三种金属酞菁负载纤维素纤维 Fe-oaPcF、Co-oaPcF 和 Co-Fe-oaPcF。它们对空气中的两种致臭化合物甲硫醇（CH_3SH）和硫化氢（H_2S）均具有优良的催化氧化能力，其中 Co-Fe-oaPcF 比其他两种金属酞菁负载纤维素纤维具有更快的消臭速度，结果如图 4-26 所示。在催化氧化过程中，CH_3SH 和 H_2S 首先被夺取氢原子而生成 CH_3S^- 和 HS^-，然后再与酞菁金属离子进行配位反应，使甲硫醇更快地被氧化反应。值得说明的是，由于金属酞菁含有较多的羧基，其不仅能催化氧化空气中的污染物，还可中和其中的碱性有害气体。三种金属酞菁负载纤维 CoPcF、FePcF 和 CoFePcF 对氨气和三甲胺消臭性能如图 4-27 所示。三种金属酞菁负载纤维对氨气和三甲胺都显示出较好的净化效果。与三甲胺

相比，氨气更容易被金属酞菁负载纤维所净化，这可能是由于三甲胺结构中甲基的
位阻效应限制了其与金属酞菁充分接触所致。

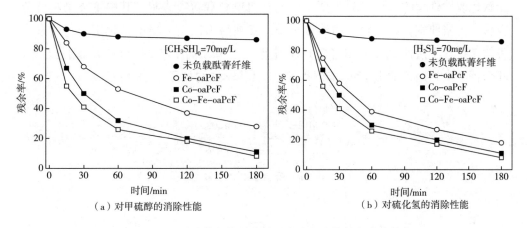

（a）对甲硫醇的消除性能　　　　　　　（b）对硫化氢的消除性能

图 4-26　金属酞菁负载纤维对甲硫醇和硫化氢的消除性能

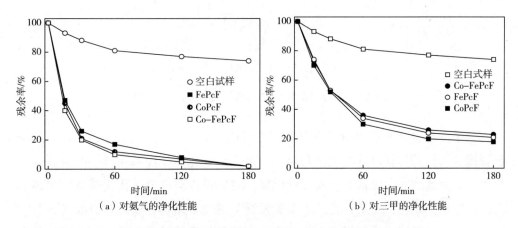

（a）对氨气的净化性能　　　　　　　　（b）对三甲的净化性能

图 4-27　金属酞菁负载纤维对氨气和三甲胺的净化性能

4.4　纳米 TiO$_2$负载织物空气净化性能改进技术

4.4.1　染料敏化纳米 TiO$_2$负载织物

4.4.1.1　染料的选择

染料敏化技术是改进纳米 TiO$_2$的光催化性能的重要方法之一，最重要的特点

是染料价格低廉和制备工艺简单，而且得到的染料敏化纳米 TiO₂ 光催化剂具有稳定的使用性能。在这个改进技术中，染料的选择非常关键。近年来用于纳米 TiO₂ 光敏化改性处理的有机染料主要是金属有机染料和菁类染料，其中菁类染料合成容易，价格便宜，具有较大的消光系数，发展潜力巨大。根据敏化用染料的基本条件，选择了活性翠蓝 KNG（C. I. 活性蓝 21）和阳离子红 2GL（C. I. 碱性红 29）两个菁类染料用于纳米 TiO₂ 的改性处理，其化学结构如图 4-28 所示。

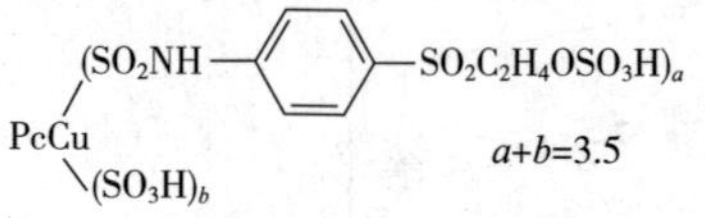

（a）活性翠蓝 KNG

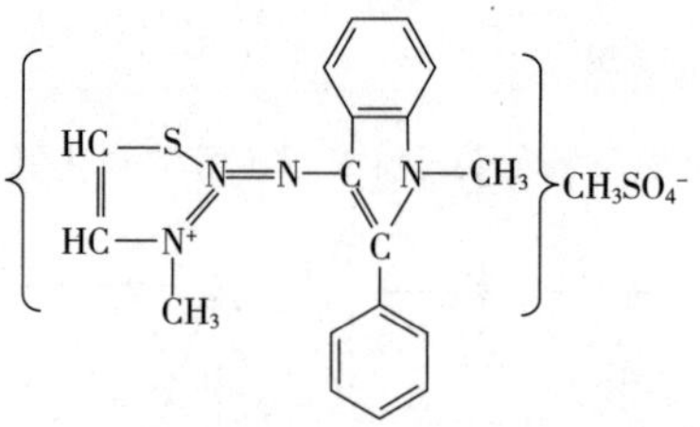

（b）阳离子红 2GL

图 4-28　活性翠蓝 KNG 和阳离子红 2GL 的化学结构

其中活性翠蓝 KNG 由多个磺酸基和乙烯砜类活性基与酞菁分子连接而成的铜酞菁配合物。其具有特殊的化学稳定性，突出的氧化还原性质和良好的激发态反应活性，而且激发态寿命长，发光性能好，对能量传输和电子传输都具有很强的光敏化作用。此外，还具有类似"能量天线"的化学结构，使得其吸收光谱与太阳光谱更好地匹配，从而提高吸光效率，把能量传递给其他物质。更重要的是它的稳定性好，合成已实现工业化，是太阳能电池中应用最多的一种染料。但是由于这个染料分子体积较大，需要在 TiO₂ 光催化剂表面占有更多的空间，较难进入纳米 TiO₂ 光催化剂的空穴中。而阳离子红 2GL 是苯基吲哚的衍生物，对纳米 TiO₂ 光催化剂有较好的吸附作用，能够牢固地附着在它的表面，为实现敏化作用创造了条件。

4.4.1.2　染料敏化纳米 TiO₂ 光催化剂的制备

染料敏化纳米 TiO₂ 光催化剂可以利用染料对纳米 TiO₂ 光催化剂的吸附性质进行制备，而染料对纳米 TiO₂ 光催化剂的吸附性质与其本身的化学结构、浓度以及介质的性质有密切关系。

（1）染料的吸附作用

由图 4-29 可以看出，在初始吸附 40min 内，纳米 TiO_2 粒子对两种染料的吸附量随着吸附时间而逐渐增加，然后其吸附量的增加趋缓，尤以活性翠蓝 KNG 为甚，吸附时间达到 100min 时，吸附趋于饱和平衡。此时活性翠蓝 KNG 在纳米 TiO_2 粒子表面的吸附量接近 30mg/g，而阳离子红 2GL 在纳米 TiO_2 粒子表面的吸附量约为 23mg/g。两者在纳米 TiO_2 粒子表面的吸附量存在差异的主要原因是它们在分子结构方面的不同。活性翠蓝 KNG 为具有酞菁结构的金属有机染料，分子量高且分子体积较大，与纳米 TiO_2 之间的吸引力较强，使两者更易于相互吸附。而阳离子红 2GL 属于菁类染料，分子体积相对较小，与纳米 TiO_2 间的吸引力较弱。另一方面，活性翠蓝 KNG 含有数个磺酸基和乙烯砜基等阴离子基团，对纳米 TiO_2 粒子的吸附性更强；而阳离子红 2GL 仅有一个季铵离子基团，与纳米 TiO_2 粒子的吸引力相对较差。

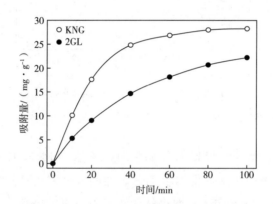

图 4-29　纳米 TiO_2 粒子对两种染料的吸附曲线

温度（22±1）℃，染料浓度 50mg/L，TiO_2 浓度 0.5g/L，pH 为 6.0

（2）染料溶液 pH

由图 4-30 可看出，纳米 TiO_2 粒子对活性翠蓝 KNG 的单位吸附量随着溶液 pH 的增大而减小，特别是当 pH 在 6~8 时，单位吸附量的变化极为显著。这是由于二氧化钛是两性氧化物，在水溶液中与水分子发生的配位作用而形成钛醇键，使其表面含有大量的氢氧基或钛醇基，这种钛醇化合物可以认为是二元酸，在不同的 pH 时存在酸碱反应平衡，如反应式（4-4）和式（4-5）。

$$\begin{array}{c}\diagdown\\ \diagup\end{array} Ti-OH_2^+ \Longleftrightarrow \begin{array}{c}\diagdown\\ \diagup\end{array} Ti-OH + H^+ \qquad (4-4)$$

$$\begin{array}{c}\diagdown\\ \diagup\end{array} Ti-OH \Longleftrightarrow \begin{array}{c}\diagdown\\ \diagup\end{array} Ti-O^- + H^+ \qquad (4-5)$$

即水化的 TiO_2 表面存在 $TiOH_2^+$、$TiOH$ 和 TiO^- 功能基。由于二元酸的解离方式及程度均受 pH 的影响，因此 TiO_2 表面特性主要由溶液的 pH 所决定。TiO_2 等电位点为 6.39，当 pH 低于等电位点时，表面主要存在 $TiOH_2^+$，而当 pH 高于等电位点时，其表面主要被 TiO^- 占据，而且这种表面电荷数量也随 pH 变化而有所不同。

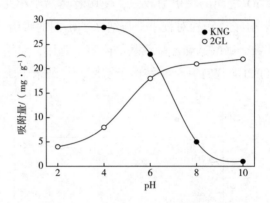

图 4-30　pH 对染料吸附量的影响

温度（22±1）℃，染料浓度 50mg/L，TiO_2 浓度 0.5g/L

　　在酸性条件下，活性翠蓝 KNG 结构中的—SO_3Na 和纳米 TiO_2 表面的 $TiOH_2^+$ 由于静电作用而相互吸引，这使得纳米 TiO_2 表面能够吸附更多的染料。在接近中性（pH=6）的条件下，纳米 TiO_2 表面仍然能够吸附少量的染料，这是因为在还没有达到等电点的偏中性条件下，纳米 TiO_2 表面仍然有一定的正电性，因而能和带负电性的染料发生静电吸附作用。在碱性条件下，TiO^- 使纳米 TiO_2 表面呈负电性，导致纳米 TiO_2 和染料间相互排斥，染料吸附量大幅度降低。在酸性条件下，阳离子红 2GL 分子结构中的季铵离子具有更强的正电性，与纳米 TiO_2 表面的 $TiOH_2^+$ 由于静电作用而相互排斥，使其难以吸附在纳米 TiO_2 表面上，染料吸附量处于较低水平。然而随着体系的 pH 逐渐升高，纳米 TiO_2 表面也由正电性向负电性转变，尽管阳离子红 2GL 的正电性亦有所减弱，但是其还是比较容易吸附于纳米 TiO_2 表面，使得染料吸附量不断提高。

（3）染料浓度

图 4-31 显示，在染料浓度低于 20mg/L 时，随着染料浓度的增大，其对纳米 TiO_2 粒子的吸附量迅速提高。当染料浓度大于 20mg/L 后，两种染料的吸附量尽管有所增加，但是增加程度很小。特别是当染料浓度超过 40mg/L 之后，吸附量几乎不变，这说明此时，染料对纳米 TiO_2 粒子的吸附作用达到平衡状态。这是由于染料浓度的增加直接导致体系中的染料分子增多，使其与纳米 TiO_2 粒子的接触概率提高，吸附速度加快，吸附量明显增高。但是在染料浓度过高的情况下，由于体系中纳米 TiO_2 粒子的数目是不变的，其与染料分子接触概率并未得到明显提高，因此吸附量变化不显著。此外，染料浓度过高会使染料分子间的缔合程度加剧，也能够影响它们对纳米 TiO_2 粒子的吸附作用，同时也可能引起纳米 TiO_2 粒子之间的团聚现象，如图 4-32 所示。

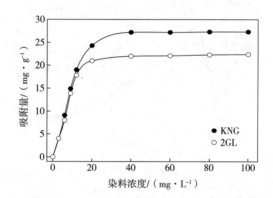

图 4-31 染料浓度对染料吸附量的影响

温度（22±1）℃，TiO_2 浓度 0.5g/L，pH 为 6.0

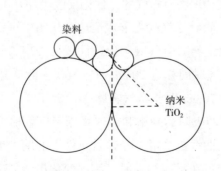

图 4-32 染料在纳米 TiO_2 粒子表面的吸附状态

当纳米 TiO_2 粒子间发生团聚时，它们互相紧密堆积一起，因此有些纳米 TiO_2 粒子表面就不能有效地吸附染料分子。值得注意的是，在此实验中两种染料的最终吸附量分别为 27.1mg/g 和 21.9mg/g，仍然是活性翠蓝 KNG 高于阳离子红 2GL，这与它们的分子结构有关。通过控制吸附时间、染料浓度和溶液 pH 等条件，能够得到具有不同染料吸附量的染料敏化纳米 TiO_2 光催化剂，最后使用超声波处理能够制得染料敏化纳米 TiO_2 光催化剂水分散液。

4.4.1.3 不同染料敏化纳米 TiO_2 负载织物的氨气净化性能

使用染料敏化纳米 TiO_2 光催化剂水分散液，通过浸轧法制备染料敏化纳米 TiO_2 负载织物，其在光辐射条件下对氨气进行光催化净化效果如图 4-33 所示。

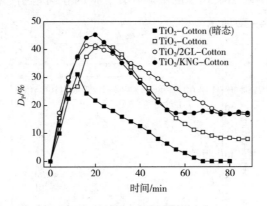

图 4-33　不同染料敏化 TiO_2 光催化剂对氨气降解的比较

图 4-33 中，TiO_2-Cotton（暗态）为纳米 TiO_2 负载织物对氨气的暗态吸附，TiO_2-Cotton 为纳米 TiO_2 负载织物对氨气的光催化降解反应，TiO_2/2GL-Cotton 为阳离子 2GL 敏化 TiO_2 负载棉织物对氨气的光催化反应，TiO_2/KNG-Cotton 为活性翠蓝 KNG 敏化 TiO_2 负载棉织物对氨气的光催化反应。从图中可以看出，曲线 1 是暗态条件下纳米 TiO_2 负载棉织物对氨气吸附去除曲线，表现为随着反应的进行，氨气去除率逐渐升高。当反应时间接近 20min 时，氨气去除率达到 30% 左右后逐渐下降，而当反应时间接近 70min 时，氨气去除率接近于零，说明此时反应器中纳米 TiO_2 负载棉织物对氨气的吸附达到饱和，这意味着负载棉织物通过吸附作用对氨气的去除是很有限的。曲线 2 是可见光辐射条件下的纳米 TiO_2 负载棉织物对氨气的光催化净化反应曲线，在反应初期氨气浓度变化由负载棉织物的吸附作用和其表面的纳米 TiO_2 的光催化氧化降解反应和共同构成。在反应时间为 25min 左右时，氨气去除率达到峰值（约为 41%），然后尽管氨气去除率不断下降，但是在

时间超过 80min 时保持在 8% 的范围内。曲线 3 是活性翠蓝 KNG 敏化 TiO_2 负载棉织物对氨气的光催化反应曲线，在反应时间 60min 内其与曲线 2 的形状类似，但是仍然存在不同。其一是氨气去除率的峰值明显高于曲线 2，其二是达到峰值的时间也较曲线 2 略短。这些都预示着活性翠蓝 KNG 敏化 TiO_2 在光催化降解效应方面的改善。更为重要的是，当反应时间超过 60min 后，氨气去除率并没有同曲线 2 那样仍然下降，而是保持在 17% 左右，比纳米 TiO_2 负载棉织物的氨气去除率提高一倍以上，这可以认为经过活性翠蓝 KNG 敏化后，纳米 TiO_2 粒子能够对可见光进行有效吸收，并通过光催化作用促进了氨气的氧化反应。曲线 4 是阳离子 2GL 敏化 TiO_2 负载棉织物对氨气去除曲线，其氨气去除率的峰值类似于曲线 2，但是达到峰值的时间也较曲线 2 略短，氨气去除率降低的速率较慢，并且 80min 后氨气去除率与曲线 3 相近。这也可认为是经过阳离子 2GL 敏化改性后 TiO_2 粒子光催化作用得到加强的结果。

（1）染料吸附量的影响

使用含有不同染料吸附量的四种染料敏化纳米 TiO_2 光催化剂水分散液，通过浸轧法制备染料敏化纳米 TiO_2 负载织物，考察它们在可见光辐射条件下对氨气的光催化净化性能，结果如图 4-34 和图 4-35 所示。

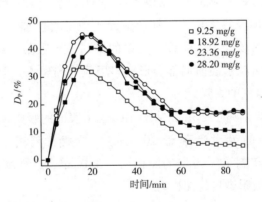

图 4-34　活性翠蓝 KNG 在纳米 TiO_2 表面吸附量与氨气去除率的关系

图 4-34 和图 4-35 显示，在反应初期随着反应的进行，染料敏化纳米 TiO_2 负载棉织物氨气去除率逐渐升高，在 20min 左右达到峰值。对于活性翠蓝 KNG 敏化 TiO_2 负载棉织物，其氨气去除率峰值随活性翠蓝 KNG 在 TiO_2 表面吸附量的增加而提高，而阳离子 2GL 敏化纳米 TiO_2 负载棉织物并未表现出类似的趋势，在达到峰值后，氨气去除率不断下降，超过 60min 后未出现明显变化。另外，对于活性翠蓝

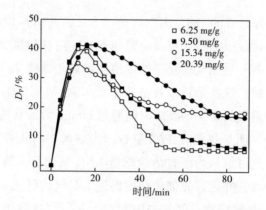

图 4-35 阳离子 2GL 在纳米 TiO_2 表面吸附量与氨气去除率的关系

KNG 敏化纳米 TiO_2 负载棉织物，其在反应结束时的最终氨气去除率随活性翠蓝 KNG 在纳米 TiO_2 表面吸附量的增加而增大，从不足 5% 增大至 17.2%。这说明活性翠蓝 KNG 在纳米 TiO_2 表面吸附量的增加有利于纳米 TiO_2 粒子对氨气的光催化氧化反应。而对于阳离子 2GL 敏化纳米 TiO_2 负载棉织物，其最终氨气去除率也随阳离子 2GL 在纳米 TiO_2 表面吸附量的增加从 5.1% 增大至 18% 左右。研究证明，只有直接吸附在半导体表面的染料分子才能有效地向半导体导带注入电子，但是单层染料分子吸收太阳光的效率非常低。随着纳米 TiO_2 粒子表面染料吸附量的增加，染料分子能够更有效地吸收太阳光，捕获的光子数显著增加，并产生更多的电子。在较高染料吸附量的场合中，应该有更多的染料分子吸附于纳米 TiO_2 粒子表面，并且在一些纳米 TiO_2 粒子表面局部会形成多层吸附的现象，但是这并不利于纳米 TiO_2 负载棉织物对氨气的去除。

此外，通过计算阳离子 2GL 在纳米 TiO_2 粒子表面的吸附面积可考察染料的吸附状态。以实验中的最大吸附量 20.37mg/g 为例，阳离子 2GL 的分子量为 368.89g/mol，一个染料分子占据的面积约为 $1.0nm^2$，这样就能够计算出在 1.0g 纳米 TiO_2 粒子表面吸附染料的面积为：

$$(20.37\times10^{-3}/368.89)\times6.023\times10^{23}\times10^{-18}=33.26m^2/g \qquad (4-6)$$

使用比表面及孔隙分析仪测试分析纳米 TiO_2 粒子的比表面积，采用氮的吸附—脱附方法，可以得到纳米 TiO_2 粒子的比表面积为 $64.17m^2/g$，由此可以计算出阳离子 2GL 在纳米 TiO_2 粒子表面的吸附率为 51.83%，这表明 TiO_2 粒子表面上还有约一半的面积不能吸附染料。当吸附量为较低的 6.25mg/g 时，阳离子 2GL 在纳米 TiO_2 粒子表面的吸附率仅为 15.90%，可以推算出在纳米 TiO_2 粒子表面上有更大的面积未被染料占据，导致其吸收太阳光的效率非常低。

（2）可见光强度的影响

图 4-36 给出了在不同可见光强度的条件下，染料敏化纳米 TiO_2 负载织物对氨气的去除率。当可见光强度从 101.6mW/cm² 增加到 155.2mW/cm²，染料敏化纳米 TiO_2 负载织物的最终氨气去除率都有所提高，由 12%～13% 增加到 20% 左右，增加幅度超过 70%。这说明在可见光强度的增加有利于染料敏化纳米 TiO_2 负载织物对氨气的光催化氧化降解。这意味着染料分子对纳米 TiO_2 敏化改性能够使其吸收一定量的太阳光，捕获的光子数有所增加，产生了更多数量的电子，并促进了电子在染料、纳米 TiO_2 和氨分子之间的传递，增加了氧化还原反应的活性中心，最终表现为染料敏化纳米 TiO_2 负载织物的氨气去除率的提高。图 4-36 中 A 为可见光（400～1000nm），101.6mW/cm²，照度 68.03×10³Lx；B 为可见光（400～1000nm），155.2mW/cm²，照度为 84.38×10³Lx。

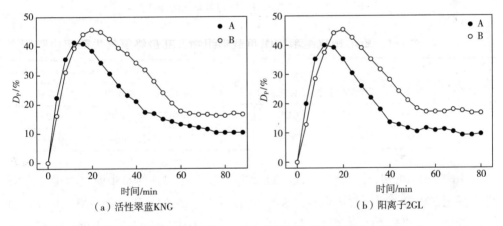

（a）活性翠蓝KNG　　　　　　　（b）阳离子2GL

图 4-36　染料敏化纳米 TiO_2 负载棉织物氨气去除率的影响

4.4.2　纳米 Ag/TiO_2 负载织物

为了改善纳米 TiO_2 在织物表面的光催化活性，利用在纳米 TiO_2 表面沉积高活性的金属银技术制备了纳米 Ag/TiO_2 复合光催化剂及其水分散液，并通过浸轧方法将其负载于纤维织物表面得到纳米 Ag/TiO_2 负载织物。其制备的基本过程是将纳米 TiO_2 粉体加入到硝酸银水溶液中，混合均匀后加入 Na_2CO_3 水溶液。然后将所得到的混合物在超声波震荡和紫外灯辐射条件下反应，直至光化学反应完全得到纳米 Ag/TiO_2 复合光催化剂粉体。通过超声波振荡技术将纳米 Ag/TiO_2 粉体加工成水分散液，并添加于水中形成含有 30g/L 的纳米 Ag/TiO_2 复合光催化剂的浸轧液，最后以其分别对三种棉、涤纶及其混纺织物进行负载整理。然后在光辐射条件下使用上述负载织物对氨气进行光催化净化实验，反应过程中氨气浓度变化以及光催化降解反应的速率常数 k 分别列于图4-37和表4-9中。

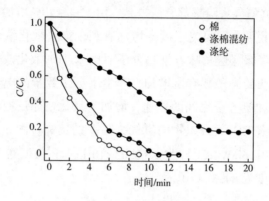

图4-37　纳米 Ag/TiO$_2$ 负载织物对氨气的净化性能

表4-9　纳米 Ag/TiO$_2$ 负载织物与光催化降解反应速率常数的关系

TiO$_2$				Ag-TiO$_2$			
试样	棉织物	涤纶织物	涤/棉混纺织物	试样	棉织物	涤纶织物	涤/棉混纺织物
k/min^{-1}	0.301	0.0047	0.0225	k/min^{-1}	0.581	0.076	0.288
R	0.9612	0.9167	0.9670	R	0.9512	0.9914	0.9957

由图4-37可知，三种纳米 Ag/TiO$_2$ 负载织物存在时，体系中氨气浓度迅速降低，甚至在较短时间内就达到零，这说明它们具有优良的氨气净化性能。从表4-9可以看出，与纳米 TiO$_2$ 光负载织物相比，纳米 Ag/TiO$_2$ 负载织物的光催化降解反应速率常数有较大程度的提高。这证明纳米 Ag/TiO$_2$ 复合光催化剂的光催化性能明显优于普通纳米 TiO$_2$ 催化剂，对负载涤纶织物和涤/棉混纺织物对氨气净化性能有明显的改善作用。这主要归因于金属银在纳米 TiO$_2$ 粒子表面上沉积。从光催化反应机理可知，在光生电子—空穴中，只有发生了电荷分离的那部分电子和空穴才对光催化氧化反应有效。减少无效的电子和空穴数目，增加有效的电子和空穴数目有利于光催化氧化反应的进行。金属银在纳米 TiO$_2$ 表面主要作为电子捕获阱，使光生电子在金属上富集，减少电子和空穴的复合，使有效的电子和空穴数目增加，从而提高 TiO$_2$ 的光催化活性。表4-9还说明，根据氨气催化降解反应速率常数，三种织物表面负载的 Ag/TiO$_2$ 复合光催化剂的活性次序仍为：Ag/TiO$_2$-棉 > Ag/TiO$_2$-涤/棉 > Ag/TiO$_2$-涤，这证明经纳米 Ag/TiO$_2$ 复合光催化剂负载后，涤纶织物

和涤/棉混纺织物的氨气净化性能尽管有较大程度的提高，但是仍不及纯棉织物。

4.4.3　纳米 Ag_3PO_4/TiO_2 负载织物

4.4.3.1　不同晶型 Ag_3PO_4 的制备

（1）菱形十二面体

将 0.2g 的 $AgNO_3$ 溶解在 40mL 含有 2g 的 PVP 的水中使两者反应。离心分离后将得到的沉淀均匀分散于 40mL 含有 1g 的 PVP 的水溶液中。快速搅拌条件下逐滴加入 20mL 的 NaH_2PO_4 水溶液，反应 3h 后离心分离、洗涤和烘干后得到菱形十二面体 Ag_3PO_4。

（2）立方体

将 0.2g 的 $AgNO_3$ 溶解在 20mL 的水中，边搅拌边缓慢逐滴加入 0.1mol/L 氨水直至溶液刚好透明。然后逐滴加入 20mL 的 NaH_2PO_4 水溶液，30min 后将得到的溶液离心、洗涤和烘干得到立方体 Ag_3PO_4。

4.4.3.2　Ag_3PO_4/TiO_2 复合光催化剂的制备

首先将纳米 TiO_2 粉末分散在水中，再加入适量的 H_2O_2，搅拌反应后离心、水洗和烘干得到改性纳米 TiO_2。将 $AgNO_3$ 水溶液边搅拌边缓慢滴加至 0.1mol/L 氨水中直至溶液透明。然后将一定量的改性 TiO_2 添加入上述透明溶液中，超声分散后在搅拌状态下逐滴加入 20mL 的 Na_2HPO_4 水溶液。反应一定时间后经分离得到 Ag_3PO_4/TiO_2 复合光催化剂。

4.4.3.3　Ag_3PO_4/TiO_2 复合光催化剂对棉织物的整理及其对甲醛的净化性能

将复合 Ag_3PO_4/TiO_2 光催化剂和分散剂混合于水中，经超声处理后获得负载整理液。然后使用此整理液通过浸轧（轧余率 80%）→预烘（80℃×5min）→焙烘（150℃×3min）对棉织物进行整理，得到 Ag_3PO_4/TiO_2 负载棉织物。将其置于光反应器中进行对甲醛光催化降解实验，结果如图 4-38 所示。

由图 4-38 可以看出，在反应初期负载织物对甲醛的降解速率较快，但是随着时间延长，降解速率逐渐降低并趋于不变。反应 72h 后初始甲醛浓度分别为 $1.837mg/m^3$、$1.213mg/m^3$ 和 $0.631mg/m^3$ 的甲醛降解率分别为 58.2%、65.0% 和 70.1%。这说明 Ag_3PO_4/TiO_2 负载棉织物对不同浓度的甲醛均有光催化降解性能。当使用不同用量的 Ag_3PO_4 制备的 Ag_3PO_4/TiO_2 负载棉织物时，使用质量分数为 3% 的 Ag_3PO_4 制备的负载织物的甲醛降解率最高。过多的 Ag_3PO_4 并不利于其对甲醛的降解（图 4-39）。光催化降解机理研究证明，3% 的 Ag_3PO_4 制备的负载织物对辐射光的利用率更高，会产生更多的氧化活性物质，最终将甲醛氧化为 CO_2 和水。

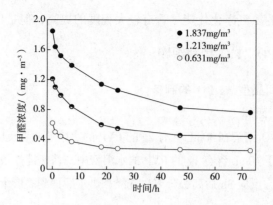

图4-38 Ag₃PO₄/TiO₂负载棉织物对不同浓度甲醛的降解曲线

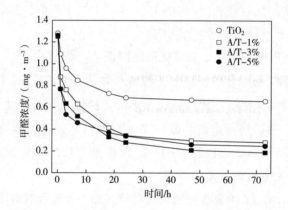

图4-39 不同用量Ag₃PO₄制备的Ag₃PO₄/TiO₂负载棉织物对甲醛的降解曲线

4.4.4 纳米 CdS/TiO₂ 负载织物

纳米 CdS 是一种典型的Ⅱ-Ⅵ族半导体材料,在室温条件下其禁带宽度为2.4eV,具有非常高的光电转化性能。纳米 CdS 不仅具有纳米粒子的量子限域效应、小尺寸效应和非线性光学效应等特性,还存在着纳米粒子组装后因规则排列而导致的新效应,如量子耦合效应和协同效应,因此在电磁、光学和催化材料的制备方面显示出巨大的发展潜力。当将纳米 CdS 和纳米 TiO₂复合后制成负载玻璃纤维织物,由于两者的协同效应,使其对空气污染物(特别是苯等)具有更强的净化作用。纳米 CdS/TiO₂负载玻璃纤维织物制备时,首先以钛酸丁酯为原料,使用控制水解技术制备纳米 TiO₂水溶胶,并将玻璃纤维织物(FGC)加入其中使其吸附纳米 TiO₂。然后将吸附纳米 TiO₂的玻璃纤维织物在400℃煅烧6h得到纳米

TiO₂ 负载玻璃纤维织物（TiO₂/FGC）。更重要的是，将 TiO₂/FGC 浸入 CdCl₂ 乙醇溶液处理烘干后，再使用 Na₂S 甲醇溶液处理烘干，能够得到纳米 CdS/TiO₂ 负载玻璃纤维织物（CdS/TiO₂/FGC）。

从图 4-40 可知，CdS/TiO₂/FGC 对苯显示出优良的净化性能，这主要归因于纳米 CdS 和 TiO₂ 光催化降解特性及 FGC 的吸附作用以及三者的协同效应。还可看到，CdS 负载量对 FGC 固定化催化剂的光催化降解效率具有显著影响，在紫外光和可见光辐射 300min 后，TiO₂/FGC 的光催化降解效率仅为 55.4%，如图 4-40（a）所示，但是在可见光照射下，TiO₂/FGC 光催化剂几乎没有光活性，如图 4-40（b）所示。随着 CdS 用量的增加，负载织物的光催化活性呈先增加后下降的趋势。使用浓度为 0.005mol/L 的 CdS 制备的样品在紫外光和可见光照射下均表现出最高光催化活性，对苯的降解率分别达到 92.8% 和 32.7%。

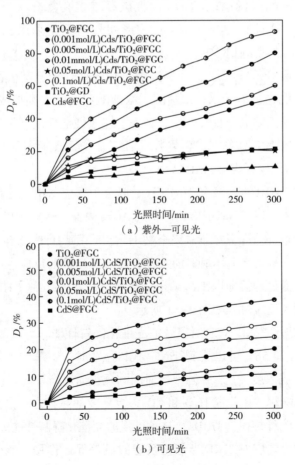

图 4-40　光辐射条件下不同负载织物对苯的光催化降解效率

4.4.5 纳米 TiO_2/活性碳纤维复合材料

活性碳纤维作为一种无机纤维具有较高的杨氏模量和机械强度以及耐高温和抗腐蚀性，并显示出与石墨接近的高导电和导热性，非常适合用作光催化剂的载体。更重要的是，活性碳纤维还具有较高的电子容量和电子迁移率，可接收从纳米 TiO_2 表面转移来的光生电子，抑制其与光生空穴的复合，显著地提高了纳米 TiO_2 的光催化性能。活性碳纤维呈黑色，显示出很好的光吸收性能，可以拓宽纳米 TiO_2 的光响应范围，进而提高其光利用率。活性碳纤维具有巨大比表面积和发达孔隙结构，能够通过其强大的吸附力浓缩反应物，加速光催化反应过程。此外，粉末状纳米 TiO_2 光催化剂在使用时，通常存在易团聚、难分散以及分离和回收困难等问题，而当其负载于活性碳纤维表面后，这些问题会得到不同程度的缓解。制备纳米 TiO_2/活性碳纤维多孔复合材料通常以钛酸丁酯（TBT）为钛源，活性碳纤维（ACF）为形貌导向剂，采用三步水热技术，具体过程如下：

首先将活性碳纤维浸渍于王水溶液中进行改性处理使其表面引入活性基团。同时按一定比例混合去离子水、浓盐酸、浓硫酸和钛酸丁酯形成 TiO_2 生长液，并将其转移至聚四氟乙烯高压反应釜中，加入上述改性活性碳纤维后，在 180℃反应 4h 使其中生成的锐钛矿型纳米 TiO_2 颗粒（TiNPs）沉积到活性碳纤维表面，即得到纳米 TiO_2 颗粒/活性碳纤维（TiNP/ACF）复合材料。

将一定量的 NaOH 水溶液和 TiNP/ACF 混合于反应釜中，并在 180℃反应使生成的 $Na_2Ti_3O_7$ 纳米纤维（NaTiNFs）沉积到 ACFs 表面。然后将得到的 NaTiNF/ACF 用稀 HCl 水溶液洗涤直至其中 Na^+ 完全被 H^+ 置换得到 $H_2Ti_3O_7$ 纳米纤维（HTiNF/ACF）多孔材料。最后将上述材料加入含有稀 HCl 溶液的反应釜中，在 150℃条件下进行水热相转变处理后即得 TiO_2 纳米纤维负载活性碳纤维（TiNF/ACF）多孔材料。其完整的制备反应过程如图 4-41 所示。

图 4-42 给出了 TiNF/ACF 对甲苯的光催化降解性能。每次测试时吸附和光催化时间分别为 2h 和 5h。可以看到 TiNF/ACF 存在时，甲苯的光催化降解率（η_t，C_7H_8）和 CO_2 生成浓度（C_{CO_2}）随反应时间的延长而逐渐升高，说明 TiNF/ACF 可将其表面的甲苯降解并矿化成 H_2O 和 CO_2。更重要的是，在相同条件下 TiNF/ACF 比未负载纳米 TiO_2 纤维棒（TiRDs）显示更强的光催化降解性能。这体现出了 ACF 通过高效的吸附等效应对 TiNF 光催化系能的显著促进作用。此外，TiNF/ACF 在对甲苯去除过程中还具有稳定且高效的吸附/光催化性能，四次循环使用后对甲苯

的吸附效率和光催化降解率几乎没有发生明显的变化，如图 4-43 所示，显示出优良的重复利用性能。图 4-3 中（a）在 ACF 上沉积 TiO_2 颗粒制备 TiNP/ACF 复合物，（b）TiNP/ACF 在水热条件下合成 NaTiNF/ACF 复合物，（c）HCl 溶液中 H^+ 置换 $Na_2Ti_3O_7$ 中 Na^+ 生成 HTiNF/ACF 复合物，（d）在 HCl 溶液中水热反应制备 TiNF/ACF 多孔材料。

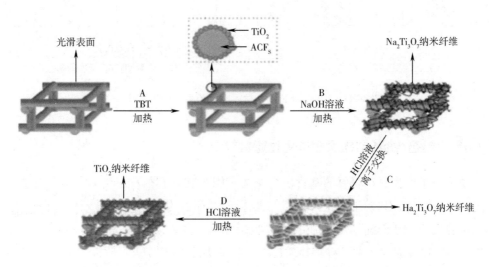

图 4-41 TiNF/ACF 多孔材料的形成过程示意图

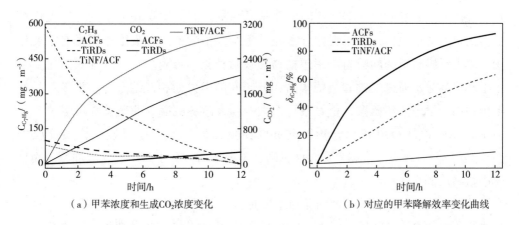

（a）甲苯浓度和生成 CO_2 浓度变化

（b）对应的甲苯降解效率变化曲线

图 4-42 在氙灯辐射时 ACFs、TiRDs 和 TiNF/ACF 多孔材料光催化降解甲苯过程

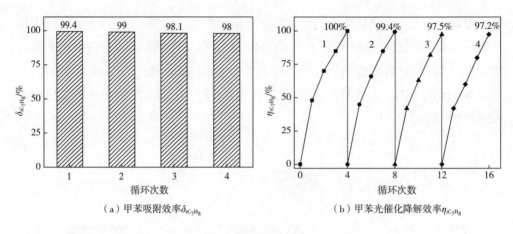

（a）甲苯吸附效率$\delta_{tC_7H_8}$ （b）甲苯光催化降解效率$\eta_{tC_7H_8}$

图 4-43   TiNF/ACF 多孔材料对甲苯去除循环实验

4.4.6   电气石/纳米 TiO$_2$负载羊毛过滤材料

羊毛纤维作为过滤材料的基材历史悠久，因为其具有热稳定性好、透气性高、阻力小、容尘量大和易于清灰等优点。20 世纪初研究发现，羊毛纤维中蛋白质能够与甲醛反应，从而显示出较强的甲醛吸附能力。进一步研究表明，羊毛纤维还能够与 SO$_2$ 和香烟气体中的有害物质反应而将其去除。

4.4.6.1   羊毛纤维吸附甲醛原理

羊毛纤维是由十余种氨基酸组成的蛋白质纤维。羊毛纤维的结构主要包括鳞片层、皮质层和髓质层，在鳞片细胞和角质细胞之间的连接较为松散并存在许多曲折而贯通的空隙，这对于气体分子在羊毛纤维中的扩散和吸附作用具有重要作用。羊毛纤维对甲醛的吸附作用包括物理吸附和化学吸附。其中物理吸附主要是羊毛和甲醛分子通过氢键和范德华力等分子间的引力而相互结合。化学吸附是羊毛蛋白质分子中的赖氨酸、精氨酸、谷氨酸和天门冬氨酸等的氨基与甲醛发生反应生成多种含氮羟甲基化合物，也可以使蛋白质发生交联反应，相关反应如图 4-44 所示。环境湿度越大和温度越高，羊毛蛋白质分子与甲醛反应加剧，而且其中蛋白质的交联程度越高。

值得说明的是，当羊毛纤维受到摩擦时，会通过其表面毛羽向周围空气放电，加剧空气电离产生负离子。图 4-45 给出了空气中水分子产生负离子的基本反应过程。实验证明，对于直径较细的羊毛纤维，其表面毛羽较细，尖端电荷密度高，毛羽放电量大，能够产生高浓度的负离子。这对于羊毛纤维吸附甲醛和净化空气具有一定的促进作用。

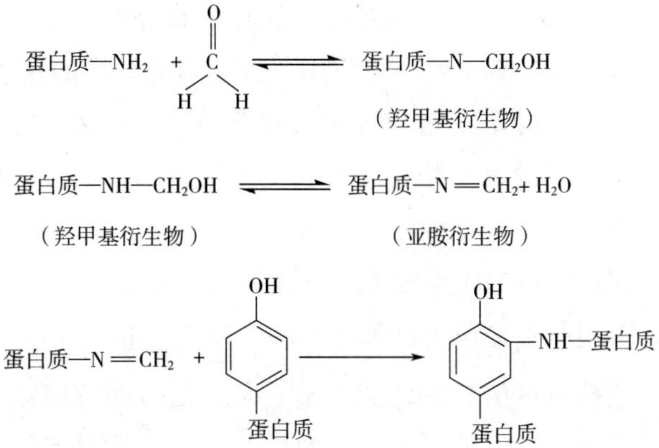

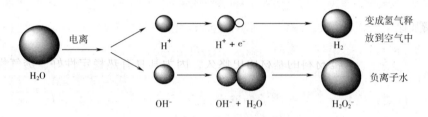

图 4-44　甲醛和蛋白质中氨基酸的反应

图 4-45　空气中负离子的生成机理

结果显示，在环境温度为（22±1）℃，相对湿度为 65%±2%，环境风速小于 0.1m/s，噪声小于 45dB 和环境气压为 $1.013×10^5$ Pa 且无空气污染的条件下。羊毛织物经摩擦后，产生负离子的发射量通常不低于 5000 个/m³（表 4-10），这与城市郊区和田野中存在的负离子发射量几乎处于同一水平。但是当将其制成织物后负离子发射量则显著减低，这主要与羊毛纤维形成织物后其表面毛羽密度等方面的变化有关。另外，空气中的负离子对甲醛也具有一定的分解作用，相关过程描述如反应式（4-7）~式（4-9）。

$$\cdot OH + HCHO \longrightarrow H_2O + \cdot CHO \tag{4-7}$$

$$\cdot OH + \cdot CHO \longrightarrow HCOOH \tag{4-8}$$

$$2 \cdot OH + HCOOH \longrightarrow H_2O + CO_2 \tag{4-9}$$

表 4-10　羊毛滤料负离子的发射量

织物试样	羊毛纤维	羊毛机织物	羊毛针织物
负离子发射量/（1000 个·cm⁻³）	5.64	3.87	3.66

尽管羊毛纤维对空气中的甲醛具有一定的吸附和分解能力，还可通过摩擦效应产生负离子进一步对增加对甲醛净化作用。然而羊毛纤维的比表面积相对较小，吸附能力受到限制，这使得羊毛对甲醛的降解反应为一个缓慢的化学反应过程，同时羊毛纤维产生负离子的发生量也会受到羊毛纤维形成织物的限制。因此仅依靠羊毛纤维本身对甲醛的净化作用是不理想的，难以进行实际应用。

4.4.6.2 电气石/纳米 TiO_2 负载羊毛过滤材料制备原理

使用纳米 TiO_2 和电气石对羊毛纤维进行复合整理能够制备电气石/纳米 TiO_2 负载羊毛过滤材料。三种材料的特性优势互补，并通过协同效应进一步强化过滤材料的净化作用。其中负载于羊毛纤维表面的纳米 TiO_2 在紫外光辐射条件下产生高氧化性的羟基自由基和超氧离子，它们可快速分解吸附在羊毛纤维中的甲醛，进一步提高甲醛降解速率。另一方面，在光催化的过程中，羊毛纤维对甲醛的吸附作用会加速甲醛在纤维表面富集，弥补了光催化剂对低浓度污染物降解速率低的不足，促进负载于羊毛纤维表面的纳米 TiO_2 对甲醛的光催化降解反应。也就是说，羊毛蛋白质吸附分解和纳米 TiO_2 光催化降解反应的协同作用能够迅速分解空气中的甲醛。同时，负载于羊毛纤维表面的电气石能够利用环境气候变化，通过产生热点效应和压电效应使空气中的水分子发生瞬间放电，可连续生成羟基负离子，强化了羊毛纤维发生负离子的特性，使其具备了持续散发负离子的功能。并且这种作用随着电气石粒子粒径的减小而加强。羊毛纤维本身含有大量的亲水基团，能够吸附更多的水分在其表面，十分有利于电气石粒子与水分子作用产生负离子效应。另外，共同负载于羊毛纤维表面的纳米 TiO_2 和电气石也会产生协同效应，促进滤料对甲醛的净化能力。这是因为纳米 TiO_2 在电气石形成的电场作用下，使光生电子被转移到电气石颗粒的正极部分，减小光生空穴和电子的复合速率，使纳米 TiO_2 光催化效率得以加强。

4.5 纳米 TiO_2 负载织物对室内空气污染物的净化原理

4.5.1 对甲醛的光催化降解反应

在纳米 TiO_2 表面发生的甲醛光催化氧化分解过程中，表面羟基化可能是反应的控制步骤。在紫外光辐射条件下，吸附在纳米 TiO_2 表面的水分和氧气被光生电子和空穴氧化或还原为羟基自由基和超氧负离子自由基，这些具有高氧化性的物质能够使甲醛发生深度氧化反应，其中羟基自由基是光催化氧化反应中的主要氧化剂。此外，光生电子的主要俘获剂则是吸附于纳米 TiO_2 表面的氧分子，它能够抑制电子和空穴的复合，并由此产生的超氧负离子自由基，经过质子化作用后成为表面羟基的来源之一。当纳米 TiO_2 表面的主要吸附物是水分子时，其俘获空穴而产生羟基自由基，然后对甲醛等有机污染物进行氧化分解反应，这被称为间接氧化反应。而当纳米 TiO_2 表面的主要吸附物是甲醛等有机污染物时，光生空穴与它们的反应则被称为直接氧化反应，是甲醛分解的主要途径。此外，纳米 TiO_2 表面积碳是其失活的主要原因，而其表面水蒸气的存在会使积碳分解为 CO_2，失活的纳米 TiO_2 再生而表现出重复利用性能。

当羟基自由基（·OH）和超氧阴离子自由基（O^{2-}·）共同对甲醛进行氧化反应时，甲醛通常首先被羟基自由基抽取其分子中的氢，生成碳氢氧自由基（·CHO）。然后其依两种路径进一步被氧化为甲酸，并且最终被降解为 CO_2 和水。一些可能的化学反应如反应式（4-10）~式（4-14）所示。此外，甲醛光催化降解反应的主要中间产物是 CO 和甲酸，其中 CO 主要是由于甲醛不完全氧化及其自身光解反应而形成的副产物，见反应式（4-15）和式（4-16）。

$$HCHO + \cdot OH \longrightarrow \cdot COH + H_2O \tag{4-10}$$

$$CHO + \cdot OH \longrightarrow HCOOH \tag{4-11}$$

$$CHO + O_2^- \longrightarrow HCO_3^- \xrightarrow{+H^+} HCOOOH \xrightarrow{+HCHO} HCOOH \tag{4-12}$$

$$HCOOH \xrightarrow{-H^+} HCOO^- \xrightarrow{-OH} H_2O + CO_2^- \tag{4-13}$$

$$HCOO^- \xrightarrow{H+} H^+ + CO_2^- \longrightarrow H_2O + CO_2 \tag{4-14}$$

$$HCHO + h\nu\,(+O_2) \longrightarrow 2H_2O + CO \tag{4-15}$$

$$HCHO + h\nu\,(+O_2) \longrightarrow H_2 + CO \tag{4-16}$$

4.5.2　对氨气的光催化氧化降解反应

关于纳米 TiO_2 对氨气的光催化氧化降解反应，目前主要存在三种反应机理。一是认为在紫外光辐射和室温条件下，锐钛型纳米 TiO_2 能够将氨气光催化氧化降解为氮气和一氧化二氮，其中氮气的生成量是一氧化二氮生成量的四倍。并且认为纳米 TiO_2 粒子对氨气光催化氧化降解反应可用反应式（4-17）~式（4-23）表示，简称为反应机理（I）。

$$(TiO_2) + h\nu \longrightarrow p^+ + e^- \tag{4-17}$$

$$O^- + p^+ \longrightarrow O^* \tag{4-18}$$

$$NH_3 + O^* \longrightarrow NH_3O^* \rightleftharpoons NH_2OH^* \tag{4-19}$$

$$NH_2OH^* \longrightarrow NH^* + H_2O \tag{4-20}$$

$$NH^* + HNO \longrightarrow N_2 + H_2O \tag{4-21}$$

$$HNO + HNO \longrightarrow N_2O + H_2O \tag{4-22}$$

从反应机理（Ⅰ）可发现，反应的主要中间产物是 NH 和 HNO，它们通过与氧发生氧化反应生成氮气和一氧化二氮。

二是认为纳米 TiO_2 吸收辐射光后产生具有强氧化能力的羟基自由基，然后它们再与氨气发生氧化反应，并将其进一步降解为氮气和水，可用反应式（4-23）~式（4-29）表示，简称为反应机理（Ⅱ）。

$$NH_3 + \cdot OH \longrightarrow NH_2 + H_2O \tag{4-23}$$

$$NH_2 + \cdot OH \longrightarrow NH + H_2O \tag{4-24}$$

$$NH_2 + \cdot OH \longrightarrow HNO \tag{4-25}$$

$$NH + O_2 \longrightarrow HNO \tag{4-26}$$

$$HNO + \cdot OH \longrightarrow NO + H_2O \tag{4-27}$$

$$HNO + O_2 \longrightarrow HNO_3 \tag{4-28}$$

$$NO + NH_2 \longrightarrow N_2 + H_2O \tag{4-29}$$

从反应机理（Ⅱ）可以发现，主要中间产物包括 NH、NH_2、NO、HNO 和 HNO_3，它们能够通过进一步氧化反应生成氮气和水。

三是主要认为在氨气光催化降解反应过程中，生成的氢氧自由基能够抽取氨分子中的氢原子，并使之最终氧化为氮气，其可能的降解如反应式（4-30）~式（4-33）所示，简称为反应机理（Ⅲ）。

$$NH_3 + \cdot OH \longrightarrow NH_2 + H_2O \tag{4-30}$$

$$2NH_2 \longrightarrow NH_2 - NH_2 \tag{4-31}$$

$$NH_2 - NH_2 + 2 \cdot OH \longrightarrow NH - NH + 2H_2O \tag{4-32}$$

$$NH - NH + 2 \cdot OH \longrightarrow N_2 + 2H_2O \tag{4-33}$$

在反应机理（Ⅲ）中，主要的中间产物有 NH_2、NH—NH 和 NH_2—NH_2，它们通过氧化反应被进一步转化为氮气和水。

比较这三种光催化降解反应机理过程可以发现，虽然氨气的降解反应途径不尽相同，但是其中起主要作用的都是羟基自由基对氨气的氧化降解。并且三者的共同点是它们的最终氧化产物都包含氮气，这说明在氨气的光催化氧化反应中生成氮气的可能性最大。此外，在反应机理（Ⅰ）中还发现有少量的一氧化二氮生成，可吸附于纳米 TiO_2 表面。尽管一氧化二氮能够溶于水，但是却不能与水发生化学反应而进一步生成其他氮氧化物。值得注意的是，反应机理（Ⅱ）中的产物包括一氧化氮和硝酸。在氧气和紫外光辐射条件下，最终一氧化氮几乎被完全降解，而硝酸则吸附在纳米 TiO_2 表面并未生成其他产物。一氧化氮和二氧化氮的光催化氧化降解反应生成硝酸的过程如反应式（4-34）和式（4-35）所示。

$$NO+\cdot O_2H \longrightarrow HNO_3 \qquad (4-34)$$

$$NO_2+\cdot OH \longrightarrow HNO_3 \qquad (4-35)$$

研究已证明，如果在氨气的光催化氧化反应中有一氧化氮和二氧化氮生成，会迅速地转化为硝酸，并且能部分或全部地吸附于催化剂和纤维的表面。然而，当纳米 TiO_2 负载棉织物对氨气光催化氧化降解反应完成后，使用离子色谱检测负载棉织物的水萃取液并未发现其中有硝酸根离子生成。由此推断在此反应产物中并不存在硝酸，更不会有一氧化氮和二氧化氮生成。因此可使用反应式（4-36）~式（4-44）描述纳米 TiO_2 负载棉织物对氨气的光催化氧化降解反应机理。

$$TiO_2+h\nu \longrightarrow e_{cb}^-+h_{vb}^+ \qquad (4-36)$$

$$h_{vb}^++H_2O \longrightarrow \cdot OH \qquad (4-37)$$

$$NH_{3,ga} \longrightarrow NH_{3,ad} \qquad (4-38)$$

$$NH_{3,ad}+\cdot OH \longrightarrow NH_{2,ad}+H_2O（或 H^+） \qquad (4-39)$$

$$NH_{2,ad}+\cdot OH \longrightarrow NH_{ad}+H_2O（或 H^+） \qquad (4-40)$$

$$NH_{ad}+\cdot OH \longrightarrow N_{ad}+H_2O（或 H^+） \qquad (4-41)$$

$$NH_x+NH_y \longrightarrow N_2H_{x+y}（x，y=0，1，2） \qquad (4-42)$$

$$N_2H_{x+y}+（x+y）h_{vb}^+ \longrightarrow N_{2,ad}+（x+y）H^+ \qquad (4-43)$$

$$N_{2,ad} \longrightarrow N_{2,ga} \qquad (4-44)$$

4.5.3　对 VOCs 的光催化氧化降解反应

挥发性有机化合物（VOCs）是指在常压条件下沸点为 50~260℃的多种有机化合物。按其化学结构，挥发性有机化合物又可分为烷类、芳烃类、酯类和醛类等化合物。其中苯系物如苯、甲苯、二甲苯和苯乙烯等是最常见的挥发性有机化合物。值得说明的是，甲醛也属于挥发性有机化合物，但是因甲醛在室内空气环境中来源广泛，释放浓度较高且易溶于水，与其他挥发性有机化合物不同，故将其与其他挥发性有机化合物分开研究。

在紫外光辐射条件下，纳米 TiO_2 能够使苯发生氧化降解反应，主要降解中间产物是苯酚、对苯二酚和对苯醌。此外还检测到少量的乙醇、甲基丁烯醛、甲基丁酮和乙酰乙酯等其他中间产物。图4-46给出了纳米TiO_2光催化剂存在时，苯的氧化降解反应的主要反应历程。其中一种途径是光生空穴首先直接氧化苯分子，使之形成苯阳离子自由基，随后与纳米TiO_2表面的碱性羟基或与其表面吸附的水分子反应生成苯酚。另一种途径是纳米TiO_2表面产生羟自由基进攻苯分子，使之发生加成反应形成环己二烯自由基，然后与O_2反应进而生成苯酚。另外，在没有水存在时，纳米TiO_2通过光生空穴能使苯分子直接发生氧化反应形成苯阳离子，并通过自由基缩聚反应与苯反应生成大分子。

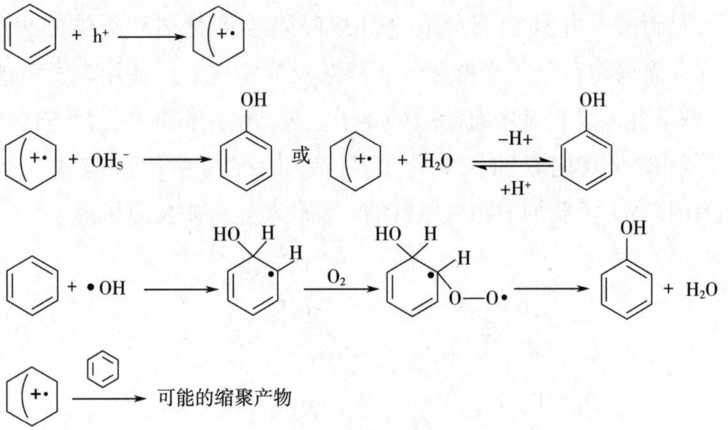

（a）初级降解反应历程

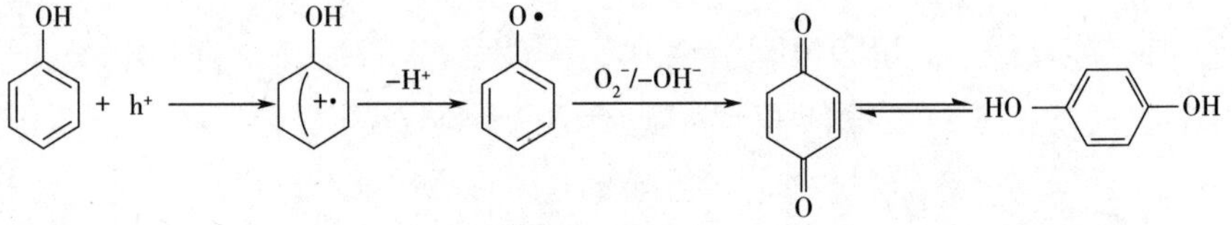

（b）次级降解反应历程

图4-46　苯分子发生光催化氧化降解反应的历程

纳米TiO_2的存在也能使甲苯发生光催化氧化降解反应。其中降解反应的初级中间产物主要包括苯甲醛、苯甲醇、甲酚、苯甲酸、苯酚和苯等（图4-47）。在纳米TiO_2的作用下，甲苯首先发生脱氢反应形成苯甲基自由基，然后与氧气反应形成苯甲基过氧自由基，分解形成苯甲醛和苯甲醇后继续被氧化为苯甲酸。进一步研究证明，苯甲酸能够较强地吸附在纳米TiO_2表面而可能导致其失活。在反应过程中生成的这些芳香环化合物逐渐发生分解，生成的中间产物主要是乙醛、丙酮、甲醛、丙烯醛、丁二烯、丙烯和甲醇等脂肪族化合物，其中乙醛的浓度最高。

然后这些脂肪族化合物在光催化过程中发生深度氧化反应，在纳米 TiO_2 表面生成草酸、乙酸、甲酸和丙酮酸等一些酸性中间体。

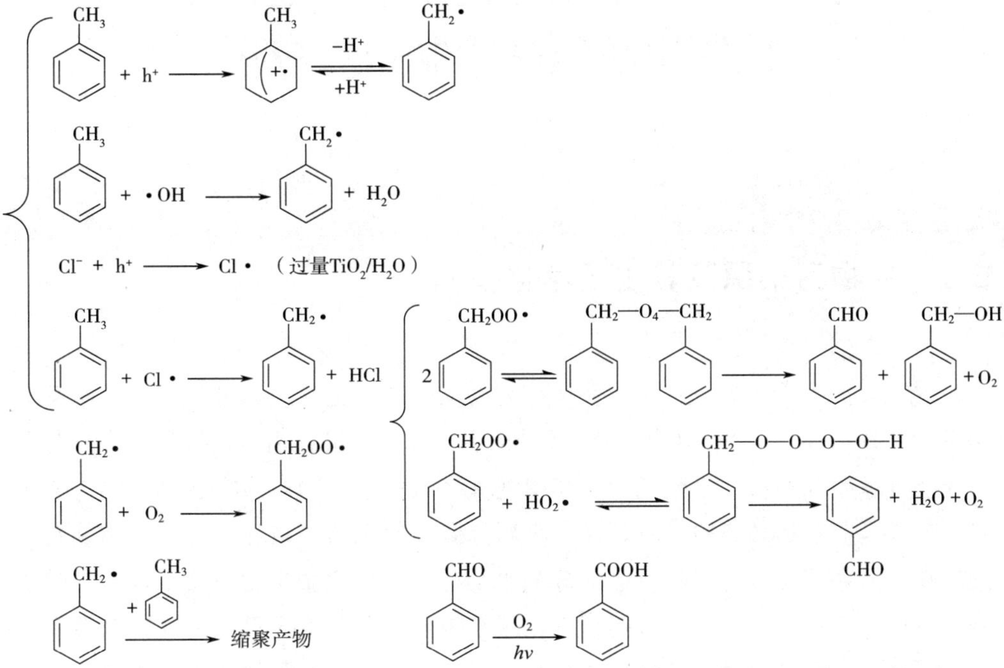

图 4-47　纳米 TiO_2 存在时甲苯光催化氧化的初级降解反应历程

　　除了苯系物之外，三氯乙烯（TCE）等氯化有机化合物也是室内空气环境中挥发性有机化合物的重要组成部分。在紫外光存在时，纳米 TiO_2 也能够使三氯乙烯等发生光催化氧化降解反应，中间产物为四氯化碳、三氯甲烷和氯乙烷等。丙酮等酮类化合物在光催化氧化降解反应中的中间产物包括乙醛、甲乙酮、甲酸和甲醇等，最后被进一步转化为 CO_2。醇类化合物也属于挥发性有机化合物，其中甲醇主要来自于室内装修材料中的木制品，其降解主要产物是甲醛。乙醇则通常先被氧化为乙醛，随后通过甲醛、甲酸和乙酸等转化为 CO_2。丁醇在室内空气环境中同样存在，在光催化降解过程中它的主要中间产物包括丁醛、乙酸、丙醇、丙醛、乙醇和乙醛。这些产物最终将通过形成甲醛和甲醇而被氧化为 CO_2 和 H_2O。

第5章　基于光催化技术的生物污染
控制用纺织品的制备与应用

5.1　生物污染源及其主要净化技术

在人类的生活环境中存在着数量庞大的微生物，主要包括种类繁多的细菌和真菌等。据估计，这些微生物有 10 万种以上，并且能够在适宜的温湿度和养分条件下迅速繁殖和生长。研究证明，其中绝大多数的微生物对人类和动植物是无害的，甚至是有益和必需的。但是其中小部分微生物也已经被证实可使人类和动植物产生疾病甚至死亡，因此将这部分微生物通称为病原微生物。其不仅会导致物质的腐败、变质、发霉和伤口的感染化脓等现象，甚至给人类和动物带来致命的疾病和创伤，而且对生态环境造成巨大危害，因此这些有害的微生物也可称为生物污染源。19 世纪以前，生物污染引起的霍乱和伤寒等疾病曾夺走了千百万人的生命。世界卫生组织（WHO）报告，在 1995 年全世界约有 300 万人死于由病原体污染的水和食物导致的传染病。生物污染不仅对人类的生命带来威胁，还会给人类社会造成巨大的经济损失。据不完全统计，20 世纪 60 年代，英国每年由霉菌引起的棉织物损失已超过数百万英镑。在 1965 年有害微生物给美国天然橡胶行业带来的损失价值高达 2300 万美元。因此，开发生物污染控制技术和相关产品，使人类免受有害微生物的侵害和保护生态环境是可持续发展的重大任务之一。

5.1.1　生物污染源的分类

依据其结构和组成，微生物通常可分为三大类：一是原核类的细菌、放线菌、支原体、立克次氏体、衣原体和蓝细菌等；二是真核类的真菌，如酵母菌和霉菌、原生动物和显微藻类；三是非细胞类的病毒、类病毒和朊病毒等。

5.1.1.1　细菌

细菌是单细胞原生生物，在温暖潮湿的环境条件下生长迅速。常见的有害细菌主要包括：

①志贺氏菌类：它是引起人类细菌性痢疾的病原菌，具有感染剂量小和在菌浓度较低时仍可能引起人群感染的特点。

②埃希氏菌和大肠杆菌：是食品中重要的腐败菌，能引起人类食物中毒。尽管大肠杆菌对于合成对人体有益的部分维生素有益，但当人或动物机体的抵抗力下降时，其仍可引起多种病症。

③沙门氏菌：是一种能够引起伤寒病、食物中毒和败血症等疾病的细菌，其致病机理不仅在于细菌本身，而且在于其产生的毒素。当毒素进入人体后迅速发病。

④假单胞菌：为革兰氏阴性无芽孢杆菌，在自然界和人类生活环境中分布广泛，有 200 余种。其中的绿脓杆菌能产生多种与毒素有关的物质，导致的感染可发生在几乎人体全部组织和部位，并引发多种严重疾病。

⑤微球菌属和葡萄球菌：均为革兰氏阳性球菌，其中以金黄色葡萄球菌最为著名。人体感染后在很短的时间内就会产生肠毒素，并引发食物中毒症状。

⑥链球菌：为呈短链或长链状排列的革兰氏阳性球菌，能导致链球菌性喉炎和轻度皮肤感染，可致风湿性心脏病等。

⑦白色念珠菌：是人类特别是体弱的成年人或婴儿易感的一种真菌。在人体抵抗力差或微生物自然平衡受到干扰时，白色念珠菌会大量繁殖，引发支气管炎、肺炎和膀胱炎等疾病。

5.1.1.2 病毒

病毒是一种非细胞性生物，其核心由核酸构成，外部则由蛋白质壳包裹。核酸内储存着病毒的遗传信息，控制着病毒的遗传、变异、繁殖和对宿主的传染性。由于病毒是专性寄生生物，须通过吸附进入宿主细胞内存活和自我复制，进而对人类造成攻击和危害。常见的有害病毒主要包括：

①肠道病毒：它是人类感染的最常见病原体之一，是水环境中最常见的病毒。其分布广泛，在污水、河水、海水和地下水以及饮用水中都可能检出。肠病毒分为不同种类，在结构、组成、核酸和形态方面各不相同。在环境中的存活及对水处理过程中的抵抗性等也存在显著差异且传播途径多样。

②甲型肝炎病毒：可通过饮食进入人体，再通过血液抵达肝脏而导致甲型肝炎。流行病学研究表明受到粪便污染的食物和水是甲型肝炎病毒的普遍来源。

③轮状病毒：它是球形无包膜的双链 RNA 病毒，为导致婴幼儿急性胃肠炎的主要病原体，在城市废水、河水、地下水和自来水环境中都有发现。

④星状病毒：它是一类球形无包膜的单正链 RNA 病毒，在全世界都有发现的记录，多导致婴儿和艾滋病人患病。

5.1.1.3　原生动物

原生动物通常个体较大，以芽孢、孢囊和囊合子等对外界有较强抵抗力的形式存活于水体中。尽管其对氯系消毒剂的抵抗力强，但可用过滤技术进行有效去除。常见致病性原生动物主要包括：

①贾第虫：孢囊成卵圆形，人误食造成感染，可引起贾第虫病等消化道疾病，全世界每年发现约 1 亿例的贾第虫病例。

②隐孢子虫：它是一种营专性细胞内寄生的球虫，可形成具有较强感染力的囊合子。日本的调查发现，约 47% 的水源都含有隐孢子虫，甚至在饮用水中也有检出。隐孢子虫的囊合子对消毒剂的抵抗力高于贾第虫，同样可使用过滤技术将其去除。

③棘皮阿米巴虫：是一种在水环境中和土壤中常见的原生动物，甚至也有从自来水中分离出过这种微生物的报道，最可能的感染途径是从黏膜、损伤的皮肤进入人体。

5.1.2　人类生活环境中的微生物污染

5.1.2.1　人体与微生物

研究表明，自然界中每克土壤中的细菌数以亿计，放线菌孢子也有几千万个。全世界海洋中微生物的总量约 280 亿吨。人类生活在一个充满着微生物的环境中。在正常情况下，人体上半身皮肤每平方厘米的微生物多达 5000 个，人体肠道中菌体总数则高达 100 万亿左右。在人体处于高温和运动时，出汗量可达 0.5~2kg/天，其中含有约 25% 的有机物，这为微生物生长繁殖提供了有利环境。这些微生物将人体表面分泌物分解，产生大量刺激性气味，给人体皮肤表面微环境带来污染。人体皮肤的不同部位栖居着不同种类的细菌、真菌、病毒或原虫。例如，在人体的前额处主要栖居着表皮葡萄球菌和疮疱丙酸杆菌，而在腋窝处则主要栖居着葡萄球菌和贪婪丙酸杆菌。在真皮层尤其是毛发根部或毛发皮脂腺管内，栖居着如疮疱丙酸杆菌或糠秕孢子菌等微生物种群。

5.1.2.2　水体和空气环境中的微生物污染

自然水体中广泛存在着细菌、病毒、真菌、藻类和原生动物等微生物。它们主要来源于土壤、植物、动物和人类。能够通过水传播的病原体包括细菌、病毒、原虫、蠕虫和霉菌等，它们可以通过污水排放和土壤经雨水冲洗等途径直接或间接地污染各种水源，并引起疾病流行或瘟疫爆发。水环境中不同病原体的来源和传播途径也存在较大差异。调查表明，目前全世界大约超过 10 亿人的饮用水缺乏安全保障，全世界约 7% 的死亡和疾病是不能获得安全饮用水所致，因此每年有大量人类死于水体生物污染。仅全世界每年因水体污染致病的死亡人数就高于 200 万人。空气环境中存在的致病菌通常包括细菌、病毒和真菌等，通常都可由呼吸使人群受到感染，引发多种呼吸道传染病、哮喘和病态建筑物综合征等。近年来，禽流感和 SARS 等这些传染性疾病都是由致病菌在空气环境中引起的，所造成空气中的生物污染不仅严重威胁人类的生命和健康，而且也对世界工业和经济生活产生显著影响。

5.1.2.3　纤维制品与微生物

众所周知，人们日常生活中使用的服用纺织品和室内装饰用纺织品等都寄生着微生物。研究表明，在正常穿着状态下的内衣表面，每平方厘米的织物上就存在着有害和无害的微生物约 80~5000 个。若生长条件适宜，其中的一些微生物还会产生异常的繁殖。从现代科学观点来看，即使是无害的微生物也可能发生变异。纺织品表面的微生物对其本身和人体的影响至少包括三个方面：

①天然纤维中的棉和羊毛等是微生物的粮食，能促进细菌的繁殖，而合成纤维服装吸汗性差，大量汗水难以排出，亦给微生物的繁殖创造有利条件，不仅会刺激人体皮肤并引起不舒适感，而且还会产生异味，甚至引发人体病变，严重危害人体健康。

②人体分泌的汗和皮脂等排泄物附着在皮肤表面，易引起微生物的滋生和繁殖，使贴身内衣产生臭味，并且被细菌污染的袜子会使脚产生脚癣，另外婴儿尿布还会引起斑疹。

③纺织品在贮存过程中，特别是在温湿度适宜的条件下，因沾污等原因也会引起微生物的产生和繁殖。其中霉菌的繁殖会在织物表面形成霉斑，使织物局部着色或变色，甚至导致纤维脆损，织物的使用价值和卫生性能都受到损害。另外，纺织品保暖等功能在使用过程中也为微生物的生长创造了良好环境，使其发生快速繁殖。

进一步的研究证明，合成纤维织物通常比天然纤维织物更适宜细菌的繁殖。在相似的服用条件下，涤棉混纺织物和合成纤维织物比棉织物表面更易产生和存留皮肤癣菌类真菌。临床研究表明，穿着合成纤维袜子的人，其脚部发生细菌感染的可能性比穿着天然纤维袜子的人可能性更大。这主要是因为天然纤维能很好地吸收汗液等水溶性污染物，而合成纤维袜子的吸汗能力差，使皮肤表面残留的污物较多，使微生物在纤维制品中易于繁殖。此外，羊毛织物比棉织物更适宜病毒存留。

5.1.3 生物污染的控制技术

目前对于细菌、病毒和原生动物等微生物带来的生物污染的常用控制技术是借助温度、压力、电磁波、射线或切断细菌必需营养等物理方法使微生物生长受到抑制，也可使用抗菌剂等化学方法杀灭微生物。

5.1.3.1 抗菌剂的使用

抗菌剂通常是指能够在一定时间内控制某些微生物的生长或繁殖的化合物。根据其组成可分为天然抗菌剂和合成抗菌剂，其中合成抗菌剂又主要分为无机型和有机型产品。无机型化合物如纳米 TiO_2、纳米 ZnO 和银系抗菌剂等。有机型化合物，如二苯醚及其衍生物、有机硅季铵盐及脂肪酸酯等。在实际应用中有机/无机复合抗菌剂等也有使用。作为理想的抗菌剂应满足下列要求：抗菌能力强且具有广谱抗菌性；耐热耐日晒耐洗涤，物化稳定性高；易添加到基材中，不影响其颜色和机械性能，不降低产品使用和美学价值；对人体健康安全无害，不造成环境污染。

在无机抗菌剂中，纳米 TiO_2 是一种高性能的无机抗菌净化材料，利用太阳光和荧光灯中紫外光作为激发源就可发挥抗菌效应。当纳米 TiO_2 受到光辐射激发后，会产生光生电子和光致空穴，然后与水和氧气发生反应生成具有高氧化性的氢氧自由基等活性氧物质。这些活性物质会与微生物的细胞膜、细胞壁或细胞内组分发生反应，通过影响其新陈代谢功能而抑制其生长，甚至导致其死亡。纳米 TiO_2 的杀菌能力随着其粒径的减小而增强。纳米 TiO_2 光催化杀菌剂具有以下优点：

①纳米 TiO_2 抗菌效果迅速，杀菌力强，能迅速有效地分解构成细菌的有机物，与银系负载型无机类抗菌材料相比，其抗菌效应更好。

②纳米 TiO_2 同时具有抑菌和灭菌作用，光催化产生的羟基自由基等能够分解细菌的生长与繁殖需要有机营养物质，阻碍细菌发育和增长，并彻底杀灭细菌，达到抗菌杀菌的双重目的。

③纳米 TiO_2 显示出对微生物的彻底杀灭性。银系无机杀菌剂尽管能使微生物细胞失去活性，但细菌被杀死后可释放出致热和有毒的组分，会带来二次污染。而纳米 TiO_2 光催化剂不仅能消灭细菌生命力，而且能破坏细菌外层细胞，穿透细胞膜结构，降解由细菌释放出的有毒复合物，完全去除二次污染。

④纳米 TiO_2 具有防霉效应。与有机抗菌材料相比，金属离子负载型无机抗菌

材料的防霉作用较弱，需要与防霉性能较好的有机抗菌材料配合使用，而纳米 TiO_2 则克服了上述缺点，本身具有较强的防霉效应。

⑤纳米 TiO_2 具有优良的适用性和稳定性。其光催化反应在常温常压下进行且本身并不消耗，化学稳定性好，长期使用时抗菌性能几乎不下降。

⑥纳米 TiO_2 具有多功能性，不仅具有抗菌性能、空气净化、污水处理、防污除臭等功能，还具有抗紫外、超亲水效应和防雾自清洁等功能。

5.1.3.2　紫外线杀菌技术

紫外线消毒技术适用于室内空气、物体表面和水及其他液体的抗菌处理，主要是通过对微生物的辐射损伤和破坏核酸功能使其致死，从而达到消毒目的。该方法具有不投加化学药剂，不产生有毒有害的副产物，消毒速度快和效率高等优点。但是该方法的主要缺点是经紫外线消毒后一些被紫外线杀伤的微生物在光复活机制下会修复损伤而再生，影响消毒效率。

5.1.3.3　等离子体灭菌技术

等离子体灭菌技术是目前最先进的低温灭菌技术之一，具有无药物残留、安全性高、灭菌时间短和低环境污染等显著优点，但是存在着处理成本较高和应用范围相对狭窄的不足。等离子体作为物质存在的第四种状态通常包含原子团、分子碎片和电子和离子等多种组分，并能形成高能态的活性自由基粒子，不仅能够撞击和杀灭微生物，而且还可与微生物发生氧化反应生成 CO_2 和水。此外，等离子体还能将细胞或病毒分解，使其从材料表面脱落而致其死亡。

5.1.3.4　环境控制技术

（1）温度控制

每种微生物都有最适的生长温度范围，当温度高或低于这个范围时，微生物的生长会受到抑制直至死亡。因此，可通过蒸煮或烘焙等高温方法杀灭具有潜在威胁的微生物，也可通过低温的方法阻缓微生物的生长。

（2）湿度控制

当相对湿度低于 70% 时，绝大多数的微生物生长都会变得非常缓慢而难以大量繁殖。因此通过自然风干、烘干和抽湿等方法，造就一个较为干燥的环境条件可以控制微生物污染。

（3）除氧封存

通过添加除氧剂，使小环境中的氧气浓度降至 1% 以下，可有效地抑制需氧微生物的生长。

此外，还能够通过改变环境的 pH 和渗透压等条件控制细菌的生长。

5.2 基于光催化技术的生物污染净化纺织品制备方法

5.2.1 纳米 TiO_2 负载织物

5.2.1.1 纳米 TiO_2 负载纤维素纤维织物

（1）纳米 TiO_2 水溶胶的合成

首先将钛酸四丁酯溶于乙醇中制备钛酸四丁酯的乙醇溶液，然后将其缓慢滴入到规定温度的氨水中，继续搅拌 30min，最后使用醋酸调节反应体系呈酸性即可得到纳米 TiO_2 水溶胶。在制备过程中主要反应分为两步进行，如反应式（5-1）~式（5-4）所示。其中反应式（5-1）和式（5-2）为钛酸四丁酯的水解反应，在碱催化条件下反应较快。而反应式（5-3）和式（5-4）分别是失水缩聚和失醇缩聚反应，使产生的 $Ti(OH)_4$ 聚结形成无定形的纳米 TiO_2。影响上述反应的主要因素是钛酸四丁酯与水的摩尔比以及反应体系的 pH，通常而言，它们的摩尔比越小，反应进行的越完全。

$$\equiv Ti\!-\!OR + H_2O \longrightarrow \equiv Ti\!-\!OH + ROH \tag{5-1}$$

$$Ti(OR)_4 + 2H_2O \longrightarrow TiO_2 + 4ROH \tag{5-2}$$

$$\equiv Ti\!-\!OR + \equiv Ti\!-\!OH \longrightarrow \equiv Ti\!-\!O\!-\!Ti \equiv + ROH \tag{5-3}$$

$$\equiv Ti\!-\!OH + \equiv Ti\!-\!OH \longrightarrow \equiv Ti\!-\!O\!-\!Ti \equiv + H_2O \tag{5-4}$$

（2）纤维素纤维的羧甲基化改性处理

首先将纤维素纤维如棉或麻纤维等浸泡在 NaOH 溶液中，在室温条件下处理 1h 使其溶胀形成纤维素钠，然后向该溶液中加入理想浓度的一氯乙酸的乙醇溶液，使一氯乙酸在 75℃ 与生成的纤维素钠进行改性反应，在纤维素分子链结构中引入羧甲基。其改性反应过程如反应式（5-5）所示。

$$\tag{5-5}$$

（3）纳米 TiO_2 水溶胶对改性纤维素纤维的浸渍加工

使用浸渍工艺制备纳米 TiO_2 光催化抗菌纤维的原理是将羧甲基改性纤维素纤维与纳米 TiO_2 水溶胶进一步发生缩合反应，并通过适当处理使纳米 TiO_2 接枝在改性纤维素纤维分子链上，相关反应可使用反应式（5-6）和式（5-7）进行表达。常用的反应过程是将羧甲基改性纤维素纤维加入到纳米 TiO_2 水溶胶中，进行回流浸渍处理后即可得到纳米 TiO_2 光催化抗菌纤维。

$$\text{细胞—O—CH}_2\text{—}\overset{\overset{\displaystyle O}{\|}}{C}\text{—OH—HO—}\overset{|}{\underset{|}{Ti}}\text{—OH} +\equiv\!Ti\text{—OH}\longrightarrow \text{细胞—O—CH}_2\text{—}\overset{\overset{\displaystyle O}{\|}}{C}\text{—O—}\overset{|}{\underset{|}{Ti}}\text{—O—Ti}\!\equiv +H_2O$$

$$(5\text{-}6)$$

$$\text{细胞—O—CH}_2\text{—}\overset{\overset{\displaystyle O}{\|}}{C}\text{—OH—HO—}\overset{|}{\underset{|}{Ti}}\text{—OH} +\equiv\!Ti\text{—OH}\longrightarrow \text{细胞—O—CH}_2\text{—}\overset{\overset{\displaystyle O}{\|}}{C}\text{—O—}\overset{|}{\underset{|}{Ti}}\text{—O—Ti}\!\equiv +ROH$$

$$(5\text{-}7)$$

（4）纳米 TiO_2 光催化抗菌纤维制备的主要影响因素

钛酸丁酯浓度的增加尽管有利于生成纳米 TiO_2 水溶胶，但是其浓度过大会增加反应生成的纳米粒子相互接触的概率，因此导致它们团聚形成更大的粒子。为此必须严格控制钛酸丁酯浓度，保证获得较小尺寸的纳米 TiO_2 粒子。因为纳米 TiO_2 粒子的粒径越小，其比表面积越大，表面原子配位不饱和性增加，表面活性更高，其表面依附的基团特别是羟基越多，易于与改性纤维素纤维的羟基反应并将更多的纳米 TiO_2 粒子固定于纤维表面。在钛酸丁酯水解过程中，pH 对形成的纳米 TiO_2 的粒径和表面状态具有显著影响。研究证明，钛酸丁酯的水解反应属于多步进行的亲核取代反应，强酸性介质条件有利于形成金红石相纳米 TiO_2 的生成，而中性和弱酸性介质则有利于锐钛相产物的形成。特别需要指出的是，在 pH 为 4 的条件下可以制得粒径为 13nm 左右的锐钛相纳米 TiO_2。更重要的是，在 pH 为 4 时纳米 TiO_2 在改性纤维素纤维表面的接枝率（G）很高 [图 5-1(a)]。当 pH 大于 4 时，纳米 TiO_2 粒子粒径增大，不利于与纤维结合反应。

钛酸丁酯的水解反应一般是吸热反应，升高温度有利于水解反应的进行。温度越高，水解反应完成需要的时间越短。钛酸丁酯的水解反应迅速，产生大量的 $Ti(OH)_4$，聚结形成无定形纳米 TiO_2 粒子。在酸性条件的回流过程中，$Ti(OH)_4$ 会脱水形成晶态的水合纳米 TiO_2 粒子。图 5-1（b）显示，当温度在 75℃ 时，纳米 TiO_2 粒子在纤维表面的接枝率最高，此时纳米 TiO_2 粒子粒径最小，表面积最大，更易于与纤维发生反应。进一步的研究显示，纳米 TiO_2 粒子在纤维表面的接枝率越高，在太阳光辐射条件下抑菌圈越大，抗菌效果越明显（表 5-1）。因为小粒径纳米 TiO_2 粒子表面积大，表面原子配位不饱和性增加，光催化活性更高，产生更多的高氧化性自由基。

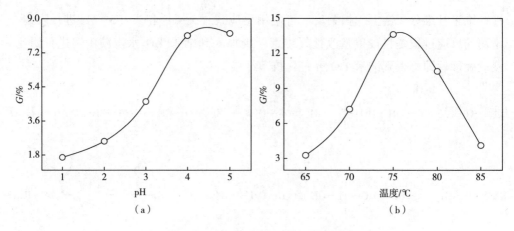

图 5-1　pH 和温度对接枝率的影响

表 5-1　太阳光辐射条件下抗菌纤维的抑菌圈

样品	纳米 TiO₂接枝率/%	抑菌圈/mm		
		24h	48h	1 周
未处理纤维	0	0	0	0
抗菌纤维	4.4	3.5	3.5	2
	16.1	4.5	4.5	3.5
	21.84	5.6	5.6	5.6

5.2.1.2　纳米 TiO₂ 负载涤纶织物

（1）纳米 TiO₂ 水溶胶对海藻酸改性聚酯纤维的浸渍加工

①纳米 TiO₂ 水溶胶的制备方法。将冷却到零下 20℃ 的 TiCl₄ 在剧烈搅拌条件下缓慢滴入 4℃ 的水中并反应 30min。使反应液的 pH 小于 1，以保证纳米 TiO₂ 粒子的逐渐生成。最后将得到的中间产物在 60℃ 回流处理 16h 就能够得到纳米 TiO₂ 水溶胶。

②聚酯纤维的海藻酸表面改性。为了提高聚酯纤维与纳米 TiO₂ 颗粒结合牢度，可以利用海藻酸钠对聚酯纤维进行表面改性，这为聚酯纤维表面提供大量的羧基作为纳米 TiO₂ 颗粒的结合位点。具体方法是首先将聚酯纤维浸入浓度为 1% 的海藻酸钠水溶液中 10min。然后将纤维取出并在 100℃ 固化 10min，反复水洗后即可得到海藻酸改性聚酯纤维。

③纳米 TiO₂ 水溶胶对改性聚酯纤维的浸渍加工。将海藻酸改性聚酯纤维浸入浓度为 0.1mol/L 的纳米 TiO₂ 水溶胶液中，5min 后取出在室温下自然晾干。然后将处理纤维在 100℃ 固化 30min 后反复漂洗晾干即可得到纳米 TiO₂ 负载海藻酸改性聚酯纤维。

革兰氏阴性细菌（大肠杆菌）的抗菌实验结果表明，纳米 TiO_2 负载海藻酸改性聚酯纤维的抗菌性能优良，灭菌率高达 99.9%，且在 5 次洗涤循环后，其灭菌率仍然保持在 99.8%，这证明纳米 TiO_2 负载海藻酸改性聚酯纤维具有优异的洗涤耐久性（表 5-2）。

表 5-2　纳米 TiO_2 负载涤纶纤维的抗菌性能

处理条件	样品	初始细菌菌落数/CFU	光辐射后细菌菌落数/CFU	抗菌率/%
水洗前	未处理涤纶	$3.7×10^5$	$1.5×10^5$	—
	涤纶+纳米 TiO_2		$1.3×10^4$	91.3
	涤纶对照样品	$4.1×10^5$	$1.7×10^5$	—
	涤纶+海藻酸钠		$1.5×10^5$	9.6
	涤纶对照样品	$5.7×10^5$	$1.3×10^5$	—
	涤纶+海藻酸钠+TiO_2		165	99.9
水洗后	涤纶对照样品	$7.5×10^5$	$1.1×10^5$	—
	涤纶+海藻酸钠+TiO_2		195	99.8

（2）纳米 TiO_2 负载聚酯织物的浸染工艺制备方法

将不同质量的纳米 TiO_2 和表面活性剂在高速搅拌条件下混合均匀，并对其进行超声波处理，制备稳定的纳米 TiO_2 水分散液。然后将分散红玉 S-2GL（2% owf）、扩散剂、高温匀染剂和 $NH_4H_2PO_4$ 以及所制备的纳米 TiO_2 水分散液配制成染色整理液，并按照图 5-2 中的工艺曲线对聚酯织物进行同浴染色整理加工，得到纳米 TiO_2 负载染色聚酯织物，其抗菌性能见表 5-3。结果表明，当纳米 TiO_2 负载染色聚酯织物的抗菌性随着染色整理液中纳米 TiO_2 质量分数的增加而提高，当其质量分数为 3.0% 时，织物显示出最好的抗菌性。

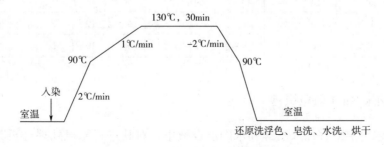

图 5-2　使用纳米 TiO_2 的聚酯织物染色整理工艺曲线

表5-3　纳米 TiO_2 负载染色聚酯织物的抗菌性

纳米 TiO_2 的质量分数/%	抑菌宽度/mm	
	金黄色葡萄球菌	大肠杆菌
0	0	0
1.0	3.2	3.3
2.0	4.1	4.1
3.0	4.5	4.6
4.0	3.6	3.6
5.0	3.5	3.6

（3）静电纺丝法制备纳米 TiO_2 复合聚酯纤维

首先将聚酯切片和纳米 TiO_2 粉末加入到二氯甲烷和三氟乙酸的混合液中，超声波处理使其混合均匀得到纺丝溶液。然后使用静电纺丝机在优化工艺参数（纺丝电压12kV、纺丝速度0.46mL/h 和纺丝距离14cm 等）的条件下制备纳米 TiO_2 复合聚酯纤维。表5-4 给出了纳米 TiO_2 复合聚酯纤维对大肠杆菌和金黄色葡萄球菌的抗菌效果。随着纤维中纳米 TiO_2 比例的增加，纳米 TiO_2 复合聚酯纤维抑菌率逐渐提高，当纳米 TiO_2 相当于聚酯174%时，其抑菌率达到最高水平，并且其对金黄色葡萄球菌的抑制效果高于对大肠杆菌。

表5-4　纳米 TiO_2 复合聚酯纤维的抗菌性能

试样编号	TiO_2 比例	大肠杆菌				金黄色葡萄球菌			
		菌落数/个			平均抑菌率/%	菌落数/个			平均抑菌率/%
对照组	0	524	187	32	0	256	53	13	0
B1	36%	231	86	15	54.35	69	16	0	71.89
B2	77.5%	183	67	13	63.87	58	13	3	76.84
B3	125%	136	50	9	73.06	47	10	3	80.11
B4	174%	124	43	5	79.24	48	10	2	82.54

5.2.2　纳米 ZnO 负载织物

将二水合醋酸锌加入乙醇和水的混合液中，对其进行超声处理直至其中的醋酸锌完全溶解形成均匀溶液，然后向该溶液中缓慢滴加氨水至 pH 为 8~9 得到前驱体溶液。将一定质量的棉织物投入到前驱体溶液中，使用微波—超声波反应器进行处理反应得到纳米 ZnO 负载棉织物。其中超声波辐射作用可在液体中引发空化效应并产生空化气泡。当气泡崩溃时可产生局部高温高压现象和高速微射流，这样的条件有助于纳米颗粒的生成并沉积在纤维表面。而微波处理则可使材料中的分子从杂乱无章的运动状态转变为有序的高频震动状态，以达到分子水平的搅拌处理和均匀加热的目的。此外，微波加热效率高且反应体系内没有温度梯度。更重要的是，微波辐射能够使无机纳米粒子等材料在短时间内较为牢固地负载于纤维表面，以制备纳米纺织复合材料。进一步的研究证明，在制备纳米 ZnO 负载棉织物的过程中，氨水起着促进剂的作用，能够与 Zn^{2+} 离子反应生成 $[Zn(NH_3)_4]^{2+}$，然后再与水中的 OH^- 反应生成纳米 ZnO。这个反应过程如反应式 (5-8) 和式 (5-9) 所示。微波辐射处理能够在极短的时间内为这个反应提供能量，促进纳米 ZnO 的形成。而超声波辐射则通过高速微射流能促进生成的纳米 ZnO 负载于棉纤维表面。

$$Zn^{2+}+4NH_3H_2O \longrightarrow [Zn(NH_3)_4]^{2+}+4H_2O \qquad (5-8)$$

$$[Zn(NH_3)_4]^{2+}+2OH^-+3H_2O \longrightarrow ZnO+4NH_3 \cdot H_2O \qquad (5-9)$$

在微波—超声波处理过程中，醋酸锌浓度的提高可以显著增加织物表面纳米 ZnO 的负载量，但是浓度过高则会使得到的 ZnO 粒子尺寸变大（表5-5）。图5-3 给出了使用不同醋酸锌浓度制备的纳米 ZnO 负载棉织物的 SEM 照片。纳米 ZnO 负载棉织物对金黄色葡萄球菌和大肠杆菌均具有抗菌性，并且随着纳米 ZnO 负载量的提高而增大，但是过量的醋酸锌添加并不利于其抗菌性的发挥（图5-4），这与所生成的 ZnO 粒子尺寸过大密切相关。此外，延长反应时间也会增加棉织物表面的纳米 ZnO 负载量，但是同时也会增大生成的纳米 ZnO 尺寸。

表 5-5　醋酸锌浓度对棉织物表面 ZnO 负载量和粒径的影响

样品	前驱体浓度/ (mmol·L^{-1})	反应时间/ min	平均粒径/ nm	平均 ZnO 质量分数/ %
Z1	0.2	15	—	0.16±0.05
Z2	1.0	15	34	0.31±0.05
Z3	2.0	15	36	0.74±0.05
Z4	20.0	15	1920	3.47±0.05

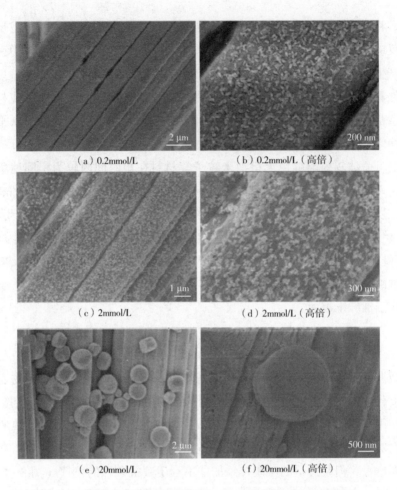

（a）0.2mmol/L   （b）0.2mmol/L（高倍）

（c）2mmol/L   （d）2mmol/L（高倍）

（e）20mmol/L   （f）20mmol/L（高倍）

图 5-3　不同醋酸锌浓度制备纳米 ZnO 负载棉织物的 SEM 照片

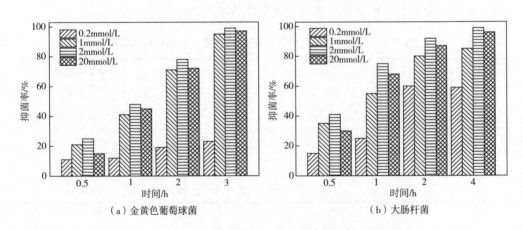

（a）金黄色葡萄球菌   （b）大肠杆菌

图 5-4　不同醋酸锌浓度制备的 ZnO 负载棉织物的抗菌性能

5.2.3　多元羧酸改性棉纤维铁配合物

5.2.3.1　多元羧酸对棉纤维的改性技术

首先将经过预处理的棉织物置于含有规定浓度的多元羧酸（酒石酸：TA、柠檬酸：CA 或丁烷四羧酸：BTCA）和 NaH_2PO_4 的水溶液中浸渍 5min，随后使用均匀轧车对浸渍后的棉织物进行二浸二轧处理以除去多余浸渍液（轧液率 70%～80%）。然后在 100℃对浸轧棉织物进行预烘 3min，最后在 180℃高温焙烘 1.5min，得到多元羧酸改性棉织物（简称 PCA-Cotton），并测定 PCA-Cotton 的羧基含量（Q_{COOH}，mmol/g）。

5.2.3.2　PCA-Cotton 与 Fe^{3+} 离子的配位反应

使具有一定 Q_{COOH} 值的 PCA-Cotton 与 Fe^{3+} 在 50℃发生配位反应，制备 PCA-Cotton 铁配合物（简称 Fe-PCA-Cotton），其反应过程如图 5-5 所示，并测定 Fe-PCA-Cotton 的铁配合量（Q_{Fe}，mmol/g）。

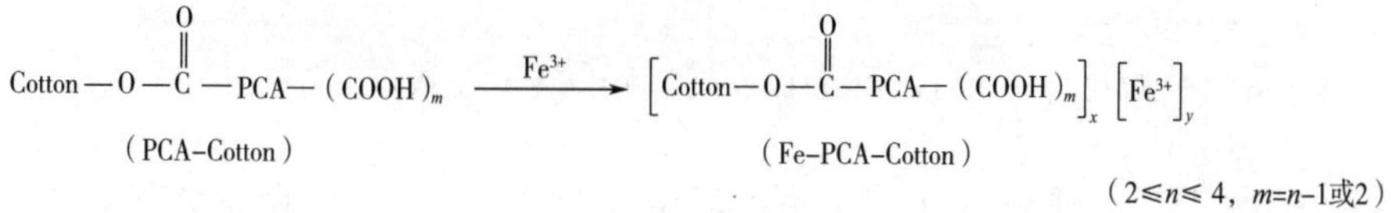

$$Cotton-O-\overset{O}{\overset{\|}{C}}-PCA-(COOH)_m \xrightarrow{Fe^{3+}} \left[Cotton-O-\overset{O}{\overset{\|}{C}}-PCA-(COOH)_m\right]_x \left[Fe^{3+}\right]_y$$

（PCA-Cotton）　　　　　　　　　　　　　（Fe-PCA-Cotton）

（$2 \leqslant n \leqslant 4$，$m=n-1$ 或 2）

图 5-5　Fe-PCA-Cotton 的制备反应过程

5.2.3.3　PCA-Cotton 及其铁配合物的抗菌性

将大肠杆菌和金黄色葡萄球菌作为模型细菌，三种 PCA-Cotton（Q_{COOH} 约为 0.85mmol/g）及其铁配合物（Q_{Fe} 约为 0.38mmol/g）的抗菌率（R）如图 5-6 和表 5-6 所示。

表 5-6　PCA-Cotton 及其铁配合物对两种细菌的抑制率

样品	R/%	
	大肠杆菌	金黄色葡萄球菌
TA-Cotton	23.53	15.16
Fe-TA-Cotton	98.28	60.00
CA-Cotton	47.06	23.03
Fe-CA-Cotton	100	100
BTCA-Cotton	11.76	19.24
Fe-BTCA-Cotton	53.45	69.27

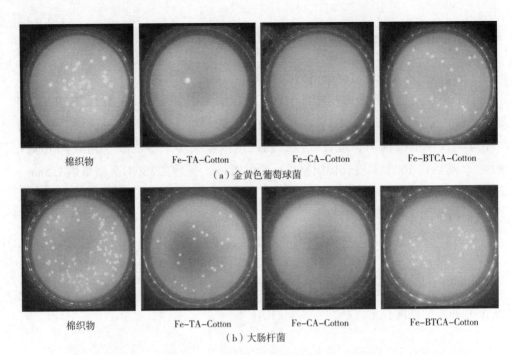

（a）金黄色葡萄球菌

（b）大肠杆菌

图5-6 与棉织物和三种 Fe-PCA-Cotton 接触 12h 后试样表面残留细菌菌落照片

图 5-6 显示，三种 PCA-Cotton 存在时试样表面两种细菌的菌落数显著少于未处理棉织物存在时的菌落数，尤以金黄色葡萄球菌为甚。并且从表 5-6 可发现，三种 PCA-Cotton 试样对两种细菌的 R 值均未达到 50%，而三种相应的铁配合物的 R 值均超过 50%，其中 Fe-CA-Cotton 比其他两种铁配合物具有更高的 R 值。这说明尽管 PCA-Cotton 对两种细菌都具有一定的抑制功能，但是当其与 Fe^{3+} 配位后，所得到的铁配合物显示出更高的抗菌活性。主要是因为弱有机酸是一种常用的抗菌和防腐剂，它们可以显著降低微生物细胞内部的 pH，从而抑制它们的生长繁殖。此外，多元羧酸与纤维素纤维分子中的羟基反应生成的酯键更易于与细菌表面带负电荷的原生质（protoplasm）接触，进而破坏细菌的细胞膜组织而导致其死亡。研究证明，铁配合物具有比其游离配体更高的活性，经过 Fe^{3+} 配位后棉纤维的抗菌活性增加的现象可以通过 Tweedy 螯合理论解释。一般而言，螯合作用可以显著降低金属离子的极性，这有利于金属离子和细菌脂质之间的相互作用，导致细胞的渗透性屏障系统破坏，从而对正常细胞生理过程进行干扰，以达到破坏细胞新陈代谢的目的。另一方面，铁配合物能够与细菌体内 DNA 碱性基团发生结合，从而使得 DNA 遭到破坏。因此，PCA 配体和 Fe^{3+} 离子的协同作用提高了 PCA-Cotton 铁配合物的抗菌活性。需要特别说明的是，Fe-TA-Cotton 和 Fe-CA-Cotton 对金黄色

葡萄球菌的抗菌性能显著高于 Fe-BTCA-Cotton，而 Fe-CA-Cotton 对大肠杆菌的抗菌性能最高。这可能主要与三种多元羧酸之间在电离性能、溶解度、空间结构和酸度等方面的差异有关，尤其是因相同摩尔浓度的 TA 和 CA 水溶液具有较低的酸性，因此这两种 PCA-Cotton 显示出更好的抗菌性能。另外，我们以前的研究也证明，Fe-BTCA-Cotton 具有比其他两种配合物更高的疏水性能，这阻碍了 Fe-BTCA-Cotton 试样与细菌之间的接触作用，从而阻碍了其对两种细菌生长的抑制性。

5.3　基于复合技术的生物污染净化纺织品制备方法

5.3.1　Ag/纳米 TiO₂复合技术

5.3.1.1　后整理工艺

为改善纳米 TiO₂负载纺织品在无辐射光条件下的抗菌效果，可以使用在制备纳米 TiO₂水溶胶过程中添加银盐的技术。具体反应过程是将钛酸丁酯、无水乙醇和冰乙酸混合，并在 40℃缓慢滴加到剧烈搅拌的酸性水溶液中。然后将二乙醇胺与硝酸银的乙醇溶液混合后加入上述溶液中，经陈化处理后得到淡黄透明水溶胶。在制备过程中，二乙醇胺被用作为络合剂，其结构中亚胺基可与 Ag⁺络合形成配合物，增加 Ag⁺在水溶胶中的溶解度。同时由于亚胺基较强的还原性可将络合反应后的 Ag⁺还原成单质形式，促进其与纳米 TiO₂的结合。此外，二乙醇胺是一种非离子型表面活性剂，附着于胶粒表面会减少胶粒之间的碰撞和聚集，提高了纳米 TiO₂水溶胶的稳定性。

将制备的 Ag/纳米 TiO₂水溶胶作为整理剂通过浸轧（轧余率 80%~85%）—预烘（80℃×5min）—焙烘［150℃×（4~5）min］/焙烘［97℃×（4~5）min］—高压汽蒸（112℃×1.5min）工艺对棉织物进行整理得到 Ag/纳米 TiO₂负载棉织物。根据 GB/T 29044.3—2008 国家标准，采用振荡法测定光辐射与暗态条件下 Ag/纳米 TiO₂负载棉织物的抗菌性能，结果见表 5-7。在仅存在纳米 TiO₂负载棉织物的场合，在暗态条件下试样几乎不具备抗菌性能，这主要是因为只有在光辐射条件下，纳米 TiO₂才能产生杀灭细菌的活性自由基。并且随着制备过程中硝酸银用量的增加，负载棉织物的抗菌性能逐渐提高。在光辐射条件下负载棉织物的抗菌性能显著提高，比暗态条件下的抗菌性能进一步改善，这主要是纤维表面负载 Ag 和纳米

TiO₂双重抗菌的功效。

表5-7　负载棉织物在暗态和光辐射条件下的抗菌率

AgNO₃/%	金黄色葡萄球菌抑菌率/%		大肠埃希菌抑菌率/%	
	暗态	光辐射	暗态	光辐射
0	0	62.4	0	70.5
1	24.1	68.7	32.3	86.1
2	60.7	69.6	69.8	89.9
3	87.4	94.2	89.0	94.3
4	95.9	99.9	95.2	99.0
5	97.7	99.9	99.9	99.9

5.3.1.2　静电纺丝工艺

在室温条件下，将聚乙烯吡咯烷酮（PVP）加入硝酸银水溶液中并混合均匀。将邻苯二胺的酸性水溶液在搅拌条件下，缓慢加入到硝酸银与PVP混合溶液中，使其中的邻苯二胺与硝酸银充分反应制得纳米银水溶胶。然后经离心分离和烘干后得到纳米银粉体。其中的邻苯二胺和PVP分别具有还原剂和胶体保护剂的作用，其主要制备反应如反应式（5-10）所示。

$$C_6H_8N_2+2AgNO_3+2H_2O = 2NH_4NO_3+C_6H_4O_2+2Ag\downarrow \qquad (5-10)$$

将纳米TiO₂水溶胶和纳米银粉体按比例置于高压反应釜中，在给定反应温度条件下进行水热反应，即可得到载银纳米TiO₂粉体。将甲酸与载银纳米TiO₂粉体（3%）经超声分散混合均匀，然后将规定量的聚酰胺（22%）加入其中，并使其完全溶解得到流动性良好的纺丝液。最后使用静电纺丝机对纺丝液进行加工获得纳米Ag/TiO₂负载聚酰胺纤维。值得说明的是，纳米银载入纳米TiO₂结构中不仅提高了纳米TiO₂的抗菌持久性能，还同时解决纳米银的变色问题。使用水热法合成载银纳米TiO₂，不仅易于使材料得到较为理想的晶型，还省去传统制备方法中的煅烧工序，降低了纳米粒子团聚现象，制备的产品综合性能更好。而应用静电纺丝技术能获得具有高比表面积的纳米Ag/TiO₂负载聚酰胺纤维，不仅抗菌性能优良，而且还具有很高的重复利用性能。在制备过程中随着纳米银加入量的增加，纳米Ag/TiO₂负载聚酰胺纤维的抗菌率显著提高（图5-7），但是当纳米银加入量大于4%时，其抗菌率不再发生显著变化。这说明纳米银对于纳米TiO₂的抗菌性能具有较大程度的提升作用。

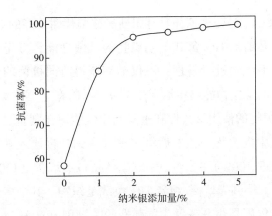

图 5-7　纳米银加入量对抗菌率的促进作用

5.3.2　壳聚糖/纳米 TiO₂ 复合技术

壳聚糖是由甲壳素脱去分子中的乙酰基而得到的化合物，学名为（1→4）-2-氨基-2-脱氧-β-D-葡聚糖（图 5-8）。由于其比甲壳素溶解性显著增大，故壳聚糖更易于实际应用。甲壳素又名甲壳质或几丁质，是自然界中最丰富的多糖之一，通常从低等动物如昆虫类、蜘蛛类、甲壳类动物外壳以及低等植物如菌类和藻类的细胞壁中提取而来。在虾蟹的甲壳中，甲壳素的含量达 13%~25%，且以虾壳提取物的品质最佳。甲壳素的学名为（1→4）-2-乙酰胺-2-脱氧-β-D 葡聚糖，是由 2-乙酰胺-2-脱氧葡萄糖单体通过 β-（1→4）糖甙键联结起来的含氮直链多糖。

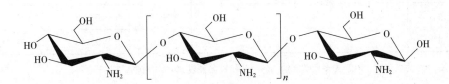

图 5-8　壳聚糖的大分子结构

研究证明，壳聚糖及其衍生物有优良的抗菌活性，能抑制多种真菌、细菌和病毒的生长繁殖。其可能的抗菌机制一般主要包括三个方面：一是壳聚糖作为天然阳离子多聚物，易于与细胞表面带负电荷的基团发生作用，改变其细胞膜的流动性和通透性，使细胞内的蛋白酶等成分泄漏，导致细菌死亡；二是壳聚糖可渗入细菌的细胞核中并与 DNA 结合，阻碍了 RNA 与蛋白质的合成，干扰了

DNA 的复制与转录；三是壳聚糖还具有阻断病原菌代谢功能的效应。

为了进一步提升纳米 TiO_2 负载羊毛织物的抗菌性能，将壳聚糖与纳米 TiO_2 复合组成整理液对羊毛织物进行整理，不仅能够获得协同抗菌的作用，而且壳聚糖和多聚磷酸钠之间的反应物能够将纳米 TiO_2 粒子黏附在羊毛纤维表面，提高了壳聚糖/纳米 TiO_2 负载织物的使用持久性和重复利用性能。在制备过程中，首先将壳聚糖和纳米 TiO_2 在水中混合均匀，然后将多聚磷酸钠缓慢滴入其中得到整理液。最后使用浸轧（轧余率100%）—预烘（100℃×5min）—焙烘（120℃×3min）工艺对羊毛织物进行整理，得到壳聚糖/纳米 TiO_2 负载毛织物。其中多聚磷酸钠对壳聚糖和纳米 TiO_2 的固定作用是获得高耐久抗菌性的关键因素。表5-8显示，在仅使用壳聚糖整理后，织物的抗菌率超过了70%。但是30次洗涤后其抗菌率下降到不足30%。添加多聚磷酸钠和纳米 TiO_2 进行处理后织物的抗菌率显著增加，而且经30次洗涤后织物的抗菌率不再发生显著变化。

表5-8　多聚磷酸钠对壳聚糖/纳米 TiO_2 负载毛织物抗菌性能的影响

织物编号	整理液配比			抗菌率/%		
	CS/（g·L⁻¹）	PPP/（g·L⁻¹）	TiO_2/%	白色念珠菌	金黄色葡萄球菌	大肠杆菌
0#	洗涤空白试样			0	0	4.53
1#	2.0	0	0	71.10	90.42	73.42
6#	2.0	0	0	26.32	14.38	29.07
2#	2.0	1.5	0	77.08	87.08	74.71
7#	2.0	1.5	0	74.10	85.22	70.13
4#	2.0	1.5	0.2	94.23	97.45	77.07
8#	2.0	1.5	0.2	92.35	95.56	74.21

注　CS 为壳聚糖，PPP 为多聚磷酸钠，6#、7#和8#是经过30次水洗的试样。

5.3.3　AgBr/ZnO/BiOBr 复合技术

卤氧铋（BiOX）是一种具有层状正方氟氯铅矿结构的高活性半导体光催化材料，在紫外可见光区具有很高的吸收系数，显示出光催化活性高，制备成本低，分子和晶体结构稳定和可吸收太阳光以及环境毒性小等优点。而溴化氧铋（BiOBr）具有独特的晶体结构，禁带宽度在 $2.64 \sim 2.91eV$，其中铋氧层与溴原子之间的内在电场结构能够有效促进光生电子—空穴对的分离，增强其对辐射光能的利用率，是一种可见光响应的光催化剂。因此将 BiOBr 与纳米 ZnO 进行复合，可以突破纳米 ZnO 在辐射光能利用率方面的局限性，进而提高其在可见光条件下的光催化性能。溴化银（AgBr）作为一种常见的光敏化半导体材料，经常与其他半导体材料进行复合改性，因其带隙较宽，导带能量位置较高，故光生电子会从其导带迁移到其他半导体材料的导带上，并被半导体材料表面吸附的电子受体捕捉产生超氧负离子。而光生空穴易于夺取周围环境中的羟基电子，导致羟基变成高氧化性的羟基自由基。此外，AgBr 还能释放 Ag^+，与羟基自由基共同发挥抗菌作用。

在负载织物的制备工艺中，首先将二水合醋酸锌、五水合硝酸铋和溴化钾溶于乙醇和水的混合溶液中，并使用氨水调节 pH 为 8~9。然后将棉织物浸入其中并放入微波—超声波反应器中在 85℃反应 35min。最后将硝酸银、乙醇和水的混合溶液加入到上述微波—超声波反应器中继续反应 15min，得到 AgBr/ZnO/BiOBr 负载棉织物。图 5-9 中的抗菌实验结果表明，AgBr/ZnO/BiOBr 负载棉织物与两种细菌分别接触 0.5h 和 1h 后，均表现出优良的抗菌活性，且 1h 后的抑菌率超过 90%，显著高于 BiOBr 负载棉织物，ZnO 负载和 ZnO/BiOBr 负载棉织物的抗菌效果。

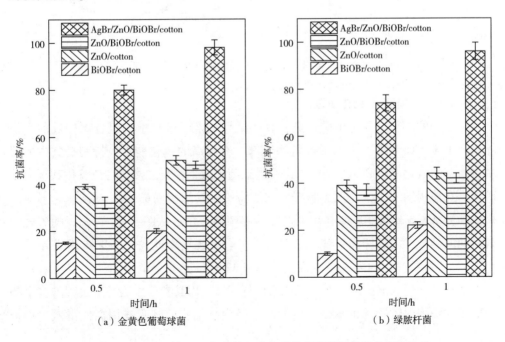

（a）金黄色葡萄球菌　　　　　（b）绿脓杆菌

图 5-9　AgBr/ZnO/BiOBr 负载棉织物与其他负载棉织物的抗菌性比较

5.4　生物污染净化纺织品的光催化作用原理

5.4.1　纳米 TiO_2 负载织物的抗菌机理

纳米 TiO_2 在紫外光辐射条件下会产生光生电子和光生空穴，它们分别与其表面吸附的水和氧分子发生反应，生成强氧化性的羟基自由基和超氧离子自由基等活性氧物质（ROS）。与细菌等微生物接触时，这些活性物质能够通过氧化分解细菌体内的辅酶 A、破坏其细胞壁膜的渗透性和使其 DNA 的结构受损等方式，导致其生命体系中电子传输中断而发挥光催化抗菌作用（图 5-10）。

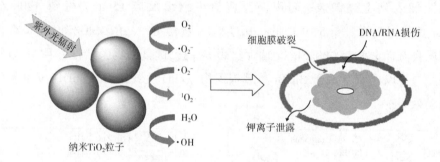

图 5-10　纳米 TiO_2 粒子的光催化抗菌作用机理

5.4.1.1　辅酶 A 氧化机理

微生物的细胞主要是由碳、氢、氧和氮等元素通过化学键组合而构成的有机体系。纳米 TiO_2 表面产生的活性氧物质都具有较高的氧化能力，特别是其中的羟基自由基的氧化电位高达 2.70V，这使得细菌等微生物与之接触时被氧化甚至完全矿化。在使用纳米 TiO_2 杀灭大肠杆菌的实验中，其细胞内的辅酶 A 被氧化形成二聚体辅酶 A，导致细胞呼吸作用衰退并引起菌体死亡。从图 5-11 可知，随着光辐射时间的延长，大肠杆菌中辅酶 A 浓度（C_{ceA}）逐渐降低，而二聚体辅酶 A 浓度（C_{BceA}）不断提高。因为光生空穴通过从辅酶 A 接受一个电子而使之发生氧化反应，导致其通过双硫键结合而生成二聚体辅酶 A。因其参与细胞呼吸过程的多个酶反应，故细胞内辅酶 A 的氧化反应抑制了微生物细胞的呼吸作用而使得微生物被杀死。

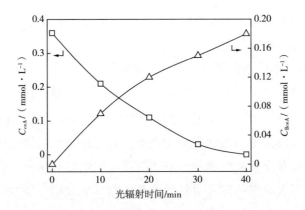

图 5-11　光催化反应过程中大肠杆菌辅酶 A 和二聚体辅酶 A 的浓度变化

5.4.1.2　细胞壁（膜）破坏机制

微生物的细胞壁和细胞膜多由半透膜构成，这使微生物能够选择性地允许物质出入细胞体内，以保证其正常生理代谢效应的进行。纳米 TiO_2 光催化反应产生的活性氧物质能够破坏细胞壁（膜）结构，导致其中的离子性和小分子物质（特别是钾离子）迅速泄漏，引起细胞渗透功能紊乱，进而引起细胞死亡。在使用纳米 TiO_2 对大肠杆菌进行光催化灭杀实验中，发现当紫外光辐射 1 天后，其细胞外膜已经发生了初步氧化作用，而辐射 6 天后，细菌的细胞体几乎被完全氧化降解。在杀菌过程中，光催化产生的活性氧物质首先进攻大肠杆菌的细胞壁，进而破坏其细胞质膜，不仅导致其半渗透性的紊乱和丧失，而且还使得细胞内物质泄漏，最终使细胞失活。另外的研究表明，负载型纳米 TiO_2 对大肠杆菌的杀菌过程存在着一个诱导期，在此期间杀菌速度较为缓慢，当超过诱导期后杀菌速率明显变快，说明大肠杆菌的细胞外壁对光催化杀菌过程具有明显的阻碍作用。而当细胞壁外层发生降解反应时会引发了一系列光催化杀菌反应，使细菌快速失活。

5.4.1.3　遗传物质（DNA）损坏机制

研究表明，纳米 TiO_2 光催化反应产生的含氧活性物质对微生物细胞内的 DNA 双链具有显著的损伤效应。会使 DNA 双链由超卷曲结构逐渐转变为松散结构，直至最终完全变为直线。众所周知，DNA 的双螺旋结构是由脱氧核糖、含氮碱基和磷酸三个部分，通过含氮碱基互相连接而成的两条主链构成。纳米 TiO_2 光催化反应产生的含氧活性物质能够通过氧化作用，导致 DNA 链中的碱基之间磷酸二酯键的断裂，使得 DNA 分子的双螺旋结构遭到损伤，进而破坏其细胞的 DNA 复制及细胞膜的代谢效应。在使用纳米 TiO_2 对微生物细胞内 DNA 进行的氧化反应中，发现

了 NO_3^-、NH_4^+ 以及磷酸盐和 CO_2 的生成，进一步说明其中 DNA 的主链骨架结构已受到明显的氧化降解作用。

5.4.1.4 纳米 TiO_2 对大肠杆菌的光催化灭杀过程

在使用纳米 TiO_2 的光催化抗菌实验中，大肠杆菌多被使用作为模型细菌。大肠杆菌属于革兰氏阴性短杆菌，其细胞结构主要由脂多糖、磷脂和肽聚糖等构成。其细胞壁不仅能够维持细胞形状和防止渗透，而且细胞壁内侧的质膜则是新陈代谢的重要中心，而介于细胞壁和质膜中间的周质间隔含有酶和蛋白质等用来缓冲和抵御外来物。当大肠杆菌被吸附到纳米 TiO_2 粒子表面时，活性氧物质氧化其细胞壁并使其破损或断裂，随后大肠杆菌的质膜也发生破坏而导致周质间隔膨胀。纳米 TiO_2 粒子能够进入菌体内部，使其细胞壁和质膜相继丧失维持渗透功能和抵御异物入侵的能力。随着光催化反应的进行，细胞壁和质膜结构的断裂加剧而引起细胞变形，以至于细胞质和染色体凝聚且严重破损，最后其质膜完全溶解，类核区解体，丝状染色体消失，菌体发生空化而引发死亡。

5.4.2 纳米 ZnO 负载织物的抗菌机理

除了纳米 TiO_2 之外，纳米 ZnO 因其优良的光催化性能也成为一种光催化型无机抗菌材料。当其被负载于织物表面后依然显示出不凡的抗菌功能，其作用机理主要包括三个方面：光催化抗菌机理、锌离子溶出机理和 H_2O_2 抗菌机理。

5.4.2.1 光催化抗菌机理

光催化抗菌机理在纳米 ZnO 的抗菌效应中发挥着关键作用。与纳米 TiO_2 一样，纳米 ZnO 在紫外光辐射条件下能够产生带负电的电子（e^-）和带正电的空穴（h^+）。它们分别与体系中的水和氧气分子反应，在纳米 ZnO 的表面形成大量的羟基自由基、超氧自由基和双氧水等高氧化性的活性氧物质。它们可与微生物细胞中的多种组成结构如脂类、蛋白质、酶类以及核酸大分子发生氧化降解反应，并通过不断地损害细胞结构而在较短时间内杀灭微生物，反应过程如图 5-12 所示。

值得指出的是，纳米 ZnO 的粒径越小，其抗菌性能越强。这是因为纳米 ZnO 的粒径越小，光生电子或空穴从内部扩散到表面所需的时间越短，所生成的活性氧物质浓度越高。此外，纳米 ZnO 的粒径越小，比表面积越大，单位质量表面吸附水和 OH^- 离子等的密度就越高，更有利于光生电子或空穴反应生成活性氧物质。另一方面，半导体材料的晶格缺陷存在会抑制光生电子和空穴的复合，有利于其发挥氧化还原作用。纳米 ZnO 能够形成缺陷较少的结晶体，尽管在被紫外光辐射

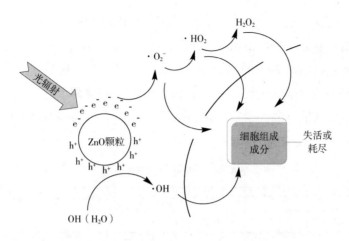

（a）光生电子的氧化机理　　　（b）活性氧类的生化反应机理

图 5-12　辐射光激发纳米 ZnO 的抗菌作用机理

时产生大量的光生电子和空穴，但是形成后两者会快速产生复合而消失，导致其量子效率较低，抗菌效果不显著。在纳米 ZnO 晶体结构中引入特定的金属离子，如 Sb^{3+} 与 Mg^{2+} 后，会使其产生缺陷，局部晶格发生畸变。这会显著延长光生电子和空穴的寿命，使两者在形成后不能立刻复合，延长了发挥氧化还原作用的时间。研究证明，Sb^{3+} 与 Mg^{2+} 掺杂量的增加能够使纳米 ZnO 的抗菌性能提高，但是掺杂量过高将会超出纳米 ZnO 固溶体的掺杂界限，其六方形晶格结构将不复存在，反而削弱了其对辐射光的吸收作用，导致其抗菌性能降低。

5.4.2.2　锌离子溶出抗菌机理

当纳米 ZnO 与细菌接触时，其中的 Zn^{2+} 会缓慢释放出来。由于 Zn^{2+} 具有氧化还原性，可与细菌细胞膜中的蛋白质结合，并破坏其结构而进入细胞内，损害其有关电子传输系统的酶等组分的基因表达，从而抑制其正常生长，引起其快速死亡。更重要的是，当细菌被杀灭后，Zn^{2+} 还可以从细菌尸体中游离出来，再与其他细菌接触，并周而复始地重复这个过程，从而能表现出长效抗菌作用。

5.4.2.3　产生 H_2O_2 抗菌机理

H_2O_2 可作为主要的抗菌物质之一，因为当受到光辐射时，纳米 ZnO 的悬浮液中能检测到 H_2O_2 分子。并且进一步研究证实，纳米 ZnO 体系中 H_2O_2 产量与其抗菌性能呈正比关系。此外，纳米 ZnO 的粒径和浓度、比表面积、晶体取向以及复合改性等因素都对 H_2O_2 产量和抗菌性具有重要影响。在使用纳米 ZnO 进行抗菌实验中发现，除了其结构特性之外，细菌的种类和细胞结构也与纳米 ZnO 的抗菌性能之间存在较大关系。众所周知，构成微生物的主要化合物包括蛋白质、糖类和核酸等。这些有机物分子通常是由 O—H、C—H、N—H 和 O—P 键等连接形成的有机体。如上所述，纳米 ZnO 经光辐射后，会产生多种具有高氧化能力的活性氧自由基。其中羟基自由基氧化能力就大于 502kJ/mol，明显高于构成微生物的多种元素形成化学键的键能（表 5-9），因此活性氧自由基完全能够将微生物细胞结构中的化学键打断而达到灭杀的目的。

表 5-9　常见化学键能的比较

化学键类型	C—C	C—H	C—N	C—O	O—H	N—H
键能/（kJ·mol^{-1}）	347	414	305	351	464	389

作为革兰氏阳性细菌的金黄色葡萄球菌比作为革兰氏阴性细菌的大肠杆菌具有更厚的细胞壁，然而很多实验证明，纳米 ZnO 对金黄色葡萄球菌的抗菌性要高于其对大肠杆菌的抗菌性。原因是金黄色葡萄球菌的等电点是 pH 为 2~3，而大肠杆菌的等电点则是 pH 为 4~5。所以在近中性或弱碱性环境中细菌均带有负电荷，而金黄色葡萄球菌比大肠杆菌带有更多的负电荷，更容易吸附于带有正电荷的纳米 ZnO 表面，更易被其所灭杀。进一步的研究表明，以金黄色葡萄球菌为代表的革兰氏阳性细菌的细胞壁化学组成较为简单，通常约含有 50%~90% 的肽聚糖和 10%~50% 的磷壁酸（表 5-10）。而其看似较厚的细胞壁结构中的肽聚糖分子多由易于水解的糖苷键连接。在受到活性氧自由基攻击时，细菌更易于因细胞壁中肽聚糖结构的氧化崩塌而趋于死亡。比较而言，作为革兰氏阴性细菌典型代表的大肠杆菌尽管细胞壁较薄，但是其结构组成较为复杂，细胞壁中除肽聚糖结构之外还存在膜蛋白、脂多糖、磷脂及脂蛋白等多种物质，使其被活性氧自由基的氧化降解反应相对困难，这使得大肠杆菌表现出不易被杀死的特性。

表 5-10　革兰氏阳性菌和革兰氏阴性菌的细胞壁组成比较

成分	占细胞壁干重的比例	
	革兰氏阳性细菌	革兰氏阴性细菌
肽聚糖	含量很高（50%~90%）	含量很低
磷壁酸	含量较高（<50%）	无
类脂质	含量较低或无（<2%）	含量较高（<20%）
蛋白质	无	含量较高

5.4.3　基于纳米 Ag/TiO₂ 复合技术的抗菌机理

在纳米 Ag/TiO₂ 负载织物中，除了其中的纳米 TiO₂ 具有抗菌作用之外，纳米银材料也发挥着非常重要的抗菌效应，并与纳米 TiO₂ 优势互补使织物抗菌性能得到进一步的完善。纳米银具有广谱的抗菌性，可灭杀大多数孢子、霉菌、细菌和真菌等微生物。纳米银杀菌效率高，其利用超强渗透性能够通过细胞壁/膜之间的孔隙迅速进入菌体内，并与其氧代谢酶结构中的巯基（—SH）结合，快速将微生物致死。此外，纳米银还具有低浓度即有效，抗菌广谱性和不易产生抗药性等特点。其抗菌特性一般使用四种作用机理进行解释。

5.4.3.1　静电吸附杀菌机理

纳米银特别是 Ag⁺ 带有正电性，能够与带有负电荷的细菌的细胞壁和细胞膜发生较为显著的吸附作用。这不仅约束了细菌的自由活动，使其对生存微环境反应紊乱失调和呼吸衰竭，而且会使细胞壁和细胞膜结构发生形变，其中蛋白质和酶的作用受阻，新陈代谢功能遭到破坏，引起细胞质溢出，最终导致细菌被杀死。

5.4.3.2　Ag⁺ 溶出杀菌机理

在纳米 Ag/TiO₂ 负载织物的使用过程中，纳米 Ag/TiO₂ 负载织物表层的 Ag⁺ 会逐渐溶出。当 Ag⁺ 和细菌的细胞接触时，其依靠静电引力吸附在细胞壁表面，与其中的蛋白质或其他含有阴离子基团的物质结合，显著降低其正常生理功能的发挥。此外，Ag⁺ 还能穿透细胞膜渗入细胞内部，使其中的蛋白质凝固，破坏细胞合成酶的活性，导致其能量代谢和物质代谢受阻，影响其正常繁殖、生长和发育等过程，达到抗菌的目的。另一方面，进入细胞体内的 Ag⁺ 能够与其中的 DNA 发生反应，影响其呼吸系统和电子传输系统等的正常工作而导致其失活。当细菌被杀死后其中的 Ag⁺ 又会从菌体中游离出来，重复进行杀菌活动。

5.4.3.3　光催化杀菌机理

在辐射光作用下，纳米银作为催化活性中心能激活空气或水体中的氧气而产生羟基自由基和超氧化物自由基等。当细菌微生物与纳米银表面接触时，所产生的这些高氧化性自由基会攻击细菌的细胞膜，使膜的蛋白结构产生不可逆性的损伤，导致细菌细胞的增殖能力遭到破坏，并产生抑制或杀灭细菌的效应。

5.4.3.4　协同抗菌效应

纳米 TiO_2 只有在光辐射条件下才能激发电子而产生抗菌性能，这使其在抗菌方面的应用受到限制。当纳米 TiO_2 与纳米银材料复合后，所制备的纳米 Ag/TiO_2 负载织物不仅在光辐射条件下能产生抗菌功效，而且在微弱光甚至暗态条件下也能产生抗菌效果，表现出显著的协同抗菌作用。

第6章 基于光催化技术的自清洁纺织品的制备与应用

6.1 表面自清洁技术的概念、分类和作用

通常而言，表面自清洁技术是使材料表面的污染物在重力、风雨效应或太阳光辐射等自然力量作用下能够自动脱落或被降解去除，达到在自然条件下保持表面清洁目的的一种表面功能化技术方法，一般具有免清洗和节能节水的特点。依据表面润湿性，表面自清洁可分为超疏水表面自清洁和超亲水表面自清洁。其中水接触角高于150°的材料表面一般称为超疏水表面，而其接触角接近于0°的材料表面则称为超亲水表面。对于超疏水表面自清洁技术，其通过水滴滚动带走污染物以实现类似于荷叶表面的自清洁功能。研究证明，荷叶超疏水表面自清洁特性主要是由于其表面乳突的微纳米粗糙结构可以提高水滴的接触角，导致水滴极易从表面滚落。水滴在表面滚动时带走了表面的污染物而实现自清洁效应。另一方面，在自清洁过程中，当水滴对污染物的黏附力远大于超疏水化表面对污染物的黏附力时，水滴也会在滚动的同时快速带走污染物。接触角越大，水滴在材料表面越易于形成球状态滚动，并带走表面污染物，因此具有大接触角的材料表面通常显示出更强的自清洁能力。但是，目前超疏水表面自清洁技术仍存在制备工艺复杂、物理机械性能不佳以及去除油性污染物能力差等不足，限制了其在实际中的应用。相比较而言，基于无机光催化半导体材料的超亲水表面自清洁技术的实际使用价值更高。最典型的无机光催化半导体材料当属纳米 TiO_2，其自清洁原理主要包括两个方面，一是纳米 TiO_2 光催化剂在紫外光辐照下产生电子—空穴对，其与吸附在催化剂表面的水和氧气分子发生氧化还原反应生成氢氧自由基和超氧自由基等。这些具有高氧化性的自由基能够氧化分解材料表面的有机污染物，实现表面自清洁。二是纳米 TiO_2 光催化剂在光辐射条件下，显示出相互转化的超双亲表面特性，这在自清洁过程中发挥着非常重要的作用。

如图 6-1 所示，在紫外光辐射前纳米 TiO_2 结构中的钛原子之间主要通过桥氧键而连接起来形成疏水结构。当受到紫外光辐射后，钛原子之间的桥氧键断开并产生新的氧空位，它们能够与空气中的自由水结合形成化学吸附水，使得纳米 TiO_2 薄膜表面形成均匀分布的纳米亲水性微区。紫外光辐射前后纳米 TiO_2 分子结构的变化引起纳米 TiO_2 薄膜表面亲疏水性能的变化。纳米 TiO_2 薄膜表面在紫外光辐射后，由疏水性转化为超亲水性，其表面的水接触角接近于 0，即水滴几乎可以平铺于薄膜表面。这种特性不仅使得污染物与纳米 TiO_2 薄膜表面更紧密地接触，污染物随水膜的铺展而被带走，进一步提高纳米 TiO_2 光催化分解效率，而且也有利于雨水等外界因素对污染物的冲刷作用，从两个方面促进了纳米 TiO_2 的表面自清洁作用，使得纳米 TiO_2 材料能在实际使用中表现出更加理想的自清洁性能。

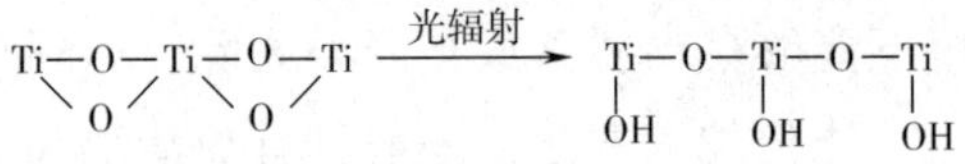

图 6-1　紫外光辐射诱导纳米 TiO_2 结构变化原理

基于光催化剂的自清洁纺织品是指在纤维表面附着一层含有纳米 TiO_2 等光催化剂的织物。当有机污染物沾污织物表面时，在光辐射条件下负载于织物表面的光催化剂可将这些有机污渍氧化降解变成小分子，甚至矿化为 CO_2 和水，实现自清洁的目的。基于光催化剂的自清洁纺织品是一种具有自清洁性能的智能纺织品，其具有保持织物表面不被污渍沾染或者被沾染后通过光催化反应将污渍降解去除的性能。基于光催化剂的自清洁纺织品能够吸收不同波长的辐射光，并在纤维表面生成以多种具有高氧化性的活性物质，如氢氧自由基和超氧自由基等，以达到分解去除不同种类有机污渍的目的。此外，这些强氧化性的活性物质还能够通过氧化有机物的不饱和键来破坏生物大分子（如蛋白质、脂类以及核酸大分子），对生物的细胞结构造成致命性破坏，具有抑制细菌生长和消除病毒活性的能力，最终实现对生物污染物的自清洁或抗菌的目的。在众多光催化剂中，纳米 TiO_2 是光催化性能最好和应用最为广泛的半导体材料。纳米 TiO_2 负载纺织品不仅可以对织物表面的污渍能够光催化降解，还可以分解空气中的污染物。从环保和节能方面分析，自清洁功能纺织品不仅可以缓解洗涤带来的环境和能源问题，而且还兼具抗菌除螨、防霉防蛀、抗皱免烫和防紫外线等特点。因此可以相信，在当前环境污染日趋严重的形势下，基于纳米光催化剂的自清洁纺织品显示出越来越大的发展潜力和广阔的市场前景。

6.2　基于纳米 TiO_2 自清洁纺织品制备技术

目前基于纳米 TiO_2 自清洁纺织品的主要加工方法包括纺丝技术和后整理技术（浸轧法、涂层法和浸染法等）。比较而言，纺丝法由于在纺丝液中加入纳米 TiO_2 粒子后纺丝形成纤维而仅限于合成纤维。纳米 TiO_2 粒子被包裹于纤维中，限制了其光催化活性的充分发挥。后整理技术一般使用纳米 TiO_2 水分散液或水溶胶，通过浸轧法、涂层法和浸染法等进行，使其中的纳米 TiO_2 粒子在纤维表面成膜，故具有加工技术简单、适合所有纤维性和光催化活性高等优点，但是纳米 TiO_2 粒子在纤维表面的结合牢度相对不佳，工业化应用前景光明。

6.2.1　浸轧工艺

使用浸轧法制备基于纳米 TiO_2 自清洁纺织品，通常是借助常规的轧—烘—焙整理工艺将纳米 TiO_2 水分散液或水溶胶浸轧在织物表面，然后经过烘干和高温焙烘等处理将纳米 TiO_2 粒子固定在织物表面。这种工艺是当前纺织行业最常用的织物后整理技术方法，具有操作简单和整理效果明显等特点。更重要的是，对于负载的纳米 TiO_2 粒子而言，该工艺的均匀性和重现性更好，且轧辊压力促使纳米粒子与纤维更深层次接触，使其更易于固定在纤维表面。在进行浸轧加工时，提高纳米 TiO_2 水分散液或水溶胶的使用量或轧液率都能够显著增加织物表面纳米 TiO_2 负载量（Q_{TNP}）。研究证明，Q_{TNP} 值是影响其自清洁性能的关键参数，Q_{TNP} 值越高其自清洁性能越好。为考察 Q_{TNP} 对基于纳米 TiO_2 自清洁纺织品的性能影响，首先使用纳米 TiO_2 水溶胶借助浸轧法工艺对涤纶织物进行整理得到不同 Q_{TNP} 值的纳米 TiO_2 水溶胶负载织物。然后将其放入不同有机染料作为模拟有污染物的水溶液中，进行吸附后烘干，最后使用强度为 $0.07 mW/cm^2$ 的紫外光对其进行辐射处理，并测定其辐射处理过程中在染料最大吸收波长（λ_{max}）处的表面深度（K/S_{max}）。图6-2 和图6-3 给出了当罗丹明 B 和活性红 195 作为模拟污染物时，纳米 TiO_2 水溶胶负载涤纶织物的 K/S_{max} 和 Q_{TNP} 值之间的关系。

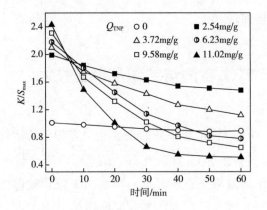

图 6-2 当罗丹明 B 作为模拟污染物时 Q_{TNP} 与 K/S_{max} 值之间的关系

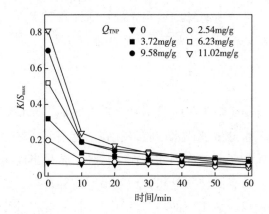

图 6-3 当活性红 195 作为模拟污染物时 Q_{TNP} 与 K/S_{max} 值之间的关系

可以看出，未整理涤纶织物的 K/S_{max} 值在光辐射过程中稍有下降，这主要归因于紫外光对染料轻微的光褪色作用。而对于纳米 TiO_2 水溶胶负载涤纶织物，其 K/S_{max} 值随着光辐射时间的延长逐渐下降，特别是在辐射初期表现得更为突出。更重要的是，其 Q_{TNP} 值的增加使得下降趋势不断增大。说明纳米 TiO_2 水溶胶负载涤纶织物的 Q_{TNP} 值越高，K/S_{max} 值下降的趋势越明显。原因是在光辐射条件下，纳米 TiO_2 粒子在纤维表面产生具有强氧化性的自由基，导致纤维表面吸附的染料发生氧化降解反应而失去颜色。当纳米 TiO_2 水溶胶整理涤纶织物的 Q_{TNP} 值增大时，其表面纳米 TiO_2 粒子逐渐增多，形成更多的自由基，使得织物表面的染料分子被分解的更彻底，进而提高其自清洁性能。值得注意的是，当使用 Q_{TNP} 值为 11.02mg/g 的负载织物时，60min 时两者的 K/S_{max} 值都已经接近零，说明吸附其表面的染料几乎全部被纳米 TiO_2 粒子所分解，完全实现了自清洁效应。

此外，在光辐射过程中织物的最大吸收波长 λ_{max} 也随 Q_{TNP} 值的增加而逐渐变小，如图6-4所示。这进一步说明了吸附在表面的染料分子结构发生了分解反应。

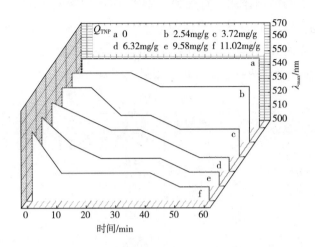

图 6-4　当罗丹明 B 作为模拟污染物时 Q_{TNP} 值对 λ_{max} 的影响

由图6-5可知，光辐射时间的延长使吸附于织物表面的活性红195的 λ_{max} 值逐渐降低。当使用未整理涤纶织物（$Q_{TNP} = 0$），光辐射60min后其表面染料的 λ_{max} 值没有发生变化。当使用 Q_{TNP} 值为 11.02mg/g 的纳米 TiO_2 水溶胶负载织物时，60min 时罗丹明 B 和活性红195的 λ_{max} 值分别减小了40nm和20nm。这进一步表明纳米 TiO_2 水溶胶负载涤纶织物对吸附于织物表面的染料具有显著的光催化降解作用，也就是说其表现出优良的自清洁功能。

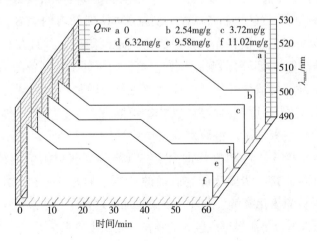

图 6-5　当活性红 195 作为模拟污染物时 Q_{TNP} 值对 λ_{max} 的影响

使用纳米 TiO_2 水溶胶分别借助浸染和浸轧工艺都能够对涤纶织物进行整理得到自清洁织物，但是两种工艺制备织物的自清洁性能有所不同。为证明整理工艺对织物自清洁性能的影响作用，首先使用纳米 TiO_2 水溶胶分别通过浸染和浸轧工艺对涤纶织物进行整理制备具有相似 Q_{TNP} 值（大约 35.00mg/g）的纳米 TiO_2 溶胶负载涤纶织物，并使其表面吸附相似附着量的罗丹明 B，然后分别在光辐射强度为 $0.07mW/cm^2$ 的条件下对两者进行处理，结果如图 6-6 所示。

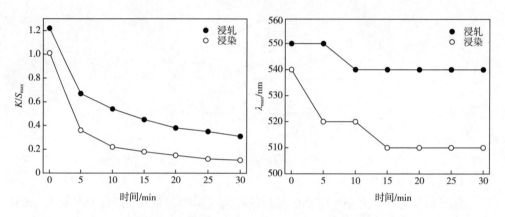

图 6-6　不同整理工艺制备纳米 TiO_2 负载涤纶织物的自清洁性能比较

图 6-6 显示，随着光辐射时间的延长，两种试样的 K/S_{max} 和 λ_{max} 值逐渐降低，30min 时 K/S_{max} 值的降低幅度都超过了 60%，这表明两种试样表面的纳米 TiO_2 均能够催化染料发生氧化降解反应，即通过两种工艺制备的纳米 TiO_2 负载涤纶织物均具有显著的自清洁效果。更重要的是，在相同实验条件下，浸染法制备试样的 K/S_{max} 值降低幅度高于浸轧法制备试样，反应 30min 时两者的 K/S_{max} 值分别为 0.11 和 0.31。两种试样的 λ_{max} 值在光辐射过程中也逐渐降低，并且在相同条件下浸染法试样的 λ_{max} 值降低幅度高于浸轧法试样。这证明浸轧工艺制备的纳米 TiO_2 整理涤纶织物表现出更好的自清洁性能，这种差异主要与两种不同整理过程中纳米 TiO_2 粒子的团聚现象及其与纤维表面结合模式的不同有关。在浸染法加工过程中，高温高压条件下使用纳米 TiO_2 水溶胶对涤纶织物进行负载处理，纳米 TiO_2 粒子进入涤纶纤维表面的空隙中，冷却后其被固定在纤维表面获得均匀的纳米 TiO_2 薄膜。纳米 TiO_2 粒子不能直接与吸附于织物表面的染料分子直接接触，影响两者之间的反应，抑制了染料的氧化降解。此外，浸染法加工过程中，水溶胶中的纳米 TiO_2 粒子在高温高压条件下容易团聚形成较大的颗粒，光催化性能变弱。比较而言，在浸轧法加工过程中，纳米 TiO_2 水溶胶能够在涤纶织物表面形成均匀薄膜，更易于与吸附

于表面的染料分子接触，加速了纳米 TiO_2 粒子对染料分子的氧化降解反应。

在制备自清洁织物时，所选用的纤维结构和性质对其自清洁性能也具有显著的影响。为此首先使用纳米 TiO_2 水溶胶通过浸轧工艺对麻织物，棉织物，羊毛织物和涤纶织物等进行整理得到四种纳米 TiO_2 水溶胶负载织物，并保证它们的 Q_{TNP} 为 12.50mg/g 左右。然后负载织物分别置于 60mg/L 的罗丹明 B 水溶液中进行吸附处理，烘干后四种负载织物在紫外光辐射过程中 K/S_{max} 和 λ_{max} 值的变化如图 6-7 所示。

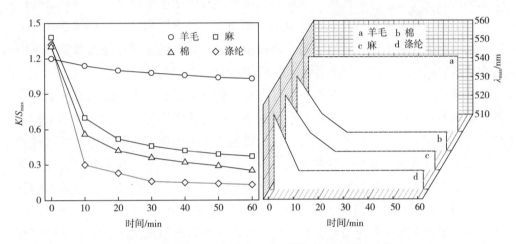

图 6-7   纳米 TiO_2 水溶胶负载不同织物的自清洁性能

从图 6-7 可以发现，在光辐射过程中四种纳米 TiO_2 水溶胶负载织物的 K/S_{max} 值均逐渐降低，这意味着负载到四种织物表面的纳米 TiO_2 粒子表现出较好的自清洁性能。值得注意的是，在相同实验条件下四种织物表面的 K/S_{max} 曲线下降程度按照以下顺序排列：涤纶>棉>麻>羊毛。此外，随着紫外光照射时间的延长，纳米 TiO_2 水溶胶负载涤纶、棉和麻织物表面染料的 λ_{max} 值下降程度最大为 30nm，而纳米 TiO_2 水溶胶负载羊毛织物表面的染料 λ_{max} 值几乎不发生变化。这就说明负载涤纶、麻和棉织物比羊毛织物显示出更优良的自清洁性能，且负载涤纶织物的自清洁性能最优。这主要与这些织物的表面结构和化学性质方面的差异密切相关。其中涤纶、棉和麻纤维表面较为均匀平滑，使得纳米 TiO_2 水溶胶在它们表面易于形成较为均匀的薄膜，表现出优良的光催化降解性能。此外，麻和棉织物属于纤维素纤维，具有很好的吸湿性，可以从空气中吸附水分子，这有利于在紫外照射条件下羟基自由基的形成，因此这两种纤维素纤维表面负载的纳米 TiO_2 粒子显示出较好的自清洁特性。而羊毛纤维表面具有坚硬致密的鳞片层，阻碍了纳米 TiO_2 水溶胶在其表面吸附和形成薄膜，不利于其光催化活性的发挥。

6.2.2 涂层工艺

涂层工艺是在纺织品的一面或双面涂覆一层或多层连续的高分子聚合物，使纺织品具有特殊功能的一种表面整理技术。在制备自清洁纺织品的技术中，除了浸染和浸轧工艺之外，涂层工艺发也挥着重要作用。影响涂层织物性能的主要因素包括涂层浆厚度，刮涂速度以及焙烘温度等。其中涂层浆厚度主要影响织物的性能和手感，涂层浆太薄会显著降低织物的功能性，太厚则会造成织物透气性下降。刮涂速度控制不佳会导致织物表面涂层不平整。焙烘温度过高会使涂层浆固化太快而出现微小气泡，严重影响涂层织物的形貌和功能。

在自清洁涂层织物加工过程中，首先需要配制涂层浆，通常包括纳米 TiO_2 分散液或水溶胶、丙烯酸树脂黏合剂和增稠剂。然后使用涂层浆在织物表面进行涂层加工，并在 130~180℃ 进行焙烘处理，得到纳米 TiO_2 涂层织物。但是经这种传统涂层工艺制备的纳米 TiO_2 涂层织物的自清洁效果不甚理想。主要是具有光催化功能的纳米 TiO_2 粒子被包附在由黏合剂和增稠剂构成的涂层薄膜中，显著影响其与污染物之间的接触，限制了其自清洁效果的发挥。为此可使用两次涂层技术，即首先在织物表面涂布丙烯酸树脂层，焙烘后再将含有纳米 TiO_2 分散液和增稠剂的涂层浆涂在上述丙烯酸树脂涂层表面，经烘焙后形成仅有表层含有纳米 TiO_2 粒子的涂层织物。使用涂层织物定量吸附亚甲基蓝水溶液，然后测定光辐射过程中吸附亚甲基蓝涂层织物表面 K/S_{max} 下降率的方法，比较两种不同涂层工艺负载织物的自清洁效果（图6-8），可以清楚地看出，使用两次涂层工艺（工艺二）制备纳米 TiO_2 涂层织物的 K/S_{max} 下降率比传统涂层工艺（工艺一）显著提高，证明其自清洁效果得到改善。

在自清洁涂层织物加工过程中，涂层浆中纳米 TiO_2 粒子添加量对所制备涂层织物的自清洁性能也有显著影响。在图6-9中，首先在织物表面涂覆丙烯酸树脂层，然后使用添加不同浓度纳米 TiO_2 的涂层浆在涂层织物表面进行二次涂层加工。得到涂层织物的自清洁性能随着纳米 TiO_2 浓度的增加而不断提高，但是当纳米 TiO_2 浓度大于 30g/L 时，其对自清洁效果的影响不再显著。从涂层织物的 EXD 能谱图（图6-10）可知，随着纳米 TiO_2 浓度的增加，涂层织物的钛元素所占比例逐渐增大，意味着表面纳米 TiO_2 比例逐渐上升，导致涂层织物的自清洁性能提高。但是当 TiO_2 浓度过高时，纳米 TiO_2 粒子在涂层表面会出现较为严重的团聚现象，受量子尺寸效应的影响，使光催化效果不再明显增加。

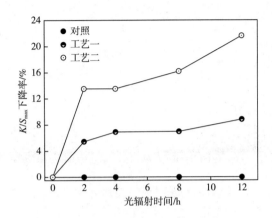

图 6-8　不同涂层工艺制备自清洁织物的 K/S_{max} 下降率比较

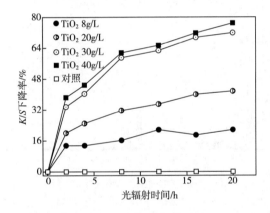

图 6-9　涂层浆中纳米 TiO$_2$ 浓度对涂层织物 K/S_{max} 下降率的影响

　　为考察自清洁涂层织物的耐久性，对含有不同纳米 TiO$_2$ 添加量涂层织物分别进行 40 次干摩擦和 40 次湿摩擦处理，然后比较它们处理前后的自清洁性能 ［图 6-11(a)］ 发现，涂层织物在分别经过 40 次干摩擦和 40 次湿摩擦处理后，光催化自清洁性能并未出现明显变化，当摩擦次数逐渐增加到 200 次时其自清洁性能也没有发生显著变化 ［图 6-11(b)］，这表明织物表面的纳米 TiO$_2$ 薄膜层与黏合剂层的结合牢度很好。

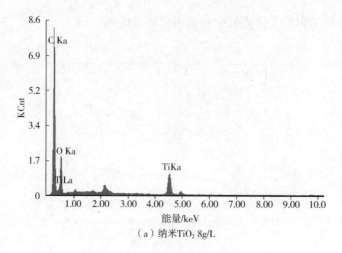

（a）纳米TiO₂ 8g/L

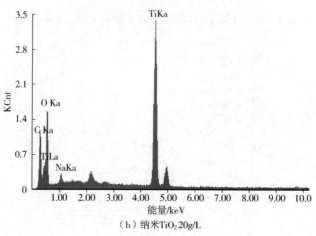

（b）纳米TiO₂ 20g/L

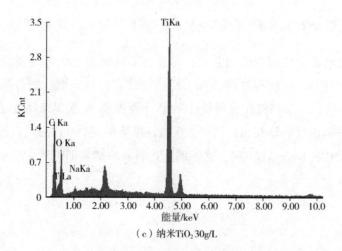

（c）纳米TiO₂ 30g/L

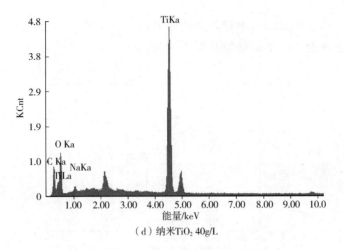

图 6-10　不同浓度 TiO_2 涂层织物表面元素组成

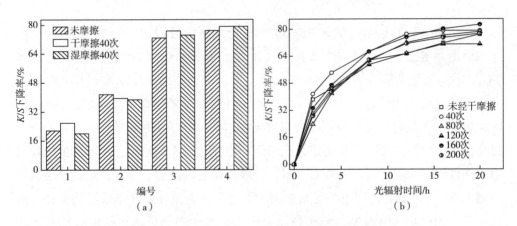

图 6-11　摩擦处理前后涂层织物 K/S_{max} 的变化

6.2.3　浸染工艺

　　与浸轧和涂层工艺相比,制备纳米 TiO_2 负载织物的浸染工艺出现相对较晚。这个方法的制备原理与分散染料上染涤纶织物的原理相近,通常应用高温高压染色机,使在水中分散的纳米 TiO_2 粒子对涤纶纤维进行吸附并经冷却后被负载在涤纶纤维表面。负载织物的最大优势是纳米 TiO_2 粒子固着性比浸轧和涂层工艺高,耐水洗性好,重复利用性能优良。但是目前浸染工艺只能用来加工涤纶织物,不适合其他纤维织物。在使用浸染工艺制备纳米 TiO_2 负载织物时,首先配制不同质量分数的纳米 TiO_2 水分散液,并将其倒入高温高压染色机的染杯中,再将涤纶织物放入其中，然后按照涤纶织物高温高压分散染料染色工艺进行加工，所制备的涤纶织物表面纳米 TiO_2 负载量如图 6-12 所示。

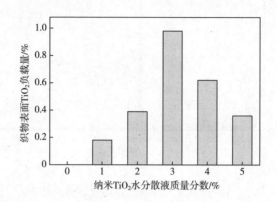

图 6-12　不同质量分数纳米 TiO_2 水分散液负载涤纶织物

在使用浸染工艺制备纳米 TiO_2 负载涤纶织物的过程中，纳米 TiO_2 的浓度、浸染温度、浴比、工作液 pH 以及无机盐浓度等因素均对涤纶织物表面的纳米 TiO_2 负载量有显著影响。如图 6-13 所示，浸染温度是纳米 TiO_2 粒子在涤纶织物表面负载量的决定性因素，纳米 TiO_2 负载量随着温度的提高不断增加，在 130℃ 时纳米 TiO_2 负载量最高，也就是说只有温度达到 130℃ 时使用浸染工艺才表现出优良效果。原因主要是涤纶无定形区的结构中存在微小的空隙。当负载温度超过涤纶纤维玻璃化温度（67~81℃）时，纤维无定形区的分子链开始运动。当温度达到 120℃ 及以上时，分子链运动加剧，无定形区内微孔张开形成瞬间空隙，此时小于空隙尺寸的纳米 TiO_2 粒子在高温作用下由于布朗运动迅速通过瞬间空隙而进入纤维内部，当温度降低后空隙发生收缩，纳米 TiO_2 粒子被截留在纤维无定形区中。在 130℃ 的浸染过程中，随着时间的延长纳米 TiO_2 负载量不断提高，30min 时获得最高的纳米 TiO_2 负载量，时间过长反而导致纳米 TiO_2 粒子不易负载。这是因为当负载时间较短时，纳米 TiO_2 粒子不能完全进入纤维内部。但是随着时间的延长纳米 TiO_2 粒子逐渐进入纤维空隙，超过 30min 后涤纶纤维对纳米 TiO_2 粒子的吸附量达到饱和，即达到了最高负载量。继续延长时间可能会导致纳米 TiO_2 粒子在涤纶表面发生团聚而变大，不易进入纤维空隙，导致纳米 TiO_2 负载量呈下降趋势。

在浸染过程中，纳米 TiO_2 的浓度增加会使其在涤纶表面的负载量几乎呈线性提高，意味着更多的纳米 TiO_2 粒子被截留于纤维空隙中。此外，工作液 pH 的增加

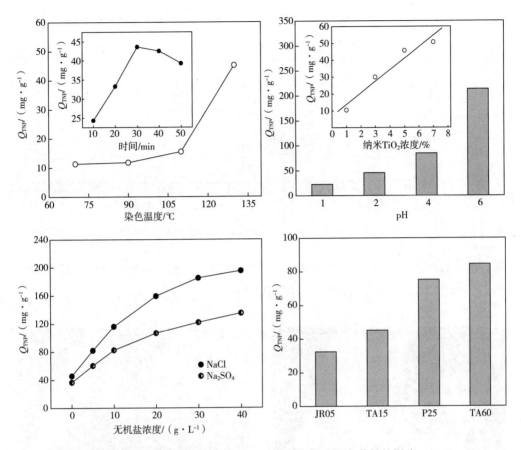

图 6-13　浸染工艺对纳米 TiO$_2$ 在涤纶织物表面负载量的影响

导致纳米 TiO$_2$ 负载量提高，这说明工作液 pH 的升高有利于纳米 TiO$_2$ 粒子在涤纶表面的负载。pH 的升高会使纳米 TiO$_2$ 粒子团聚形成更大的颗粒，但是 XRD 分析证明，它们仍然属于锐钛型 [图 6-14(a)]，只不过催化活性有所下降。更重要的是，随着工作液中两种无机盐特别是 NaCl 浓度的增加，纳米 TiO$_2$ 负载量进一步提高。当 NaCl 浓度达到 40g/L 时，纳米 TiO$_2$ 负载量接近 200mg/g，说明体系中无机盐的存在有利于纳米 TiO$_2$ 粒子在涤纶表面的负载，并且它们还保持着锐钛型 [图 6-14(b)]。

在浸染过程中还发现，不同粒径的纳米 TiO$_2$ 粒子（JR05：5nm，TA15：15nm，P25：25nm，TA60：60nm）在涤纶表面的负载量存在明显差异，其负载量随着纳米 TiO$_2$ 粒子的粒径增加而提高，即它们的负载量按下列顺序排列：JR05 < TA15 < P25 < TA60。一个可能的原因是在高温条件下，较大粒径的纳米 TiO$_2$ 粒子具有较弱的布朗运动趋势，更易于沉积于涤纶表面而进入空隙中，从而显示出更高的负载

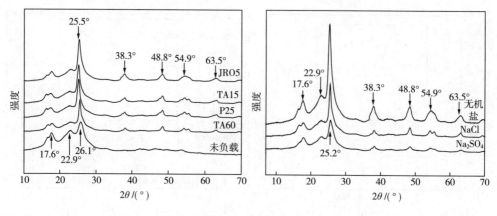

图 6-14　不同粒径纳米 TiO₂ 负载于涤纶表面的 XRD 图

量。值得说明的是，从它们的 SEM 照片（图 6-15）可知，三种大粒径的纳米 TiO₂ 粒子比 JR05 粒子在纤维表面形成较厚的薄膜。

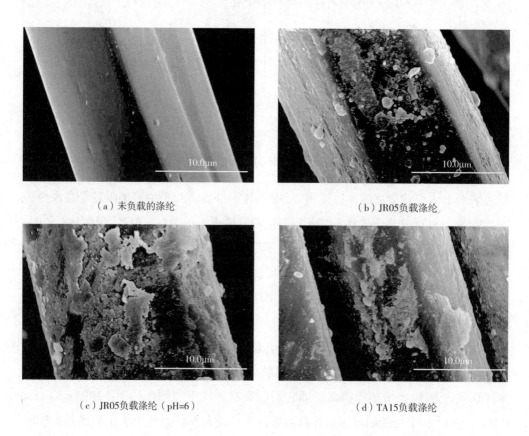

（a）未负载的涤纶　　　　　　　　　　　（b）JR05负载涤纶

（c）JR05负载涤纶（pH=6）　　　　　　　（d）TA15负载涤纶

（e）P255负载涤纶　　　　　　　　　　　（f）TA60负载涤纶

图 6-15　不同粒径纳米 TiO$_2$负载涤纶的 SEM 图

6.3　自清洁纺织品对不同染料的去除作用和机理

6.3.1　偶氮染料

偶氮染料是偶氮基两端连接芳基的一类有机合成染料，在纺织品印染工艺中应用量最大。活性红 195 和酸性黑 234 都是典型的水溶性偶氮染料。使用浸轧法制备的纳米 TiO$_2$水溶胶负载涤纶织物在紫外光辐射条件下对这两种偶氮染料均具有优良的自清洁性能，能够将它们从纤维表面进行不同程度的去除。图 6-16 给出了吸附两种偶氮染料的纳米 TiO$_2$水溶胶负载涤纶织物表面深度变化率（K/S_{max}）$_{60}$随其纳米 TiO$_2$负载量（Q_{TNP}）的变化。

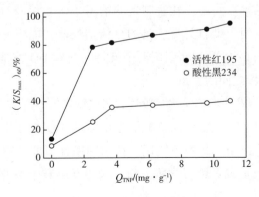

图 6-16　吸附偶氮染料的负载涤纶织物的 Q_{TNP} 与（K/S_{max}）$_{60}$值之间的关系

由图 6-16 可知，在紫外光照射条件下，两种纳米 TiO_2 水溶胶负载涤纶织物的 $(K/S_{max})_{60}$ 值随其 Q_{TNP} 值的增加而变大。这主要是因为涤纶织物表面增多的纳米 TiO_2 粒子会导致其受紫外光辐射时生成更多的活性自由基，加速表面吸附染料的分解去除。与酸性黑 234 比较发现，在相同的 Q_{TNP} 值条件下，纳米 TiO_2 水溶胶负载涤纶织物对活性红 195 具有更高的去除效率。这主要是因为活性红 195 是含有较多磺酸基的单偶氮染料，更易于与亲水性纳米 TiO_2 粒子层接触，有利于两者之间的光催化氧化反应。而酸性黑 234 则是含有较少磺酸基的三偶氮染料（图 6-17），分子极性明显低于活性红 195，因此不利于其与纳米 TiO_2 粒子之间的相互作用。

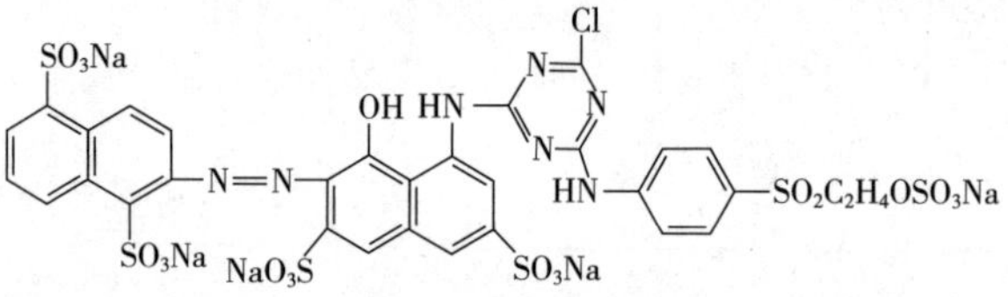

（a）活性红195

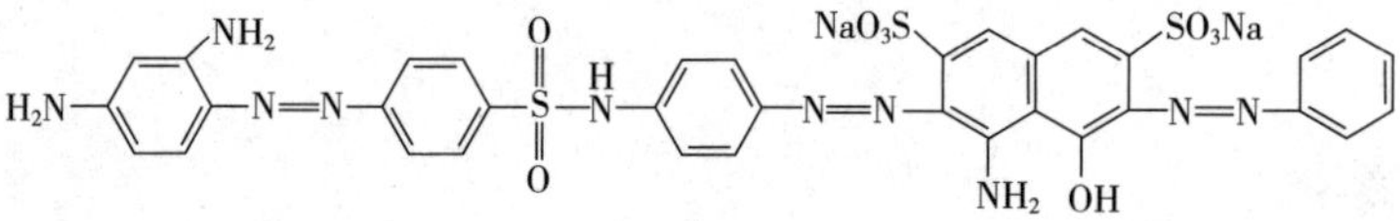

（b）酸性黑234

图 6-17　两种偶氮染料的分子结构

6.3.2　杂环染料

杂环染料通常是分子中存在氧杂环或氮杂环结构的发色体系。常用的杂环染料主要包括罗丹明 B 和亚甲基蓝等。其中罗丹明 B 含有氧杂环结构，而亚甲基蓝则含有氮和硫杂环结构。使用浸轧法制备的纳米 TiO_2 水溶胶负载涤纶织物在紫外光辐射条件下，对这两个染料具有优良的自清洁性能，能将它们从纤维表面进行不同程度的去除。图 6-18 给出了吸附两个染料的纳米 TiO_2 水溶胶负载涤纶织物的 $(K/S_{max})_{60}$ 与其 Q_{TNP} 值之间的关系。

图 6-18 显示，随着纳米 TiO_2 水溶胶负载涤纶织物的 Q_{TNP} 值增加，其 $(K/S_{max})_{60}$ 值逐渐提高。这证明涤纶织物表面负载纳米增多的 TiO_2 粒子能够加强其对两种吸附杂环染料的自清洁作用。此外还发现，在相同条件下罗丹明 B 比亚甲基蓝更易于被纳米 TiO_2 水溶胶负载涤纶织物所去除，这主要决定于两者在分子结构方面的显著差异。图 6-19 给出了两种杂环染料的分子结构。

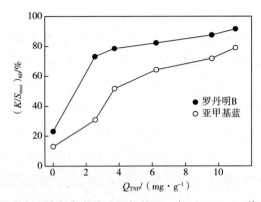

图 6-18　吸附杂环染料负载涤纶织物的 Q_{TNP} 与 $(K/S_{max})_{60}$ 值之间的关系

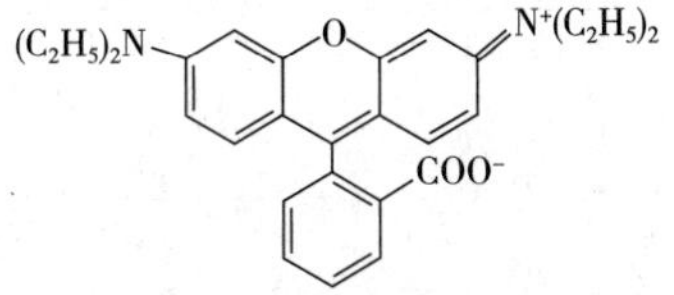

（a）罗丹明B

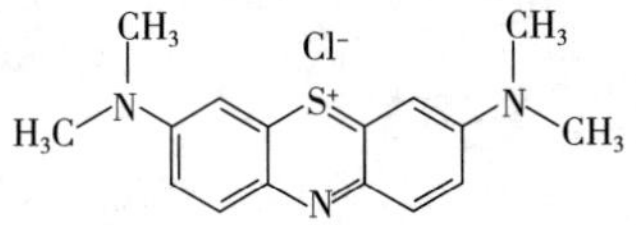

（b）亚甲基蓝

图 6-19　两种杂环染料的分子结构

6.3.3　三种不同结构染料的比较

使用粒径为 5nm 的纳米 TiO_2 通过浸染工艺制备纳米 TiO_2 负载涤纶织物（Q_{TNP} = 38.79mg/g），然后使之吸附三种不同结构有机染料（罗丹明 B、活性红 195 和酸性蓝 7）水溶液。烘干后在紫外光辐射条件下三种织物的表面深度 K/S_{max} 在光辐射过程中的变化如图 6-20 所示。

图 6-20（a～c）显示，三种染料吸附织物的 K/S_{max} 值随着在紫外光辐射时间的延长而逐渐下降，当光辐射时间超过 5min 后，其 K/S_{max} 值的下降趋势不甚显著。这说明三种染料分子被在纤维表面负载的纳米 TiO_2 粒子产生的含氧自由基所氧化脱色。增加染料浓度会使更多染料吸附于负载织物表面，导致其 K/S_{max} 值升高。但是在紫外光辐射条件下，三种高吸附量的负载织物的 K/S_{max} 值仍然表现

出显著的下降趋势，并且30min时的K/S_{max}值仍处于较低水平。这说明纳米TiO_2负载涤纶织物对其表面不同分子结构和吸附量的有机染料皆具有优良的自清洁能力。图6-20（d）给出了不同Q_{TNP}值的纳米TiO_2负载涤纶织物对其表面吸附染料的分解特性。可以发现，三种纳米TiO_2负载涤纶织物的K/S_{max}值下降率随着其Q_{TNP}值的增加而逐渐提高，表明纤维表面负载纳米TiO_2的增加能够显著提高织物的自清洁能力。在相同条件下，纳米TiO_2负载涤纶织物对三种不同结构染料分子的分解能力按照下列顺序排列：罗丹明B>酸性蓝7>活性红195，这主要取决于它们分子结构的明显差异。其中酸性蓝7为三芳甲烷类染料，分子结构如图6-21所示。

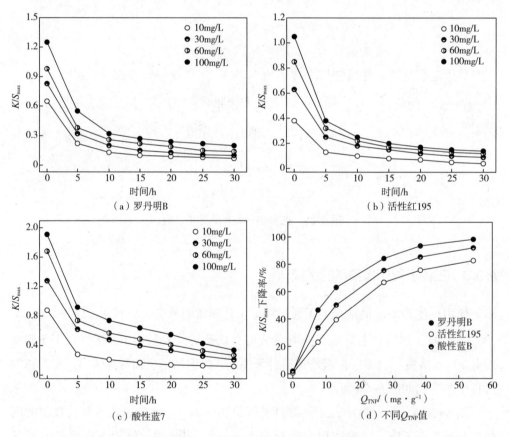

（a）罗丹明B　　　　　　　　　（b）活性红195

（c）酸性蓝7　　　　　　　　　（d）不同Q_{TNP}值

图6-20　在紫外光辐射条件下三种染料吸附负载织物的K/S_{max}值变化

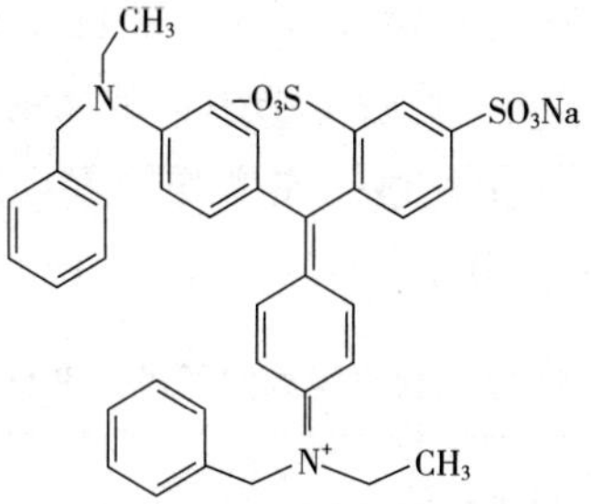

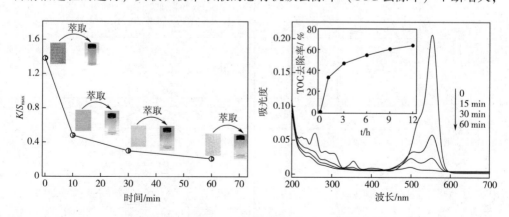

图 6-21　酸性蓝 7 的分子结构

6.3.4　自清洁过程中染料降解机理

为了研究纳米 TiO_2 负载涤纶织物在自清洁过程中有机染料的分解反应机理，将表面吸附罗丹明 B 的纳米 TiO_2 负载涤纶织物（$Q_{TNP} = 38.79mg/g$）置于紫外光辐射条件下进行处理，然后使用去离子水对经不同时间处理后织物进行萃取，并分别对萃取液进行紫外可见光谱和总有机碳分析，结果如图 6-22 所示。纳米 TiO_2 负载涤纶织物的 K/S_{max} 值随着辐射时间的延长而逐渐降低，负载织物萃取液的颜色也逐渐变浅，证明纤维表面的罗丹明 B 被逐渐氧化分解而失去颜色。在萃取液的紫外可见光谱中发现，550nm 处代表染料共轭结构的特征吸收峰以及 255nm、305nm 和 350nm 处代表染料芳香环结构的特征吸收峰的强度均随着反应时间的延长而不断降低，其中 550nm 处的吸收峰比其他吸收峰下降得更加快速。这表明在自清洁过程中染料分子中的共轭系统比其芳香环结构更容易被分解。更重要的是，随着自清洁过程的进行，负载织物萃取液的总有机碳去除率（TOC 去除率）不断增大，

图 6-22　不同时间光辐射后负载织物萃取液的紫外可见光谱和总有机碳变化

在 12h 内超过了 60%。这意味着自清洁过程中染料分子分解生成的大部分中间产物已转化为 CO_2 和水。为了详细了解纳米 TiO_2 负载涤纶织物表面自清洁过程中罗丹明 B 光催化降解产物，通过气相色谱—质谱联用（GC—MS）技术对紫外光辐射 1h 和 6h 的负载织物萃取液进行分析，结果见表 6-1。

表 6-1　经 GC-MS 技术检测得到的罗丹明 B 分解的主要中间体

紫外光辐射时间/h	m/z	保留时间/min	中间体结构式	
	170.2	16.74		(1)
	222.1	27.31		(2)
1	400.2	28.64		(3)
1	236.2	39.83		(4)
	244.2	5.50		(5)
6	170.2	16.78		(6)
	222.1	27.74		(7)

　　表 6-1 显示，经紫外光辐射 1h 的负载织物萃取液中检测到 4 种中间体，它们都是由于罗丹明 B 共轭结构被氧化分解而生成的相对分子质量较大的化合物。当紫外光辐射 6h 后，负载织物萃取液中主要存在两种中间体，它们的相对分子质量相对较低。其中一个是脂肪族长链羧酸，另一个为仅含有 1 个苯环的化合物。这证明延长紫外光辐射时间能够显著地促进染料分子通过开环反应生成小分子化合物特别是脂肪族羧酸等。然后这些小分子在光辐射过程中继续降解为更小的中间产物，直至被矿化为 CO_2 和水以及无机盐等。因此依据上述多种分析结果可以推测，在纳米 TiO_2 负载涤纶织物表面自清洁过程中，罗丹明 B 通过共轭结构分解、开环反应和矿化三个主要步骤被去除。这与其在水溶液中被纳米 TiO_2 光催化降解的途径具有一定的相似性。

　　酸性蓝 13 为双偶氮类酸性染料，比活性红 195 含有较少的水溶性磺酸基团，对蛋白质纤维具有较强的亲和力，在使用过程中极易沾染羊毛织物，难以通过常用的洗涤方法将其去除。但是羊毛织物经纳米 TiO_2 负载整理后自清洁性能明显提高，不仅在紫外光辐射条件下能够将吸附于其表面的酸性蓝 13 光催化氧化，使之逐渐脱色（图 6-23），而且还能使其结构中的共轭体系和芳香环结构分解并转化为 CO_2 和水。这主要是因为负载于羊毛表面的纳米 TiO_2 粒子在紫外光辐射条件下生成氢氧自由基等活性物质，它们能够通过强氧化作用导致酸性蓝 13 发生分解和矿化反应。图 6-24 给出了在纳米 TiO_2 负载羊毛织物表面自清洁过程中酸性蓝 13 的光催化氧化降解和矿化的途径。

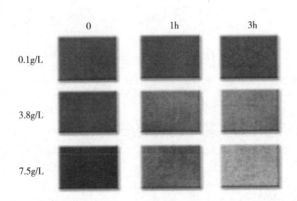

图 6-23　酸性蓝 13 在不同浓度纳米 TiO_2 负载羊毛织物表面的降解

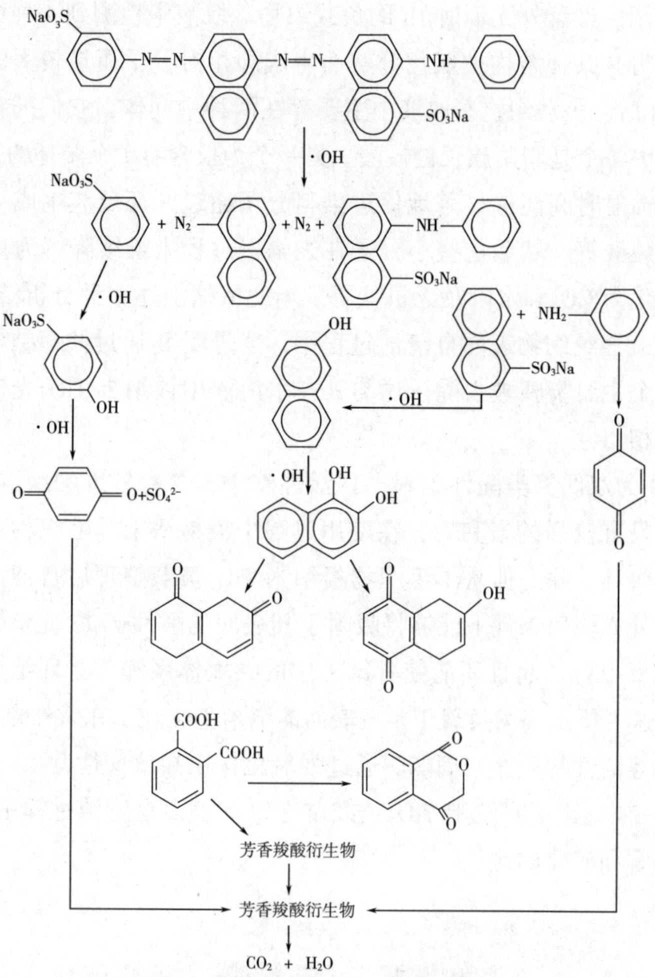

图 6-24　酸性蓝 13 在纳米 TiO_2 负载羊毛织物表面的降解机理

6.4　自清洁纺织品对实际污垢的去除效应

6.4.1　自清洁棉织物

使用纳米 TiO_2 水溶胶通过浸轧—烘干—焙烘工艺对棉织物进行整理制备纳米 TiO_2 水溶胶负载棉织物（$Q_{TNP}=23.81mg/g$），然后使之分别吸附红酒、咖啡、老抽酱油和生抽酱油五种实际污垢的水溶液。烘干后在太阳光辐射（紫外光：

$0.84mW/cm^2$，可见光：$31.91mW/cm^2$）条件下对其进行自清洁性能考察，测定不同辐射时间五种样品在最大吸收波长处的表面深度（K/S_{max}），同时对样品进行拍照以考察其颜色变化，结果如图 6-25 和表 6-2 所示。

　　由图 6-25 和表 6-2 可知，随着太阳光辐射时间的延长，吸附不同污垢的纳米 TiO_2 水溶胶负载棉织物表面颜色深度逐渐降低，相应的 K/S_{max} 值呈现不断下降的趋势，其中以红酒 1 号、咖啡以及老抽吸附棉织物的 K/S_{max} 值下降最为显著，这说明纳米 TiO_2 水溶胶负载棉织物对这五种实际污垢都表现出不同程度的自清洁性能。与红酒 2 号和生抽比较，红酒 1 号、咖啡以及老抽更容易被纳米 TiO_2 水溶胶负载棉织物所去除，这主要因为五种实际污垢在化学组成方面的差异。

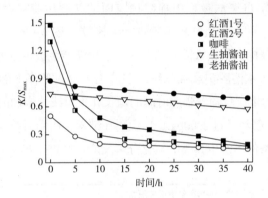

图 6-25　光辐射过程中吸附不同污垢负载棉织物的 K/S_{max} 值变化

表 6-2　在光辐射过程中吸附不同污垢负载棉织物的颜色变化

时间/h	0	5	10	15	20	25	30	35	40
红酒 1 号									
红酒 2 号									
咖啡									

续表

时间/h	0	5	10	15	20	25	30	35	40
生抽酱油									
老抽酱油									

为了研究纳米 TiO_2 负载棉织物自清洁过程中实际污垢的光催化氧化降解机理，使用气相色谱仪测定自清洁过程中棉织物表面的红酒污渍在太阳光辐射条件下分解产生的 CO_2 体积，并与未负载棉织物进行了比较（图6-26）。结果发现，表面吸附红酒污渍的未负载棉织物在太阳光辐射条件下仅能产生极少量的 CO_2，而表面吸附红酒污渍的纳米 TiO_2 水溶胶负载棉织物，在太阳光辐射条件下能够生成相对较大量的 CO_2，并且 CO_2 的生成量随着辐射时间的延长几乎呈线性增加的趋势，在辐射时间25h内 CO_2 的生成量已经超过2000μL。这说明在纳米 TiO_2 负载棉织物表面吸附的红酒污渍在太阳光辐射条件下发生显著的氧化分解反应，并进一步矿化为 CO_2 和水。

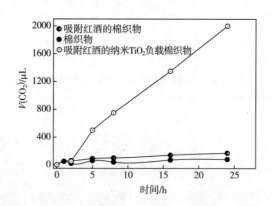

图6-26 在太阳光辐射条件下不同处理棉织物产生 CO_2 体积

进一步研究证实，在太阳光辐射条件下，纳米 TiO_2 负载棉织物也能够使表面吸附的咖啡、化妆品和油脂等其他污渍发生分解产生不同体积的 CO_2，如表6-3所示。这表明负载于棉织物表面的纳米 TiO_2 粒子对多种吸附污渍都显示出优良的自清洁效应。需要说明的是，吸附于纳米 TiO_2 水溶胶负载棉织物表面红酒和咖啡污渍中的色素，可能会通过类似有机染料的敏化作用促进纳米 TiO_2 粒子产生活性自由基，有利于这些污渍在纤维表面的氧化分解和矿化作用。图 6-27 比较了油脂、红酒和咖啡污渍在纳米 TiO_2 水溶胶负载棉织物表面的光催化降解反应原理。

表 6-3　纳米 TiO_2 水溶胶负载棉织物存在时不同污渍分解生成的 CO_2 体积

样品名称	预处理	预处理时间	TiO_2 前躯体	红酒 CO_2/μL	咖啡 CO_2/μL	化妆品 CO_2/μL	油脂 CO_2/μL
C2-2	RF-等离子体	60min	$TiCl_4$	2000	1800	1350	1900
C2-3	V-UV	15min	TTIP	1700	1430	1050	1270
C2-4	V-UV	30min	TTIP	1000	960	680	860
C2-5	V-UV	15min	$TiCl_4$	1800	1280	880	1010
C2-6	V-UV	60min	TTIP	700	700	530	710
C2-13	MW-等离子体	15s	TTIP	1200	1150	550	540
C2-14	MW-等离子体	30s	TTIP	1200	1830	890	1330
C2-15	MW-等离子体	15s	$TiCl_4$	600	690	720	620
C2-16	MW-等离子体	30s	$TiCl_4$	600	790	400	290

　　注　TTIP 为钛酸四异丙酯。

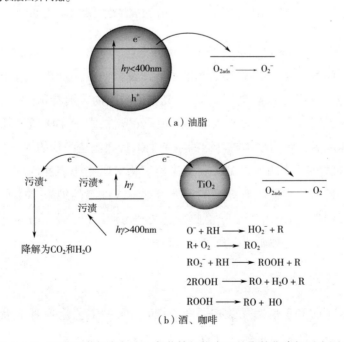

图 6-27　三种污渍在纳米 TiO_2 负载棉织物表面的光催化降解反应原理

6.4.2 自清洁涤纶织物

使用纳米 TiO_2（粒径约 5nm）通过浸染工艺对涤纶织物进行整理制备纳米 TiO_2 负载涤纶织物（$Q_{TNP}=38.79mg/g$），然后使之分别吸附红酒和咖啡的水溶液。烘干后在太阳光辐射（紫外光：$0.84mW/cm^2$，可见光：$25.3mW/cm^2$）条件下对两种样品进行处理，其 K/S_{max} 值在光辐射过程中的变化如图 6-28 所示。

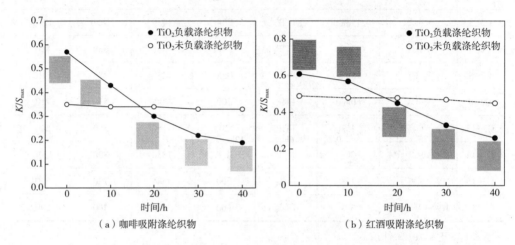

（a）咖啡吸附涤纶织物　　　　　　（b）红酒吸附涤纶织物

图 6-28　吸附咖啡或红酒的纳米 TiO_2 负载涤纶织物的 K/S_{max} 值变化

图 6-28 显示，吸附咖啡或红酒的未负载涤纶织物的 K/S_{max} 值在光辐射过程中几乎没有发生显著变化，说明涤纶织物并不具备自清洁功能。吸附咖啡或红酒的纳米 TiO_2 负载涤纶织物的 K/S_{max} 值在相同光辐射时间内，随着光辐射时间的延长而显著下降。这说明吸附于表面的咖啡和红酒已逐渐被纳米 TiO_2 负载涤纶织物所降解。在辐射 40h 后，吸附咖啡或红酒的纳米 TiO_2 负载涤纶织物的 K/S_{max} 值分别降低了 66.7% 和 54.7%，表明纳米 TiO_2 负载涤纶织物对吸附于表面的咖啡或红酒具有较高的自清洁性能。另外的研究证实，吸附咖啡或红酒的纳米 TiO_2 负载涤纶织物在自清洁过程中都有 CO_2 生成，这意味着这两种污渍不仅发生了光催化降解反应导致其颜色下降，而且还被矿化生成了 CO_2 和水。

6.4.3 自清洁羊毛织物

使用纳米 TiO_2 和丁烷四羧酸按照图 6-29 给出的工艺流程对羊毛织物进行整理，能够制备耐久性更好的纳米 TiO_2 负载羊毛织物。在紫外光辐射条件下，纳米

TiO_2 负载羊毛织物对吸附于表面的果汁、浓茶和咖啡等污渍显示出优良的自清洁性能。图 6-30 给出了纳米 TiO_2 负载羊毛织物表面咖啡污渍在自清洁过程中颜色不断变浅的现象。另外的研究证实,吸附咖啡或红酒的纳米 TiO_2 负载羊毛织物在自清洁过程中也有 CO_2 生成,这表明两种污垢在光催化降解反应过程中已经被矿化去除。

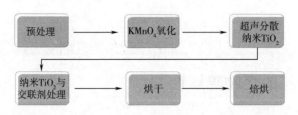

图 6-29　纳米 TiO_2 负载羊毛织物制备工艺路线

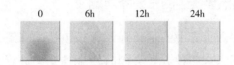

图 6-30　纳米 TiO_2 负载羊毛织物对咖啡污渍的去除

第7章 基于光催化技术的环境净化纺织品循环利用与生态毒理学

7.1 纤维材料的生物降解性

7.1.1 纤维材料在自然环境中的主要降解途径

通常，纤维材料在自然界中的主要降解方式包括光降解、化学降解和生物降解等。而在实际条件下，这三种方式会同时发生且交叉进行，因此纤维材料在自然环境中的降解行为通常表现出复杂性和多元性。

7.1.1.1 光降解反应

在太阳光辐射条件下，纤维材料会吸收紫外线等辐射光后而引发多种反应，使纤维分子链结构分解为中小分子化合物，导致其物理机械性能严重下降。这些中小分子化合物被空气进一步氧化，产生能被生物分解的小分子化合物。它们经自然侵蚀后变为极小粉末并进入土壤系统，在微生物作用下重新进入生物循环，最后被完全转化为 CO_2、水和无机盐类等。

7.1.1.2 化学降解反应

纤维材料在自然界中与酸、碱、氧化剂或还原剂等接触时，发生一系列如水解、酸解、醇解、氧化和还原等化学反应，不仅分子中共价键等发生断裂，使其分子中碳原子数目减少、相对分子质量降低，而且还会引起力学强度、弹性和黏度等其他方面发生显著变化。

7.1.1.3 热降解反应

纤维材料在自然界中遇到高温或火焰时发生热裂解，产生可燃性气体和挥发性有机物等低相对分子质量化合物，并出现明显的碳化现象。不同结构纤维材料的热降解反应存在着较大差异。如聚丙烯纤维的热降解反应表现为无规降解行为，加热时聚合物主链从中部薄弱处断裂，相对分子质量明显下降，力学性能大幅度降低。而聚四氟乙烯的热降解反应属于"拉锁降解"方式，其降解反应从聚合物分子链一端开始，大分子链中的单体像拉锁一样逐个地分解脱落。

7.1.1.4　生物降解反应

生物降解反应是自然界中细菌等微生物通过自身生物酶的作用而分解纤维材料的过程，更多地发生在土壤、河流湖泊和污泥中。生物降解反应通常受到当时环境的温湿度、pH、光辐射条件和养分等因素的影响。此外，除微生物之外，自然界中食木性和草食性的动物也会使纤维材料发生降解反应。

7.1.2　纤维材料的生物降解反应基本过程

纤维材料的生物降解反应根据降解产物可分为初步降解、部分降解和完全降解反应。其中初步降解仅发生了单一转化反应，而完全降解则是其被完全无机化而产生水和 CO_2 等，部分降解则介于两者之间。纤维材料属于高分子材料，其生物降解反应主要包括三个步骤，一是微生物在纤维材料表面的吸附；二是微生物在纤维材料表面释放多种生物酶，并通过水解和氧化等反应将表面的高分子化合物分解为有机酸和低聚糖等低分子量化合物；三是降解产物被微生物摄入体内，经过生理代谢后被微生物体利用，转化为微生物的活动能量，同时在需氧或厌氧条件下转化为不同的低分子化合物，其中在好氧条件下，高聚物被完全氧化降解的最终产物是水和 CO_2，有时还可能存在氨和硫酸盐等无机化合物。而在厌氧条件下，高聚物将通过水解酸化等反应生成 CH_4 和 CO_2 等气体。

纤维材料的生物降解性能与其分子结构（如相对分子质量、氢键和取代基等）以及聚集态结构（如结晶度、取向度和对称性等）关系密切。通常而言，极性聚合物材料更易与生物酶发生吸附作用，因此可以认为高分子材料具有极性是其发生生物降解反应的必要条件。当疏水性或不溶于水的聚合物材料发生降解反应时，其通常是借助主链或侧链基团的水解反应使其极性提高或水溶性改善，有利于其后续生物降解反应的顺利进行。一般而言，主链结构中存在 C—O 和 C—N 键或不饱和键的聚合物比仅有 C—C 键构成的聚合物的生物降解性更好。而聚合物分子结构含有—CH＝CH—时其生物降解性变好。如果聚合物分子结构含有水溶性的侧链或基团，如聚氧化乙烯等，则有利于其生物降解反应。反之，其结构中的甲基或亚甲基的存在使聚合物更难于生物降解。聚合物的相对分子质量增加会使其生物降解性下降。在聚集态结构方面，聚合物分子链间作用力增大会降低其生物降解性。聚合物结晶度高、分子链刚直和取向度大等都会导致其生物降解性较差。

7.1.3 常见纤维的生物降解特性

7.1.3.1 棉纤维

棉纤维是现代纺织工业中最常用的纤维素纤维。纤维素则属于多糖类天然高分子化合物，是由葡萄糖环通过 1-4 甙键连接而成的大分子。棉纤维中纤维素大分子的聚合度为 6000~15000。并且棉纤维中纤维素大分子的排列并不均匀，结晶度约为 70%。在结晶区纤维素大分子排列比较整齐且密实，取向度较高。而在无定形区纤维素大分子排列紊乱且疏松。棉纤维的横截面主要由初生层、次生层和中腔组成。其中初生层是棉纤维的外层，它的外皮表面呈细丝状皱纹形态并附有蜡质与果胶等，决定了棉纤维的表面性质；次生层是棉纤维中主要由纤维素构成的部分，决定了棉纤维的主要力学性质；中腔是棉纤维生长停止后遗存的内部空隙。

棉纤维能够被自然界中的微生物（如细菌、放线菌和真菌）完全降解且降解周期相对较短。研究发现，在活性污泥分解实验中，棉纤维 2 天后就开始发生分解反应，10 天后纤维结构遭到破坏并释放大量 CO_2 气体，而 20 天后其质量和强度几乎全部丧失。目前关于纤维素纤维的降解机理一般解释为棉纤维首先被微生物的胞外酶（纤维素水解酶）水解成可溶性的葡萄糖，然后微生物吸收葡萄糖进入体内，通过好氧或厌氧反应进一步分解为水和 CO_2 等无机化合物。其中棉纤维水解为葡萄糖的反应大多采用协同理论进行解释，通常认为是内切葡聚糖酶、外切葡聚糖纤维二糖水解酶和纤维二糖酶或 β-葡萄糖苷酶共同作用的结果。近年来的研究证明，在自然土壤掩埋实验中，棉纤维被微生物降解并产生的 CO_2 释放量随掩埋时间的延长而逐渐增加，在相同实验条件下，其降解速度与其他再生纤维素纤维（竹原纤维、莫代尔纤维和天丝纤维）并不存在显著差别（图 7-1）。

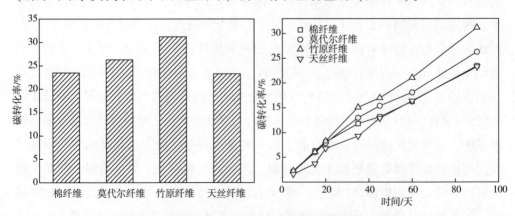

图 7-1　自然土壤环境中纤维素纤维生物降解性能比较

7.1.3.2　羊毛纤维

羊毛纤维主要由含有碳、氢、氧、氮和硫等元素的角蛋白构成,区别于其他蛋白质的最主要特征是蛋白质中有较多二硫键形式存在。一般而言,具有较细直径的羊毛纤维含有更多的二硫键。羊毛纤维含有的多种蛋白质是由肽键连接氨基酸缩合而成的高分子化合物。其中氨基酸结构中连接有羧基、氨基、巯基和酰胺基等极性基团。羊毛纤维是一个细长呈卷曲状的实心圆柱体,由外向内主要由鳞片层、皮质层和髓质层构成。通常羊毛纤维表面有鳞片覆盖,它们相互之间有20%~50%的重叠程度。羊毛纤维越细,鳞片重叠性越好,鳞片密度越厚。这些鳞片具有保护羊毛纤维内层组织,抵抗外界机械和化学等侵蚀的作用,主要决定着羊毛纤维的物理化学性质。

羊毛纤维的生物降解反应开始于微生物破坏其鳞片层的过程,进而侵蚀纤维内部结构。其中微生物降解角蛋白通常经过三个主要步骤,即变性作用、水解作用和转氨基作用。其中变性作用主要是角蛋白中具有稳固其立体化学结构的二硫键遭到破坏而发生变性反应,使其易于被化学试剂和水解酶攻击。水解作用指的是羊毛蛋白质变性后通过蛋白酶水解转化成氨基酸的反应。转氨基作用主要是在微生物作用下,氨基酸进行氧化脱氨反应生成氨气和羧酸等。其中的硫元素则被微生物分解后以 H_2S 和单质硫的形式进入自然界,并进一步氧化成硫酸盐。在有氧条件下,在亚硝酸细菌和硝酸细菌存在时,氨气通过硝化作用转化成硝酸,在缺氧或无氧条件下,自然环境也可发生微生物将硝酸盐还原为氮气的反硝化作用过程。值得说明的是,与纤维素纤维比较,羊毛纤维更难以被生物降解,主要是因为其蛋白质分子链间存在二硫键、盐式键和氢键等,使蛋白质分子链间表现出较强的侧向作用力,其中以二硫键的作用最为突出,导致羊毛蛋白质的变性反应较不易发生。

7.1.3.3　涤纶

涤纶又称聚酯纤维,是合成纤维领域中产量最大和种类最多的纤维品种。涤纶是由聚对苯二甲酸乙二醇酯组成的具有对称苯环结构的线型大分子,其分子链中所有苯环几乎是处在同一个平面,并不存在较大支链或侧基,这使得其大分子间具有较强的侧向作用力,显示出高度的结晶度规整性。研究证明,涤纶非常不易被自然界中的生物降解。在湿度45%~100%和20℃的环境中,聚酯材料存在30~40年后,其主要性能仅有部分损失。聚酯材料在人体与动物体内难以被消化,其中的降解反应可能持续几十年。尽管聚酯材料对自然环境不会造成直接危害,但是因其在自然环境存量巨大且很难在自然条件下发生降解反应,目前其已经变成了全球性的有机污染物。聚酯纤维分子结构中存在容易受酶以及水分子攻击的酯键。这为其生物降解反应提供了可能性。国内外的研究者近年来已发现了涤纶分解菌，当使用其处理涤纶时，在 2 个月内可使涤纶强度降低 50% 左右。

7.2 环境净化用光催化剂的毒理学

7.2.1 纳米 TiO_2 光催化剂

7.2.1.1 对人体的毒理效应

纳米 TiO_2 具有非常大的比表面积，显示出明显的小尺寸效应、表面效应、量子尺寸效应和宏观量子隧道效应等，此外，其表面能和表面张力随粒径的减小而显著增加。随着纳米 TiO_2 的应用日趋广泛，其通过多种途径进入人体内，因粒子尺寸极小而随血液循环快速地进入人体组织器官中。纳米 TiO_2 能够容易通过细胞膜进入人体细胞内，甚至可以通过细胞核膜进入细胞核内。纳米 TiO_2 能够破坏细胞膜，抑制细胞生长而使细胞死亡。值得说明的是，粒径越小的纳米 TiO_2 进入细胞后，越难以被细胞自身清除而引起更大的危害。纳米 TiO_2 毒性作用机制主要是其能进入细胞内的线粒体、内质网、溶酶体和细胞核等内部，通过与组成生物体的大分子发生结合或催化反应，使生物体正常结构发生改变，导致体内一些激素和重要酶系的活性丧失，或使遗传物质产生突变，导致肿瘤发病率升高或促进机体老化。

7.2.1.2 对环境生物的毒理效应

纳米 TiO_2 粒子在水体环境中易产生团聚现象，大多悬浮于水中或沉积在底泥里。此外，团聚状态的纳米 TiO_2 粒子簇也可能沉积或吸附在水中的生物体表面。水生生物也能通过摄取含纳米 TiO_2 颗粒的水或食用黏附有纳米 TiO_2 颗粒的藻类而使之进入体内。大部分水生生物特别是无脊椎动物很可能是通过食物链积累而摄入纳米 TiO_2 颗粒，从而对生物体产生多种潜在的危害。另外，纳米 TiO_2 颗粒还可能与水环境中存在的其他污染物相互作用，使其毒性增强或吸附污染物而成为其载体进入人或其他生物体内。在水体环境中，水蚤等无脊椎动物食用含有纳米 TiO_2 粒子的沉积物，会导致纳米 TiO_2 粒子在这些动物体内积累，然后通过食物链

（无脊椎动物被幼鱼吞食，鱼又被人类食用）逐级传递并积累，逐渐影响更大范围的环境生物，最终危害人类身体健康。

7.2.1.3　纳米 TiO_2 与蛋白质的相互作用

纳米材料与蛋白质发生相互作用会影响其结构和功能，进而会引起其在生物体内一系列的生物效应。为研究纳米 TiO_2 与蛋白质的相互作用，选用血清蛋白中含量最高的 BSA 作为蛋白质的代表，考察了水溶胶中的纳米 TiO_2 对蛋白质荧光猝灭的影响。结果显示，蛋白质与纳米 TiO_2 粒子（简称 TNPs）发生了相互作用，使蛋白质自身荧光出现猝灭现象，并且纳米 TiO_2 粒子浓度越大，对蛋白的荧光猝灭也越强。但是由 Stern-Volmer 曲线可知，纳米 TiO_2 粒子并未对蛋白质的二级结构造成明显改变（图 7-2）。

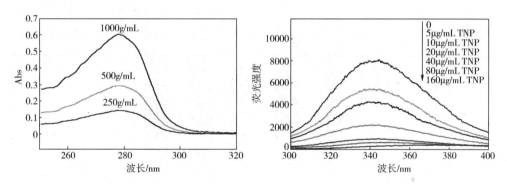

图 7-2　BSA 的紫外吸收光谱和不同浓度的 TNPs 滴定前后 BSA 的荧光光谱

7.2.1.4　纳米 TiO_2 水溶胶对不同来源细胞的体外毒性及作用机理

在纳米 TiO_2 水溶胶作为环境净化整理剂商品化应用之前，必须对其生物安全性进行评价。因此选用了人体内最有可能暴露纳米材料的三种细胞系作为细胞毒性评价模型，对其细胞毒性进行检测发现，经纳米 TiO_2 处理后，细胞形态没发生明显的变化。此外，图 7-3 表明在黑暗条件下处理细胞 24h 或 48h 后，纳米 TiO_2 对人胚肾细胞 HEK293、肝癌细胞 HepG2 和人单核巨噬细胞 THP-1 均无明显的毒性效应，这证明纳米 TiO_2 水溶胶具备商业应用所需的安全性。

7.2.1.5　纳米 TiO_2 在织物表面负载的耐久性和毒理学分析

在使用过程中，织物负载的纳米 TiO_2 受到外力作用时的脱落问题是纳米 TiO_2 负载织物进入市场的一个关键性问题。采用 GB/T 3920-2008《纺织品　色牢度试验和耐摩擦色牢度》中的干摩擦试验方法对纳米 TiO_2 负载织物进行摩擦处理，表 7-1 给出了摩擦后纳米 TiO_2 从织物表面的脱落率。两种纳米 TiO_2 负载织物经摩擦

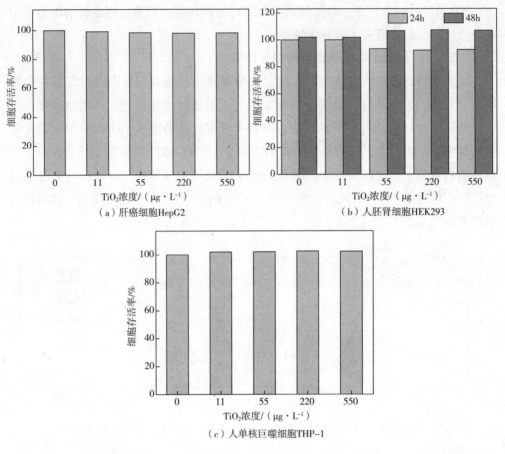

（a）肝癌细胞HepG2

（b）人胚肾细胞HEK293

（c）人单核巨噬细胞THP-1

图 7-3　纳米 TiO$_2$ 水溶胶的细胞毒性检测结果

后纳米 TiO$_2$ 粒子的脱落率都低于 1.2%，说明纳米 TiO$_2$ 粒子几乎没有从织物表面脱落，纳米 TiO$_2$ 负载织物具备商业应用所需的安全性。

表 7-1　摩擦后纳米 TiO$_2$ 粒子从织物表面的脱落程度

样品名	纳米 TiO$_2$ 负载量/（mg·g^{-1}）	纳米 TiO$_2$ 脱落率/%
纳米 TiO$_2$ 整理涤纶织物	48.7±0.89	1.11
摩擦后纳米 TiO$_2$ 整理涤纶织物	48.1±0.33	
纳米 TiO$_2$ 整理涤棉织物	76.3±0.54	1.14
摩擦后纳米 TiO$_2$ 整理涤棉织物	75.4±0.85	

7.2.2　纳米 ZnO 光催化剂

7.2.2.1　对人体的毒理效应

研究证明，人体吸入纳米 ZnO 会引发可恢复的肺部炎症或全身性反应，美国职业暴露 ZnO 的允许暴露阈值为 5.0mg/m³。纳米 ZnO 粒子能够在人体皮肤中渗透并保留在角质层中。纳米 ZnO 具有巨大的比表面积，易于与细胞膜发生相互作用并侵入细胞内部，继而通过光催化作用产生的自由基，导致细胞内部结构和功能损伤，限制细胞的生长和新陈代谢作用，甚至影响其中 DNA 产生和作用。纳米 ZnO 进入细胞的过程包括以下几种可能的途径：直接被吞噬是颗粒物进入细胞常见的路径；通过细胞膜的微孔或破坏细胞膜结构而进入细胞；通过离子通道被吸收进入血液循环系统；在静电和范德华力等作用下，纳米 ZnO 也可能通过被动传输进入细胞。

纳米 ZnO 对细胞具有极强的生长抑制作用，对多种细胞的 24h 半抑制浓度（IC_{50}）值在 10~15ug/mL，抑制作用明显高于纳米 TiO_2、MgO 和 CeO_2 等其他金属氧化物，但是其粒径对其抑制作用的影响并不明显。纳米 ZnO 可通过光催化作用产生活性氧自由基或释放出 Zn^{2+} 破坏细胞代谢等效应而诱发细胞死亡。研究发现，与类似粒径的 Al_2O_3、Fe_3O_4、TiO_2 纳米颗粒相比较，纳米 ZnO 表现出最强的细胞致死毒性。

7.2.2.2　对环境生物的毒理效应

纳米 ZnO 在暗态或光辐射条件下对微生物都具有抑制作用，其作用机理主要与其产生的含氧活性基（ROS）引起氧化损伤、表面的静电作用和 Zn^{2+} 释放导致损伤等密切相关，其中基于 ROS 的氧化机制被认为发挥着最主要的作用。纳米 ZnO 对不同微生物的毒性差异较大，但是其毒性作用与其粒子的晶体取向和形状没有明显的相关性。令人担忧的是，由于微生物在维持土壤和水生态平衡中发挥重要作用，一旦纳米 ZnO 粒子进入生态环境中，可能会破坏微生物种群的正常生长而影响到生态环境的平衡。纳米 ZnO 对动物，特别是水生动物显示出毒性作用，并且 ZnO 颗粒不需要进入细胞即可引发毒性，这是因为 ZnO 颗粒与细胞接触可能导致接触面附近微环境的变化，有利于产生 ROS 或/和释放 Zn^{2+}。纳米 ZnO 对植物也具有一定的毒性作用，并对不同类型植物的作用存在较大差异。证据显示，纳米 ZnO 颗粒的植物毒性与溶出的 Zn^{2+} 含量有明显的相关性。

7.2.3　金属离子的毒理学性质

过量铁离子（主要是 Fe^{2+}）的摄入对人体和环境生物产生铁毒性，直接危害人体和生物体的健康。研究证明，铁毒性效应主要基于 Fenton 反应所引起的氧化作用，并且光辐射条件会进一步加剧铁毒性作用。在有水、过氧化氢或氧气存在时，铁离子发生 Fenton 反应并产生以羟基自由基和超氧自由基为代表的多种含氧活性基（ROS）。它们的强氧化性会导致细胞的死亡，影响人体和其他生物体的正常生长。特别是由于脑细胞拥有相对较低的抗氧化剂防御作用，故此铁离子产生的 ROS 效应能够导致脑细胞变质或死亡，影响大脑中的信息传递系统，从而产生一系列如癫痫、阿尔茨海默症、帕金森病和脑卒中等心脑疾病。另外，铁毒是广泛分布于热带和亚热带地区常见的水稻生理性病害，亚洲东部地区是全世界铁毒发生的重点地区，我国的铁毒发生区主要位于南方水稻种植区。原因主要在于还原性强的土壤经淹水后会积累大量可溶性 Fe^{2+}。它们进入水稻体内并达到较高浓度后产生 ROS 效应，抑制植株生长，延迟水稻的生长发育，显著降低其生物量和产量。

铜离子能够分布于水生生态系统的各个组分中，被普遍认为是对水生生物致毒的主要原因。当铜离子在生物体内积累到一定浓度后，其生理功能明显受阻，发育停滞并可能引发死亡，导致整个水生生态系统结构崩溃和功能丧失。铜离子是强烈的细胞代谢抑制剂，可毒害水体中的微生物群落，使水中有机物分解反应受到阻碍，降低水体的自净能力。此外，经铜离子污染的水生生物能够富集高浓度的铜，并通过食物链过程影响人类健康。人体摄入过量铜离子会引起一系列病变，主要表现为急性铜中毒，可引起胃肠道黏膜刺激症状，导致恶心和腹泻，甚至肝功能衰竭，最终引发休克昏迷或死亡。

稀土金属离子对生态环境系统中的植物、动物和微生物等都会产生毒害作用，影响生物的生长、发育和繁殖，进而破坏生态系统结构和功能稳定性，甚至可通过食物链或皮肤吸收途径进入人体并产生危害。研究发现，稀土离子可改变植物细胞膜性质和结构，提高细胞膜透性，破坏叶绿体结构，降低叶绿素含量，从而导致光合作用减弱，影响植物抗氧化系统酶活性，导致植物细胞死亡和生长发育迟缓。此外，稀土金属离子能够破坏植物的膜系统，诱导植物产生大量的活性氧物质，加剧了细胞的氧化过程。稀土元素对动物毒性效应主要表现为通过影响其消化系统、生殖系统、血液系统和免疫系统等导致动物成活率下降，生长缓慢，甚至引起动物的种类和数量的减少等。稀土产生毒性的机制主要是阻断生物分子表现活性所需的功能基，置换生物分子中必需的金属离子，从而阻断酶的活性，改变生物分子构象和结构。此外，稀土金属离子可与蛋白质、糖类、脂类的配位基结合，造成动物体内细胞特别是生殖细胞发生损伤和免疫力下降。

7.2.4　其他化合物

自 20 世纪 50 年代开始，德国就已将铜酞菁用作食品着色剂，后来美国也将铜酞菁用于聚丙烯手术缝合线的染色加工。动物口服实验证明，当铜酞菁磺酸盐的剂量达到 100mg/kg 时，实验动物仍未显示出任何中毒迹象。而当铜酞菁磺酸盐在水中的浓度达到 5000mg/L 时，生活其中的水生动物仍然表现出正常的生命体征。当对小白鼠注射铜酞菁四磺酸盐水溶液的剂量达到 5000mg/kg，也未发现它们有不良反应，甚至其后代身体也未发生任何畸变现象。然而另外的实验发现，酞菁磺酸盐可导致新生的小鸡畸形，且鸡胚胎在生长期间接触到酞菁磺酸盐后，其部分器官组织的发育均受到干扰，会使小鸡发生畸变并导致较高的死亡率。

由六水合硝酸锌和二甲基咪唑合成的类沸石咪唑酯骨架材料（MOF）ZIF-8 对人的肝癌细胞、宫颈癌细胞和大鼠干细胞的生长有所影响，在较低浓度并未表现出抑制或致死作用，只有在较高浓度时才表现出逐步增加的细胞毒性。细胞内氧化与抗氧化失衡而导致的氧化性化合物增加是近年来被认为是很多纳米材料引发细胞毒性效应的普遍机制。这些氧化化合物通常为含氧活性自由基（ROS），一般包括氢氧自由基和超氧阴离子等。如细胞不能及时清除 ROS 导致其浓度过高时，细胞膜通透性就会发生变化，导致 DNA 损伤和脂质过氧化等问题，引起细胞凋亡。此外，MOF 材料的毒性还与其配合物的形状、分子尺寸、溶解度和金属离子性质密切相关。

7.3　环境净化纺织品在制备和应用中的力学性能变化

固体催化剂在实际应用过程中要承受运输、装填和自身重量所引起的磨损作用。此外，碰撞对其催化活性也有所影响，所以催化剂需要具有较高的力学性能，这样才能够保证其实际应用性能和使用稳定性。一般而言，纤维材料的力学性能特别是断裂强度主要取决于其结晶度、取向度和分子的均匀性等因素。而结晶度和取向度越高，则纤维的断裂强度也越高。纤维材料结构中裂缝和微孔等缺陷的存在则可能使得其更易于发生应力集中现象，导致其断裂强度有所下降。因此非常有必要考察环境净化纺织品在制备和光催化应用过程中的力学性能变化。

7.3.1 纤维金属配合物

7.3.1.1 改性 PAN 纤维铁配合物

（1）增重率影响

使用水合肼和盐酸羟胺对 PAN 纤维进行改性，可得到偕胺肟改性 PAN 纤维（简称 AO-PAN）和混合改性 PAN 纤维（简称 M-PAN）。通常使用 PAN 纤维的增重率（ΔW）表示其改性程度。为考察改性程度对 PAN 纤维力学性能的影响，测定不同增重率的 AO-PAN 和 M-PAN 在干态和湿态的断裂强力和断裂伸长率，结果如图 7-4 和图 7-5 所示。

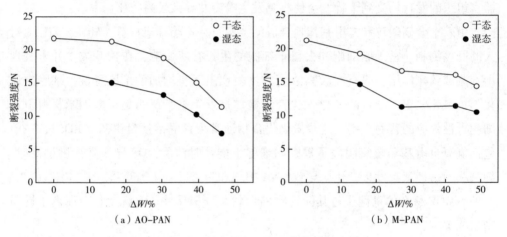

图 7-4　增重率对改性 PAN 配体断裂强度影响

从图 7-4 可以看出，两种改性 PAN 配体尤其是 AO-PAN 的干态断裂强度随着增重率的增加逐渐降低，说明增加改性程度会导致纤维的断裂强度有所降低。这主要是由于改性反应使得 PAN 纤维的结晶度和取向度有所下降所致。另一方面，改性后 PAN 纤维的不均匀性增加，其表面会出现更多的裂缝和缺陷，这可能也是其断裂强度降低的原因。值得注意的是，在相同条件下，与 M-PAN 相比，AO-PAN 的断裂强度随增重率降低得更为明显，这可能是由于两种改性 PAN 配体的结构不同所引起的。由于水合肼的交联特性，M-PAN 中大分子链间存在侧向作用力，限制了其分子链间的滑移，从而部分抵消了由其结晶度和取向度降低所引起的强力下降。两种改性 PAN 配体的湿态断裂强度均低于其干态断裂强度，这可能是由于 PAN 纤维在水中发生溶胀作用，导致分子间力弱化所造成的。此外，由于 PAN 纤维第三单体中存在亲水基团，水分子可进入纤维无定形区，并破坏分子链间的范德华力和氢键等物理作用力，导致纤维分子链之间相对滑移性有所增加，使纤维的断裂强度有所降低。此外，两种改性 PAN 配体的湿态断裂强度也随着其增重率的增加而下降，尤其是 AO-PAN 纤维表现得更为突出。这是由于改性为 PAN 纤维带来氨基和羟基等亲水基团，使纤维具有更高的亲水性和溶胀性，不利于保持其断裂强度。

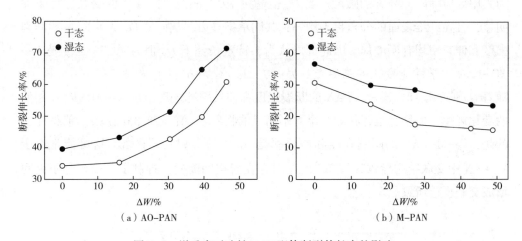

（a）AO-PAN　　　　　　　　　（b）M-PAN

图 7-5　增重率对改性 PAN 配体断裂伸长率的影响

图 7-5 显示，两种改性 PAN 配体随着其增重率的提高，两者的断裂伸长率表现出相反的变化趋势。其中 AO-PAN 的断裂伸长率随着增重率的增加而逐渐升高，这可能是由于结晶度和取向度的降低使其分子链在外力作用下的伸展和滑移更为容易，导致伸长率有所提高。同时，M-PAN 的断裂伸长率随着增重率的增加逐渐减少，说明其分子链间存在交联作用，限制了分子链之间发生滑移。另一方面，两种改性 PAN 配体的湿态断裂伸长率均较其干态值高，这是因为水分子的进入能够拆散纤维分子链之间的侧向作用力，有利于纤维分子链的滑移性，从而使纤维断裂伸长率有所降低。

（2）铁配合量的影响

图 7-6 和图 7-7 分别给出了两种改性 PAN 纤维铁配合物 Fe-AO-PAN 和 Fe-M-PAN 的铁配合量（Q_{Fe}）与断裂强度和断裂伸长率之间的关系。从图 7-6（a）和图 7-7（a）可以看出，Fe-AO-PAN 的断裂强度和伸长率均随着其 Q_{Fe} 值的增加显著降低，并在 Q_{Fe} 值为 79.75mg/g 时达到最小值。然而当 Q_{Fe} 值继续增加时，Fe-AO-PAN 的断裂强度和伸长率开始急剧上升，这表明 Fe-AO-PAN 的力学性能与其铁配合量密切相关。原因可能是 Q_{Fe} 值低于 79.75mg/g 时，Fe^{3+} 会不均匀地固定于

Fe-AO-PAN 表面，破坏了 PAN 纤维分子结构的均匀性，从而导致其断裂强度和伸长率下降。另外的研究表明，当 AO-PAN 与 Fe^{3+} 进行配位反应时，1 个 Fe^{3+} 能够与 3 个偕胺肟链节单元形成配位数为 6 的配合物。因此，Fe^{3+} 可以通过配位键连接不同的 PAN 纤维大分子，而且这种交联配位作用随着 Fe^{3+} 数量的增加更加显著，导致 PAN 纤维分子链间侧向作用力加强，但是在纤维表面的分布不均匀，引起应力集中效应而降低纤维的强度。当 Q_{Fe} 值超过 79.75mg/g 时，Fe^{3+} 的交联作用更加明显，且在纤维表面的分布趋于均匀，共同承担外力，从而使 Fe-AO-PAN 的断裂强度和伸长率均有所增加。因此可以认为，特定条件下 Q_{Fe} 值为 79.75mg/g 是 Fe-AO-PAN 力学性能变化的临界点。另一方面，图 7-6（b）和图 7-7（b）显示，随着 Q_{Fe} 值的增加，Fe-M-PAN 的断裂强度和伸长率都表现出与 Fe-AO-PAN 相似的变化规律，而且它也存在着一个并不明显的临界 Q_{Fe} 值（28.35mg/g）。值得注意的是，Fe-M-PAN 的断裂强度和伸长率受 Q_{Fe} 值的影响并不显著，这可能是由于 M-PAN 中交联结构导致其与 Fe^{3+} 配位时存在着空间障碍，抑制了 Fe^{3+} 在分子链间形成交联反应所致。

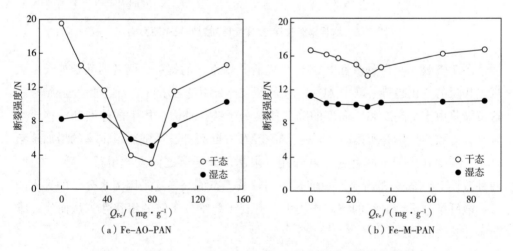

图 7-6　改性 PAN 纤维铁配合物的 Q_{Fe} 值对其断裂强度的影响

7.3.1.2 多元羧酸改性棉纤维铁配合物

（1）Q_{COOH} 值的影响

为了考察不同多元羧酸改性棉纤维铁配合物的力学性能，首先通过浸轧—预烘—焙烘工艺制备含有不同 Q_{COOH} 值的三种多元羧酸（酒石酸 TA，柠檬酸 CA，丁烷四羧酸 BTCA）改性棉纤维（PCA-Cotton），并测定其在干态和湿态条件下的断

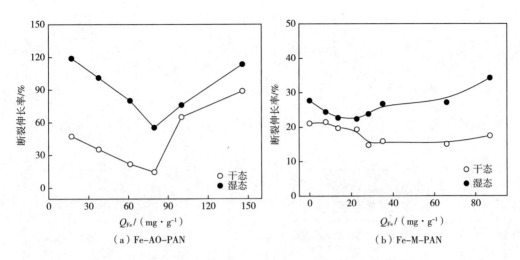

图 7-7　改性 PAN 纤维铁配合物的 Q_{Fe} 值对其断裂伸长率的影响

裂强度和伸长率，结果如表 7-2 和图 7-8 所示。

表 7-2　不同多元羧酸浓度制备的三种配合物的 Q_{COOH} 值

多元羧酸浓度/（mol·L⁻¹）		0.05	0.15	0.25	0.45	0.65	0.85
TA	溶液 pH	2.78	2.45	2.28	2.01	1.83	1.68
	Q_{COOH}/（mmol·g⁻¹）	0.11	0.31	0.46	0.82	1.15	1.35
CA	溶液 pH	2.98	2.59	2.44	2.19	2.03	1.90
	Q_{COOH}/（mmol·g⁻¹）	0.15	0.34	0.54	1.01	1.39	1.65
BTCA	溶液 pH	3.15	2.78	2.60	2.38	2.25	2.12
	Q_{COOH}/（mmol·g⁻¹）	0.29	0.51	0.72	1.25	1.65	1.93

　　从表 7-2 可以看出，随着多元羧酸浓度提高，制备的三种 PCA-Cotton 的 Q_{COOH} 值逐渐升高，说明多元羧酸浓度的增加使纤维表面引入了更多的羧酸基团。值得注意的是，相同浓度多元羧酸制备的 PCA-Cotton 纤维表面引入羧基数量可排序为：TA<CA<BTCA，主要是因为这三种羧酸的分子结构差异以及与棉纤维的反应方式不同所引起的。

　　由图 7-8 可知，PCA-Cotton 的断裂强度和断裂伸长率都随着 Q_{COOH} 值的增加而下降，这说明多元羧酸在对棉纤维的改性反应中会对其结构造成损伤。主要是因为多元羧酸溶液呈酸性，且随其浓度提高而逐渐增强，会导致在改性过程中纤维素分子间的

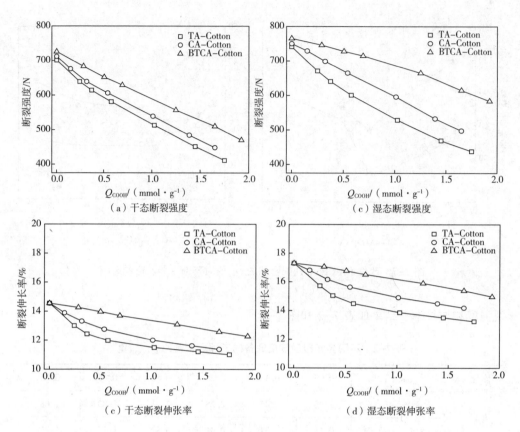

图 7-8 干态和湿态条件下 PCA-Cotton 的力学性能

甙键发生水解反应，相对分子质量显著下降，引起其力学性能降低。另外，多元羧酸分子和纤维素分子链之间酯化交联反应的不均匀性也会使 PCA-Cotton 的力学性能降低。特别需要说明的是，由于 TA 不能与棉纤维发生交联反应，因此 TA-Cotton 力学性能下降主要是由溶液的酸性性质对其损伤所引起的。湿态条件下，PCA-Cotton 的力学性能高于干态条件下的力学性能，主要是因为水分子有利于棉纤维中纤维素分子结构的均匀性提高，应力集中效应降低，从而使断裂强度和断裂伸长率升高。值得注意的是，在相同条件下，TA-Cotton 的断裂强力和断裂伸长率低于 CA-Cotton 或BTCA-Cotton，一方面是由于相同条件下 TA 水溶液的 pH 低于另外两种多元羧酸水溶液，即 TA 水溶液的酸性较强，从而对棉织物的损伤更严重。另一方面，TA 分子尺寸较小，能扩散到棉纤维的深层结构中，从而对其产生更严重的损伤。

(2) Q_{Fe} 值的影响

将三种 PCA-Cotton 置入不同浓度 FeCl$_3$ 水溶液中，并在50℃使其与 Fe^{3+} 发生配位反应, 并在反应 120min 后测定三种配合物 Fe-PCA-Cotton 的 Q_{Fe} 值以及断裂强度和断裂伸长率, 结果如表 7-3 和图 7-9 所示。

表 7-3　不同浓度 $FeCl_3$ 溶液的 pH 以及 Q_{Fe} 值

Fe^{3+} 浓度/ ($mmol \cdot L^{-1}$)		25	50	75	100	125	150	175	200
Fe^{3+} 溶液 pH		2.12	1.91	1.82	1.73	1.64	1.61	1.56	1.50
Q_{Fe}/ ($mmol \cdot g^{-1}$)	Fe-TA-Cotton	0.35	0.43	0.47	0.50	0.52	0.54	0.56	0.57
	Fe-CA-Cotton	0.26	0.36	0.41	0.46	0.49	0.51	0.49	0.42
	Fe-BTCA-Cotton	0.13	0.22	0.29	0.33	0.37	0.37	0.36	0.34

从表 7-3 可以看出, Fe-PCA-Cotton 的 Q_{Fe} 值随着 Fe^{3+} 浓度增加逐渐升高, 主要是因为 Fe^{3+} 浓度的增加有利于其与纤维表面羧基之间的配位反应, 导致固定在纤维表面的 Fe^{3+} 数量增加。不难发现, 当溶液中 Fe^{3+} 浓度高于 150mmol/L 时, Q_{Fe} 值的变化趋于平缓, 因为两者之间的反应趋于平衡状态。由图 7-9 可知, Fe-PCA-

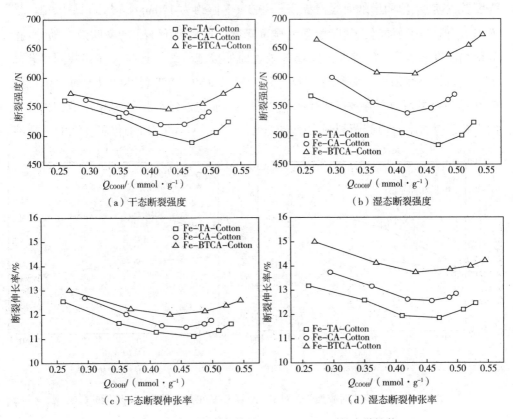

图 7-9　干态和湿态条件下 Fe-PCA-Cotton 的力学性能

Cotton 的断裂强度以及断裂伸长率随 Q_{Fe} 值逐渐增加而降低，说明 PCA-Cotton 与 Fe^{3+} 发生配位反应后，其力学性能变差。原因主要包括两方面：一是 $FeCl_3$ 水溶液呈强酸性，当配位反应发生时溶液中的 H^+ 使棉纤维分子结构中的甙键水解而导致分子链断裂，从而使织物的断裂强度和断裂伸长率减小；二是当低浓度 Fe^{3+} 固定于纤维表面时，会加剧纤维结构的不均匀性，应力集中效应加剧，导致纤维素大分子链更容易断裂。而当高浓度 Fe^{3+} 固定于纤维表面时，Fe^{3+} 的交联效应发挥显著作用，大量的 Fe^{3+} 与棉纤维表面的羧基进行配位反应并将它们连接一体，共同承载外力，使棉纤维的力学性能得到提高。

7.3.1.3　Fe-ALG/C/PET 包芯纱线的力学性能

纤维金属配合物 Fe-ALG/C/PET 包芯纱线是由海藻纤维（ALG）、棉纤维（C）和涤纶（PET）纺制的包芯纱线经 Fe^{3+} 配位反应后得到的。为了优化其力学性能，使配位反应分别在包芯纱线有或无张力条件下进行，然后测定其断裂强度和断裂伸长率，结果见图 7-10 所示。可以看出，Fe-ALG/C/PET 包芯纱线的断裂强度首先随 Q_{Fe} 值的增加而缓慢提高，并在 Q_{Fe} 值约为 120mg/g 时达到最大值。然而当 Q_{Fe} 值继续增加时，其断裂强力显著降低。这是因为 Fe^{3+} 的交联效应随 Q_{Fe} 值的增加而逐渐显现，能够通过海藻纤维表面的羧基将纤维连接一体，共同承载外力，提高其断裂强力。而具有高 Q_{Fe} 值的 Fe-ALG/C/PET 包芯纱是通过高浓度的 $FeCl_3$ 溶液制备而成，导致反应体系呈强酸性，使包芯纱外层的海藻纤维和棉纤维的水解反应加剧，使其断裂强力变差。另外，Fe-ALG/C/PET 包芯纱线的断裂伸

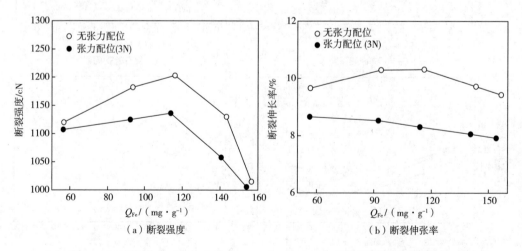

（a）断裂强度　　　　　　　　　　（b）断裂伸张率

图 7-10　配位反应时施加张力对 Fe-ALG/C/PET 包芯纱线力学性能的影响

长率也表现出类似的变化趋势。需要注意的是，当进行无张力配位反应时，所得样品的力学性能明显高于张力配位反应时所得样品的力学性能，这意味着使用张力配位反应并不利于 Fe-ALG/C/PET 包芯纱力学性能的改善。

7.3.1.4　光催化反应对纤维金属配合物力学性能的影响

具有光催化效应的纤维金属配合物作为非均相反应光催化剂的过程中，可能与反应体系中氧化性化合物反应而引起力学性能的降低，影响其重复利用性。为考察纤维金属配合物在光催化反应过程中力学性能的变化，首先制备四种含有不同 Q_{Fe} 值的 EDTA 改性棉纤维铁配合物（Fe-EDTA-Cotton），然后将其在高压汞灯辐射条件下作为光催化剂应用于 Cr（Ⅵ）的还原去除反应中，并测定光催化反应前后 Fe-EDTA-Cotton 的断裂强度和断裂伸长，发现两者在反应后变化很小 ［图 7-11（a）］，证明棉纤维铁配合物在反应过程中几乎没有受到 Cr（Ⅵ）等氧化物质的损伤。此外，也没有发生可能由于损伤造成的铁离子泄露 ［图 7-11（b）］。这些现象表明，Fe-EDTA-Cotton 能够作为稳定和有效的 Cr（Ⅵ）还原反应光催化剂。

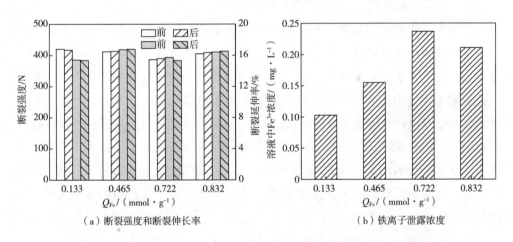

（a）断裂强度和断裂伸长率　　　　　　（b）铁离子泄露浓度

图 7-11　光催化反应前后对 Fe-EDTA-Cotton 力学性能和铁离子泄露的变化

7.3.2　纳米 TiO_2 负载织物

7.3.2.1　负载纳米 TiO_2 对纺织物力学性能的影响

由于纺织物属于有机高分子化合物，在使用纳米 TiO_2 水分散液或水溶胶通过轧—烘—焙对其进行整理过程中可能会对其力学性能产生不利影响，限制其作为光催化剂的重复使用。为此，使用不同用量的纳米 TiO_2 水溶胶制备不同负载量的

纳米 TiO_2 负载涤纶及其混纺织物，考察负载纳米 TiO_2 对织物力学性能的影响，结果见表7-4。

表7-4　不同织物纳米 TiO_2 负载前后的力学性能

织物种类		断裂强度/ $(\times 10^3 N)$	断裂伸长率/ %	断裂功/ $(10^4 N \cdot mm)$	断裂时间 /s
涤纶织物	负载	1.690	40.55	4.283	24.33
	未负载	1.535	24.44	2.367	29.33
涤棉混纺织物	负载	9.050	12.74	8.867	15.29
	未负载	9.010	12.16	8.948	14.59

注　整理工艺条件：轧液率为80%~90%，焙烘温度为135℃，负载量约为53.12mg/g。

表7-4 显示，经纳米 TiO_2 水溶胶负载后，涤纶及其混纺织物的断裂强度、断裂伸长和断裂功等变化不大，表明纳米 TiO_2 水溶胶整理对涤纶及其混纺织物的力学性能并未产生显著影响。

7.3.2.2　作为空气净化织物的力学性能变化

纳米 TiO_2 负载织物在紫外光辐射条件下对污染物进行光催化降解反应过程中，自身可能被氧化导致其力学特性（特别是强度）下降甚至造成织物解体，难以重复使用。为了考察纳米 TiO_2 负载棉织物的抗氧化性，在浸轧法制备中使用不同用量的纳米 TiO_2 分散液制备不同负载量的纳米 TiO_2 负载棉织物，然后紫外光辐射条件下，对氨气进行光催化氧化降解反应，60min 后分别测定反应前后的纳米 TiO_2 负载棉织物的断裂强度，并计算其断裂强度变化率，结果如表7-5 所示。此外，以纳米 TiO_2 水分散液用量 100g/L 制备的纳米 TiO_2 负载棉织物为目标样品，通过紫外光辐射时间的变化对其断裂强度的影响以考察其经过多次使用后的抗氧化性，结果如表7-6 所示。

表7-5　反应前后纳米 TiO_2 负载棉织物的断裂强度变化

纳米 TiO_2 分散液用量/ $(g \cdot L^{-1})$	0	30	50	100
反应前断裂强度/N	385.1	381.0	383.2	381.1
反应后断裂强度/N	381.5	374.7	376.4	373.5
断裂强度变化率/%	0.93	1.65	1.78	2.10

注　光辐射强度：紫外光（365nm）4.215mW/cm²，可见光（400~1000nm）3.313mW/cm²。

表 7-6　多次使用后纳米 TiO_2 负载棉织物的断裂强度变化

使用次数	0	1	2	5	10
使用后断裂强度/N	381.1	373.5	356.3	324.9	296.3

从表 7-5 可知，随着纳米 TiO_2 水分散液用量的增加，反应前纳米 TiO_2 负载棉织物的断裂强度几乎未发生显著变化，而反应后断裂强度略有下降，并且断裂强度变化率也有所提高。这说明在棉织物表面纳米 TiO_2 负载量的增加会加强其对棉织物的氧化作用，但是反应后断裂强度的变化率非常低，意味着纳米 TiO_2 负载棉织物在对氨气进行光催化氧化降解时具有很好的抗氧化性。从表 7-6 发现，随着反应次数的增加，纳米 TiO_2 负载棉织物的断裂强度发生了显著下降，与未反应时相比，10 次使用后断裂强度变化率超过了 20%，但是仍然能够满足纺织品的一般质量要求。

7.3.2.3　作为自清洁织物的力学性能变化

为研究纳米 TiO_2 水溶胶负载织物在太阳光辐射条件下去除沾染污渍过程中机械性能变化，测定了纳米 TiO_2 水溶胶负载涤纶和棉织物在太阳光辐射条件下自清洁过程中的机械性能变化，结果见表 7-7 和表 7-8。

表 7-7　光辐射前后涤纶织物力学性能变化

Q_{TNP}/ (mg·g⁻¹)	光辐射时间/ h	断裂强度/ N	断裂伸长率/ %	弹性模量/ MPa	断裂时间/ s
0	0	1600.65	36.80	179.20	43.23
	40	1587.54	35.74	171.31	41.65
13.42	0	1568.67	32.35	199.36	38.87
	40	1533.78	30.49	208.22	36.63
31.68	0	1622.79	31.68	208.73	38.07
	40	1555.96	30.10	221.07	36.17

注　紫外光（365nm）0.843mW/cm²，可见光（400~1000nm）31.860mW/cm²。

表 7-8　光辐射前后棉织物力学性能变化

Q_{TNP}/ (mg·g⁻¹)	光辐射时间/ h	断裂强度/ N	断裂伸长率/ %	弹性模量/ MPa	断裂时间/ s
0	0	1074.94	13.24	391.04	15.90
	40	1032.06	12.78	381.22	15.13

续表

Q_{TNP}/ ($mg \cdot g^{-1}$)	光辐射时间/ h	断裂强度/ N	断裂伸长率/ %	弹性模量/ MPa	断裂时间/ s
13.42	0	855.40	11.35	211.41	11.61
	40	849.00	8.01	197.13	8.61
31.68	0	681.51	9.06	340.47	9.47
	40	572.81	6.18	303.90	7.46

注　紫外光（365nm）0.773mW/cm^2，可见光（400~1000nm）30.458mW/cm^2。

由表7-7可知，涤纶织物负载 TiO_2 水溶胶后的力学性能并未呈现出显著变化。而纳米 TiO_2 水溶胶负载涤纶织物经过40h光辐射后，断裂强度和断裂伸长率都稍有下降。这是因为，一方面是由于太阳光中的紫外线对涤纶产生老化现象，另一方面是负载于涤纶织物表面的纳米 TiO_2 粒子产生的强氧化性自由基对涤纶的氧化作用所致。当 Q_{TNP} 值为 31.68mg/g 时，纳米 TiO_2 水溶胶负载织物的断裂强度仅下降4.12%，证明纳米 TiO_2 水溶胶负载涤纶织物在自清洁过程中力学性能的变化并不显著。与涤纶织物相比，棉织物负载 TiO_2 水溶胶后的力学性能特别是断裂强度和断裂伸长率都显示出相对较大的下降趋势。这是因为纳米 TiO_2 水溶胶呈酸性，会使浸轧其中的棉纤维发生水解反应，并且高温焙烘会进一步加剧水解反应，导致其力学性能发生较强的损伤。而纳米 TiO_2 水溶胶负载棉织物经过40h光辐射后，力学性能特别是断裂强度和断裂伸长率均发生较显著下降，并随着 Q_{TNP} 值的增加，下降趋势明显增大。主要原因是棉纤维是亲水性纤维素纤维，负载于表面的纳米 TiO_2 粒子更易与吸附水分子反应产生羟基自由基，并对棉纤维产生氧化作用。这证明纳米 TiO_2 水溶胶负载棉织物在自清洁过程中力学性能会发生较显著的下降，特别是 Q_{TNP} 值的增加会进一步加剧这种变化。

7.4　环境净化纺织品作为光催化剂的失活和再生

7.4.1　关于催化剂的失活与再生理论

通常而言，催化剂分为均相催化剂和非均相催化剂。其中均相催化剂和它们所催化的反应物处于同一种物相（固相、液相或气相）。非均相催化剂和它们所催化的反应物通常处于不同的物相，特别是催化反应一般在催化剂的表面进行。均相催化剂的活性和选择性一般取决于催化剂的化学组成，非均相催化剂的催化作用不仅决定于其化学组成，还与催化剂表面积和表面结构形态密切有关。

7.4.1.1　催化剂失活理论

催化剂的失活是指催化剂的活性或选择性随着使用时间的延长而逐渐下降的现象。导致催化剂失活的原因很多，按失活机理主要分为三类。

（1）堵塞失活

污染物或反应中间体等积聚在催化剂活性表面或孔道中，导致催化剂与反应物之间不能进行有效的接触而使其丧失催化活性。

（2）中毒失活

进入反应体系中的毒物与催化剂活性中心吸附或反应，使其活性部分或全部丧失。并且由于毒物能选择性地与不同的活性中心作用，因此催化剂中毒还会导致其选择性的降低。根据毒物与催化剂活性组分之间相互作用的性质和强弱程度，又可分为暂时中毒和永久中毒。其中暂时中毒是毒物在活性中心表面吸附或反应时形成的结合强度相对较弱，使用适当的方法可将毒物去除使催化剂活性恢复。永久中毒是毒物与催化剂活性组分之间形成很强的化学键，难以使用常规方法将其去除而使催化剂活性恢复。

（3）热失活

催化剂在使用过程中，因过热导致活性组分晶粒的长大甚至发生烧结，造成催化剂结构、晶相和比表面积等发生显著变化，从而导致催化剂活性降低或消失。

7.4.1.2　催化剂再生理论

催化剂的再生是指对失活的催化剂通过物理或化学手段，去除吸附和沉积在其表面的各种有害毒物或杂质，以改善或调整催化剂表面的物理结构与晶粒分布等，从而使催化剂的活性得以部分乃至完全恢复。失活催化剂能否再生，一般取决于其失活的原因。最有效的再生途径是采用适当方法去除催化剂表面的毒物或杂质，其中氧化法和溶剂法是最常用的方法。

（1）氧化法

氧化法是指将失活催化剂在气态或液体中被逐渐升高温度，以清除催化剂表面杂质的方法。在气态处理中，氧气、氢气、过氧化氢和空气等载气存在有利于催化剂的再生。这是因为这些载气会扩散到催化剂表面发生作用，从而减弱催化剂表面对杂质的吸附力。值得注意的是，高温条件不适用一些不耐高温的有机催化剂的失活再生处理。

（2）溶剂法

溶剂法是指使用具有特殊性质的处理液，对失活催化剂进行洗涤处理的方法。这些处理液或对杂质有较好的溶解性，或对杂质具有一定的氧化分解性，从而使杂质脱离催化剂表面达到催化剂再生的目的。常采用的处理液包括有机溶剂、酸性水溶液和碱性水溶液等。处理过程中可通过改变处理液的温度、时间以及浓度等因素达到最佳的再生效果。

（3）其他方法

对于因催化活性中心流失而造成的失活，可从催化剂的制备过程入手进行再生处理。研究表明，以有机物为原料、以固体为催化剂的非均相催化反应过程几乎都可能发生堵塞失活现象，同时非均相反应催化剂在使用中形成的吸附络合物等杂质产生在催化剂活性中心上就会导致其中毒失活。Fenton 反应催化剂后期失活的原因之一可能是降解中间产物小分子羧酸对 Fe^{3+} 的络合效应，阻止了 Fe^{3+} 返回 Fe^{2+} 的催化循环，使催化剂中毒失活。

7.4.2　纤维金属配合物的失活和再生

纤维金属配合物主要包括改性 PAN 纤维金属配合物、含羧酸纤维金属配合物和蛋白质纤维金属配合物等，其中偕胺肟改性 PAN 纤维铁配合物（Fe-AO-PAN）是纤维金属配合物的典型代表之一。近年来的研究表明，Fe-AO-PAN 在染料氧化降解反应中作为 Fenton 反应光催化剂的失活机理至少包括三个方面。

7.4.2.1　吸附染料及其降解中间体阻碍机理

在染料的非均相 Fenton 氧化降解反应中，水中的染料分子首先吸附于 Fe-AO-PAN 表面。当反应体系受到辐射光作用时，其表面的染料被激发并给出电子。而其表面的 Fe^{3+} 接受电子被还原为 Fe^{2+}，并引发 Fe^{3+}/Fe^{2+} 之间催化循环反应的进行，同样吸附于 Fe-AO-PAN 表面的 H_2O_2 分子会被 Fe^{2+} 催化，发生分解反应生成氢氧自由基。这种具有高氧化能力的羟自由基能够氧化吸附于 Fe-AO-PAN 表面的染料分子，使其发生分解甚至矿化反应。生成的反应中间体和最终产物则会脱离其表面而进入溶液中。上述过程可以看出，染料的吸附与降解和脱附步骤在其中起着关键作用。进一步的研究证明，在 Fe-AO-PAN 的使用过程中，通过乙醇萃取实验发现，在其表面存在着一些吸附而未被降解的染料分子及其降解中间体，它们会阻碍其他染料分子以及 H_2O_2 分子在 Fe-AO-PAN 表面的吸附作用，导致两者无法实现有效的接触，甚至覆盖了其表面的 Fe^{3+}，从而造成 Fe-AO-PAN 的失活，在光催化反应中难以发挥催化作用。

7.4.2.2　铁离子复合物阻碍机理

在 Fe-AO-PAN 的合成过程中，一些残留于其表面的 $FeCl_3$ 和盐酸羟胺之间会形成复杂的低分子量配合物（图 7-12）。它们不能被水洗处理轻易去除，且由于其含有铁离子，故这些配合物在染料氧化降解反应初期，还表现出一定的催化作用，但是可能因其无法完成 Fe^{3+}/Fe^{2+} 之间的循环反应，而不能持续催化 H_2O_2 分子的分解反应。因此随着染料降解反应的进行，沉积于 Fe-AO-PAN 表面的低分子量配合物会逐渐成为其发挥光催化作用的阻碍物，甚至覆盖真正的催化活性中心，从而抑制了 Fe-AO-PAN 的光催化作用。

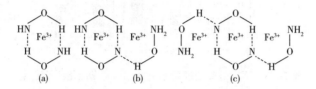

图 7-12　Fe^{3+} 与盐酸羟胺形成的低分子量配合物的结构

7.4.2.3　铁离子氧化物阻碍作用

在使用 Fe-AO-PAN 的光催化氧化降解反应中，产生的具有强氧化能力的氢氧自由基能够氧化其表面的偕胺肟基团，甚至导致连接键断裂，使配合物脱离 PAN 纤维主链而成为氧化物沉积于其表面。另外，配合物中部分偕胺肟基团的 —C≡N—OH 和 —NH_2 也可能会被氧化生成 —C≡O 和 —NO_2 结构。由于此配合物含有 Fe^{3+}，因此其尚具有一定的催化作用。但是随着降解反应的进行，其逐渐从 PAN 大分子主链结构中脱离，使 Fe^{3+} 无法接受电子而被还原为 Fe^{2+}，阻断了羟自由基的产生途径，致使其丧失催化能力而成为阻碍物。另一方面，这些带有 Fe^{3+} 的配合物的脱离还会造成 Fe-AO-PAN 表面活性中心的减少，最终导致其活性降低。

使用稀酸、稀碱或有机溶剂处理，可以使 Fe-AO-PAN 的光催化活性得到不同程度的再生。其中有机酸（如乙酸、草酸、柠檬酸或酒石酸）的水溶液和无机酸（盐酸或硫酸）的稀水溶液以及常用碱（氢氧化钠、碳酸钠或碳酸氢钠）的稀水溶液，对 Fe-AO-PAN 光催化活性的再生均没有显著效果。而使用有机溶剂如 N,N-二甲基甲酰胺、甲苯、甲醇、乙醇、异丙醇或丁醇等处理后，Fe-AO-PAN 的光催化活性得到不同程度的恢复，其中乙醇对 Fe-AO-PAN 光催化活性的改善具有明显促进作用，并且在 50℃ 条件下处理 120min 效果最为突出（图 7-13）。经乙醇处理后，第三次使用时染料光催化降解 40min 的脱色率（D_{40}）仍接近 80%。主要因为乙醇及其水溶液对吸附于 Fe-AO-PAN 表面的染料分子和在纤维表面形成的低分子配合物或氧化物都具有一定的去除作用。

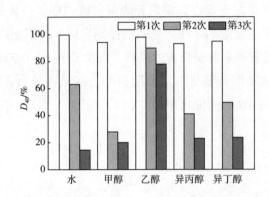

图 7-13　不同醇类处理后 Fe-AO-PAN 光催化活性变化

此外，通过调控 Fe-AO-PAN 的表面分子结构也会改善其重复利用性。在 Fe-AO-PAN 分子结构中引入 Cu^{2+} 与 Fe^{3+} 形成共配位结构，能够明显改善其重复利用性能。在使用相同摩尔浓度的 Cu^{2+} 与 Fe^{3+} 制备的改性 PAN 纤维双金属配合物 Fe-Cu-AO-PAN 的重复利用过程中，结合乙醇处理可使其光催化活性大幅度提升，第 5 次重复使用时，罗丹明 B 在 120min 的脱色率（D_{120}）仍高达 95.9%（图 7-14）。更重要的是，使用水合肼和碱水解对 PAN 纤维进行双重改性方法能够制备双改性 PAN 纤维配体（简称 HH-PAN），该配体对 Cu^{2+} 的配位能力更强，

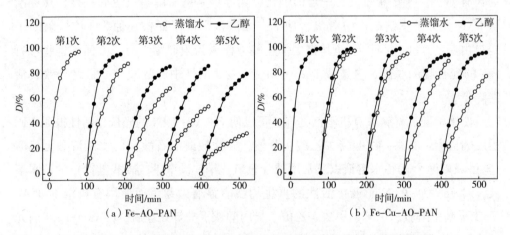

（a）Fe-AO-PAN　　　　　　　（b）Fe-Cu-AO-PAN

图 7-14　不同处理介质对改性 PAN 纤维金属配合物重复利用性的影响

可使改性 PAN 纤维催化剂获得更高的铜离子含量，与 Fe^{3+} 形成共配位反应制备的改性 PAN 纤维铁铜双配位化合物（Fe-Cu-HH-PAN）的光催化稳定性得到进一步提高，使用后即使通过蒸馏水处理，也会在重复使用过程中表现出优异的光催化活性（图 7-15）。

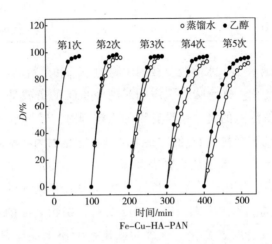

图 7-15　重复利用过程中使用蒸馏水和乙醇处理作用的比较

7.4.3　纳米 TiO_2 负载织物的耐久性改善和循环利用

7.4.3.1　添加剂的作用

对于纳米 TiO_2 负载后的棉织物，由于 TiO_2 与纤维之间的黏着力较弱，其耐洗牢度通常较低。因此，为了保证纳米 TiO_2 粒子能够在纤维表面发挥持久的光催化降解性能，需要在使用纳米 TiO_2 水溶胶对织物进行整理时，添加不同含量的固定剂。聚丙烯酸类黏合剂常被用于将纳米 TiO_2 粒子黏结固定于纤维表面，但是会导致纳米 TiO_2 的光催化活性、织物的耐磨性和柔软性下降。阳离子反应型固定剂不仅与纳米 TiO_2 水溶胶具有良好的相容性，能够制备用于织物整理的稳定工作液，而且几乎不影响纤维表面负载 TiO_2 粒子的光催化活性。为了评价添加固定剂的纳米 TiO_2 水溶胶负载织物的耐水洗性能，首先使用含有不同浓度固定剂的纳米 TiO_2 水溶胶对棉织物进行整理，然后参照国家标准进行皂洗处理，并测定洗涤前后样品的 TiO_2 粒子的负载量（Q_{TNP}）以及 90min 时染料脱色率（D_{90}），结果见表7-9。

表7-9   固定剂浓度对纳米 TiO_2 负载棉织物皂洗前后 Q_{TNP} 和 D_{90} 值影响

固定剂浓度/ $(g \cdot L^{-1})$		0	2.5	5.0	10.0
D_{90}/%	皂洗前	77.51	77.45	78.03	78.27
	皂洗后	37.36	63.17	69.33	77.83
Q_{TNP}/ $(mg \cdot g^{-1})$	皂洗前	51.23	53.15	56.98	57.07
	皂洗后	36.49	42.26	52.90	55.71

表7-9显示，纳米 TiO_2 水溶胶负载棉织物的 Q_{TNP} 和染料的 D_{90} 值随着固定剂浓度的增加几乎没有变化。这意味着固定剂对纳米 TiO_2 的负载量和光催化活性几乎没有抑制作用。值得注意的是，在没有添加固定剂时，经过水洗后纳米 TiO_2 水溶胶负载棉织物的 Q_{TNP} 和染料的 D_{90} 值均显著降低。这是因为在洗涤过程中，一些与纤维结合较差的纳米 TiO_2 粒子从织物表面脱落，导致其光催化活性显著降低。重要的是，经过洗涤后，添加固定剂的负载织物的 Q_{TNP} 和染料的 D_{90} 值均随固定剂浓度的增加逐渐升高。当固定剂浓度为 10g/L 时，织物表面的 Q_{TNP} 和染料的 D_{90} 值在洗涤前后几乎没有明显变化。这表明固定剂的添加能够显著提高纳米 TiO_2 水溶胶整理棉织物的耐水洗牢度。主要原因是棉织物经过含有固定剂的纳米 TiO_2 水溶胶整理后，固定剂分子结构中的羟甲基与纤维素纤维分子中的羟基发生交联反应，阻碍了纳米 TiO_2 粒子从织物表面脱落。此外，固定剂还可能在棉纤维表面形成聚合物薄膜，从而进一步将纳米 TiO_2 粒子固定于纤维表面，使其负载牢度得到改善。

7.4.3.2　浸染工艺的使用

为了考察浸染工艺制备纳米 TiO_2 负载涤纶织物的耐久性，首先分别使用浸轧工艺和浸染工艺制备纳米 TiO_2 负载量（ Q_{TNP} ）约为 50mg/g 的负载涤纶织物，然后进行皂洗和摩擦处理。评价处理前后其 Q_{TNP} 值和光催化活性，结果如图 7-16 所示。

由图7-16可知，经皂洗后，浸染工艺制备的纳米 TiO_2 负载涤纶织物 Q_{TNP} 值和 D_{90} 值均显著高于浸轧工艺制备样品的 Q_{TNP} 值和 D_{90} 值。此外，经干或湿摩擦处理后，浸染工艺制备的纳米 TiO_2 负载涤纶织物的 D_{90} 值几乎不下降，而浸轧工艺制备样品的 D_{90} 值则降低明显，且这种变化经湿摩擦处理后变得更加突出。这说明，使用浸染工艺制备样品表面的纳米 TiO_2 负载得更加牢固，显示出更好的耐久性能。这主要是因为在浸轧工艺中纳米 TiO_2 粒子仅吸附在涤纶表面，两者之间的结合力较差。当使用浸染工艺时，纳米 TiO_2 粒子经高温吸附和冷却后被截留于纤维表面

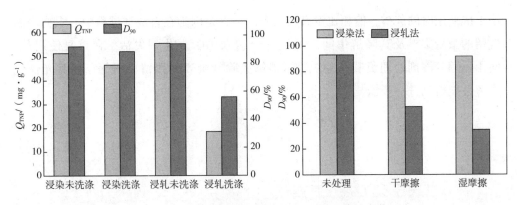

图 7-16　皂洗和摩擦处理前后 Q_{TNP} 和 D_{90} 值的变化

层中，两者之间的结合力显著增强，使纳米 TiO_2 粒子负载牢固，能够抵抗皂洗和摩擦处理，几乎不脱落。

7.4.3.3　纳米 TiO_2 负载织物的重复利用性能

为考察纳米 TiO_2 水溶胶整理涤纶织物对其表面染料自清洁性能的重复使用性，使用纳米 TiO_2 水溶胶对涤纶织物进行浸轧整理，制备 Q_{TNP} 值约为 8.37mg/g 的纳米 TiO_2 水溶胶负载涤纶织物，然后将其置于 60mg/L 的罗丹明 B 溶液中进行吸附，烘干后将织物进行紫外光辐射处理，测定吸附负载织物在不同辐射时间的表面色深变化率（K/S_{max}），待织物表面颜色去除后，重复进行染料吸附和光辐射处理等过程，结果如图 7-17 所示。

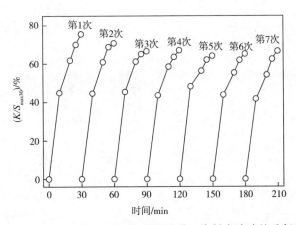

图 7-17　纳米 TiO_2 负载涤纶织物对罗丹明 B 染料自清洁的重复利用性

由图 7-17 可知，随着重复使用次数的增加，纳米 TiO_2 水溶胶负载涤纶织物的 K/S_{max} 值并未出现显著下降的趋势，第 7 次重复使用时的 K/S_{max} 值仍接近 70%，与第 1 次使用时的 K/S_{max} 值相比没有较大差距。这是因为在自清洁过程中,织物表面残留的微量染料及其降解中间产物使部分纳米 TiO_2 催化剂失活。在重复使用前,使用乙醇等溶剂处理负载涤纶织物,能够去除纤维表面残留染料等,使其光催化降解性能得到进一步恢复。

参 考 文 献

［1］董永春. 纳米 TiO_2 负载纤维织物对室内氨污染的光催化净化研究 ［D］. 天津：南开大学，2006.

［2］李冰. 不同结构纤维配体与金属离子的配位反应及其配合物催化性能的比较研究 ［D］. 天津：天津工业大学，2016.

［3］王鹏. 基于不同光催化体系环境净化纺织品的制备与性能调控 ［D］. 天津：天津工业大学，2019.

［4］薛迪庚. 涤棉混纺织物的染整 ［M］. 北京：纺织工业出版社，1987.

［5］丁彬，俞建勇. 静电纺丝与纳米纤维 ［M］. 北京：中国纺织出版社，2011.

［6］赵家祥. 日本光触媒织物的发展 ［J］. 产业用纺织品，2002，20（2）：1-4.

［7］杨建忠，孙爱贵，谭艳君. 经纳米二氧化钛整理织物的光催化性能研究 ［J］. 上海纺织科技，2004，32（1）：62-63.

［8］DONG Y，BAI Z，LIU R，et al. Decomposition of indoor ammonia with TiO_2-loaded cotton woven fabrics prepared by different textile finishing methods ［J］. Atmospheric Environment，2007，41（15）：3182-3192.

［9］BOZZI A，YURANOVA T，GUASAQUILLO I，et al. Self-cleaning of modified cotton textiles by TiO_2 at low temperatures under daylight irradiation ［J］. Journal of Photochemistry and Photobiology A：Chemistry，2005，174（2）：156-164.

［10］MONTAZER M，PAKDEL E. Functionality of nano titanium dioxide on textiles with future aspects：Focus on wool ［J］. Journal of Photochemistry and Photobiology C：Photochemistry Reviews，2011，12（4）：293-303.

［11］ISHTCHENKO VV，VITKOVSKAYAR F，HUDDERSMAN KD. Investigation of the mechanical and physico-chemical properties of a modified PAN fibrous catalyst ［J］. Applied Catalysis A General，2003，242（2）：221-231.

［12］DONG Y，HAN Z，LIU C，et al. Preparation and photocatalytic performance of Fe（Ⅲ）-amidoximated PAN fiber complex for oxidative degradation of azo dye under visible light irradiation ［J］. Science of the Total Environment，2010，408（10）：2245-2253.

［13］陈文兴，张利，姚玉元，等. 四羧基金属酞菁负载纤维素纤维的制备及其消臭性能研究 ［J］. 高分子学报，2006，1（9）：1069-1073.

［14］LU W, CHEN W, LI N, et al. Oxidative removal of 4-nitrophenol using activated carbon fiber and hydrogen peroxide to enhance reactivity of metallophthalocyanine ［J］. Applied Catalysis B Environmental, 2009, 87 （3）: 146-151.

［15］PINTO M, SIERRA-AVILA C, HINESTROZA J. In situ synthesis of a Cu-BTC metal-organic framework （MOF 199）onto cellulosic fibrous substrates: cotton ［J］. Cellulose, 2012, 19 （5）: 1771-1779.

［16］蒋少军, 王雪梅, 张弦. 产业用涂层织物加工方法与应用 ［J］. 陕西纺织, 2008, （1）, 46-47.

［17］张彭义, 贾瑛. 光催化材料及其在环境净化中的应用 ［M］. 北京: 化学工业出版社, 2016.

［18］高基伟. 宽光谱激发的锐钛矿溶胶的低温制备及结构、性能表征 ［D］. 杭州: 浙江大学, 2006.

［19］单秋杰. 配合物及其应用 ［M］. 哈尔滨: 哈尔滨工业大学出版社, 2003.

［20］朱仁. 无机化学 ［M］. 5 版. 北京: 高等教育出版社, 2006.

［21］山本明夫. 有机金属化学: 基础与应用 ［M］. 北京: 北京科学出版社, 1997.

［22］杨华. 稀土元素的配位化合物及应用概述 ［J］. 稀土, 2010, 31 （3）: 87-92.

［23］唐宗薰. 中级无机化学 ［M］. 北京: 高等教育出版社, 2003.

［24］王黎明. 高分散纳米 TiO_2 的低温制备、生长控制及在棉制品上的应用 ［D］. 上海: 东华大学, 2014.

［25］陈克宁, 董瑛. 织物抗皱整理 ［M］. 北京: 中国纺织出版社, 2005.

［26］BRASLAVSKY SE. Glossary of terms used in photochemistry, （IUPAC Recommendations 2006）［J］. Pure and Applied Chemistry, 2007, 79 （3）: 239-465.

［27］DONG Y, CHEN J, LI C, et al. Decoloration of three azo dyes in water by photocatalysis of Fe （Ⅲ）-oxalate complexes/H_2O_2 in the presence of inorganic salts ［J］. Dyes and Pigments, 2007, 73 （2）: 261-268.

［28］DU M, LI C, LIU C, et al. Design and construction of coordination polymers with mixed-ligand synthetic strategy ［J］. Coordination Chemistry Reviews, 2013, 257 （7）: 1282-1305.

［29］MIGUEL P, NICHOLAS T, NOLAN. A review on the visible light active titanium dioxide photocatalysts for environmental applications ［J］. Applied Catalysis B: Environmental, 2012 （125）: 331-349.

［30］ONG C B, NG L Y, MOHAMMAD A W. Abdul Wahab Mohammad. A review of ZnO nanoparticles as solar photocatalysts: synthesis, mechanisms and applications ［J］. Renewable and Sustainable Energy Reviews, 2018 （81）: 536-551.

［31］沈丽娟. 含 Zr、Ti 等具有光催化活性的金属有机骨架材料（MOFs）的合成、改性及调变 ［D］. 福州: 福州大学, 2015.

[32] 董磊，于良民，姜晓辉，等. 高分子模板作用下的正八面体微/纳米 Cu_2O 晶体制备 [J]. 无机化学学报，2008，24（12）：2013-2018.

[33] 蔡永丰. 磷酸银基可见光光催化材料合成方法的研究进展 [J]. 中国陶瓷，2018，54 (5)：1-5.

[34] DHANABAL R, CHITHAMBARARAJ A, VELMATHI S, et al. Visible light driven degradation of methylene blue dye using Ag_3PO_4 [J]. Journal of Environmental Chemical Engineering, 2015, 3 (3)：1872-1881.

[35] YI Z, YE J, KIKUGAWA N, et al. An orthophosphate semiconductor with photooxidation properties under visible-light irradiation [J]. Nature Materials, 2010, 9 (7)：559-564.

[36] GUAN X, SHI J, GUO L. Ag_3PO_4 photocatalyst: hydrothermal preparation and enhanced O_2 evolution under visible-light irradiation [J]. International Journal of Hydrogen Energy, 2013, 38 (27)：11870-11877.

[37] WAN J, LIUE, FAN J, et al. In-situ synthesis of plasmonic Ag/Ag_3PO_4 tetrahedron with exposed {111} facets for high visible-light photocatalytic activity and stability [J]. Ceramics International, 2015, 41 (5)：6933-6940.

[38] 针织工程手册染整分册（第2版）编委会. 针织工程手册染整分册 [M]. 第2版. 北京：中国纺织出版社，2010.

[39] 董永春，李冰. 不同改性聚丙烯腈纤维与 Fe^{3+} 配位反应动力学 [J]. 纺织学报，2013，34（11）：1-5.

[40] 董永春，武金娜，孙苏婷，等. 偕胺肟改性聚丙烯腈纤维与不同金属离子之间的配位反应性能 [J]. 四川大学学报：工程科学版，2011，43（1）：173-178.

[41] HAN Z, DONG Y, DONG S. Copper-iron bimetal modified PAN fiber complexes as novel heterogeneous Fenton catalysts for degradation of organic dye under visible light irradiation [J]. Journal of Hazardous Materials, 2011, 189 (1)：241-248.

[42] 韩振邦，董永春，刘春燕，等. 改性 PAN 纤维与 Fe^{3+} 的配位反应及配合物的催化性能 [J]. 高等学校化学学报，2010，31（5）：986-993.

[43] 王志超，董永春，韩振邦，等. 改性 PAN 纤维铁配合物暗态催化偶氮染料降解反应 [J]. 纺织学报，2011，32（2）：88-95.

[44] 丁志忠. 丙烯酸接枝聚四氟乙烯纤维金属配合物催化纺织染料降解反应 [D]. 天津：天津工业大学，2014.

[45] 李冰，董永春，丁志忠，等. 改性聚四氟乙烯纤维与不同金属离子的配位反应动力学 [J]. 高分子材料科学与工程，2014，30（7）：85-89.

[46] LI B, DONG Y, DING Z. Recycling wool-dyeing effluents after renovation through photocatalysis with Cu-Fe bimetallic-grafted polytetrafluoroethylene fiber complex and H_2O_2 [J]. Fibers and Polymers. 2015, 16 (4)：794-801.

［47］丁志忠，董永春，李冰，等. 改性 PTFE 纤维金属配合物的制备及其光催化降解性能 ［J］. 物理化学学报，2012，29（1）：157-166.

［48］LI B，DONG Y，DING Z，et al. Renovation and reuse of reactive dyeing effluent by a novel heterogeneous fenton system based on metal modified PTFE fibrous catalyst/H_2O_2 ［J］. International Journal of Photoenergy，2013，2013（4）：1-10.

［49］李淼. 丙烯酸接枝聚丙烯纤维金属配合物的合成及其催化降解性能研究 ［D］. 天津：天津工业大学，2012.

［50］李淼，董永春，张未来，等. 铁改性丙纶无纺织物在偶氮染料降解中的应用 ［J］. 天津工业大学学报，2012，31（3）：40-43.

［51］DONG Y，WANG P，LI B. Fe complex immobilized on waste polypropylene fibers for fast degradation of Reactive Red 195 via enhanced activation of persulfate under LED visible irradiation ［J］. Journal of Cleaner Production，2019，208：1347-1356.

［52］刘广增. 不同结构多元羧酸铁改性棉织物的制备及其对偶氮染料氧化降解反应的催化作用 ［D］. 天津：天津工业大学，2018.

［53］LIU G，DONG Y，WANG P，et al. Activation of $Na_2S_2O_8$ for dye degradation by Fe complexes fixed on polycarboxylic acids modified waste cotton ［J］. Carbohydrate Polymers，2018（2）：103-110.

［54］PENG W，DONG Y，LIU G. Green and cost-effective carboxylic acid Fe complex functionalized cotton fabrics：sunlight-driven catalytic and antibacterial activities，mechanical and thermal properties ［J］. Cellulose，2018，25（6）3663-3678.

［55］LI B，DONG Y，LI L. Preparation and catalytic performance of Fe（Ⅲ）-citric acid-modified cotton fiber complex as a novel cellulose fiber–supported heterogeneous photo–Fenton catalyst ［J］. Cellulose，2015，22（2）：1295-1309.

［56］李冰，董永春. 海藻纤维与不同金属离子配位反应动力学的比较研究 ［J］. 功能材料，2014，45（18）：18083-18086.

［57］LI B，DONG Y，ZOU C，et al. Iron（Ⅲ）-Alginate Fiber Complex as a Highly Effective and Stable Heterogeneous Fenton Photocatalyst for Mineralization of Organic Dye ［J］. Industrial & Engineering Chemistry Research ［J］. 2014，53（11）：4199-4206.

［58］李冰，董永春. 不同含羧酸纤维与铁离子的配位反应动力学及配合物的催化降解性能 ［J］. 高等学校化学学报，2014，35（8）：1761-1770.

［59］崔桂新. 蛋白质纤维与金属离子的相互作用及其配合物对印染废水中有机染料的降解脱色技术研究 ［D］. 天津：天津工业大学，2018.

［60］李英超. 用于催化降解偶氮染料的蛋白质纤维铁配合物的制备与性能 ［D］. 天津：天津工业大学，2017.

［61］CUI G，DONG Y，LI Y，et al. Novel heterogeneous photocatalysts prepared with waste wool and Fe^{3+} or Cu^{2+} ions for degradation of CI Reactive Red 195: a comparative study [J]. Coloration Technology, 2017, 133 (3): 1-9.

[62] 董永春, 赵娟芝, 侯春燕, 等. 羊毛铁配合物催化剂的制备及其在酸性黑234氧化降解反应中的应用 [J]. 四川大学学报: 工程科学版, 2009, 41 (4): 125-131.

[63] 赵娟芝, 董永春, 侯春燕, 等. 羊毛纤维铁配合物存在下的偶氮染料氧化降解 [J]. 印染, 2009, 35 (12): 1-5.

[64] HAN Z, DONG Y, DONG S. Comparative study on the mechanical and thermal properties of two different modified PAN fibers and their Fe complexes [J]. Materials & Design, 2010, 31 (6): 2784-2789.

[65] HAN Y, DONG Y, DING Z, et al. Influence of polypropylene fibers on preparation and performance of Fe-modified PAN/PP blended yarns and their knitted fabrics [J]. Textile Research Journal, 2013, 83 (3): 219-228.

[66] 韩玉洁. 纺织品环境催化材料的制备与应用 [D]. 天津: 天津工业大学, 2012.

[67] 李甫. PAN 纳米纤维金属配合物的优化制备及其催化性能调控方法 [D]. 天津: 天津工业大学, 2017.

[68] 赵雪婷. PAN 纳米纤维膜铁配合物非均相 Fenton 反应催化剂的制备与应用 [D]. 天津: 天津工业大学, 2014.

[69] LI F, DONG Y, KANG W, et al. Enhanced removal of azo dye using modified PAN nanofibrous membrane Fe complexes with adsorption/visible-driven photocatalysis bifunctional roles [J]. Applied Surface Science, 2017, (404): 206-215.

[70] 赵雪婷, 董永春, 程博闻, 等. 改性 PAN 纳米纤维铁配合物的制备及其催化降解染料性能的比较研究 [J]. 功能材料, 2014, 45 (3): 03121-03125.

[71] 李甫, 董永春, 程博闻, 等. 混合改性 PAN 纳米纤维铁配合物的吸附-催化双功能在有机染料去除中的应用 [J]. 高等学校化学学报, 2017, 39 (1): 115-123.

[72] 陈文兴, 陈世良, 吕慎水, 等. 负载型酞菁催化剂的制备及其光催化氧化苯酚 [J]. 中国科学: 化学: 中文版, 2007, 37 (4): 369-373.

[73] 何翠霞. 聚酯纳米纤维负载铁酞菁催化降解抗生素的研究 [D]. 杭州: 浙江理工大学, 2016.

[74] 竺哲欣. 聚合物纳米纤维负载金属酞菁催化降解有机污染物的研究 [D]. 杭州: 浙江理工大学, 2018.

[75] 李艳丽, 吕汪洋, 郭桥生, 等. 活性碳纤维负载铁酞菁催化降解 4-硝基苯酚 [J]. 功能材料, 2010, 41 (A02): 246-249.

[76] 张璐. Ag_3PO_4/TiO_2 负载功能织物的制备及其对有机污染物的降解 [D]. 杭州: 浙江理工大学, 2018.

[77] 崔冰莹. 负载型磷酸银光催化剂的制备及处理染料废水性能研究 [D]. 常州: 常州大

学，2013.

［78］李银莹．铁基金属有机框架非均相类 Fenton 催化剂降解染料研究［D］．重庆：西南大学，2015.

［79］赖冬志．氧化亚铜/聚丙烯腈纳米纤维催化降解染料［D］．杭州：浙江理工大学，2015.

［80］王元前，刘琳，姚菊明．溶剂热法制备碳纳米纤维负载 Cu_2O 光催化材料［J］．浙江理工大学学报，2013，30（2）：139-143.

［81］王彪．活性炭纤维织构体表面复合 Cu_2O 的制备及其性能研究［D］．杭州：浙江理工大学，2017.

［82］DONG Y，BIAN L，WANG P. Accelerated degradation of polyvinyl alcohol via a novel and cost effective heterogeneous system based on $Na_2S_2O_8$ activated by Fe complex functionalized waste PAN fiber and visible LED irradiation［J］. Chemical Engineering Journal，2019，358：1489-1498.

［83］DONG Y，HAN Z，DONG S，et al. Enhanced catalytic activity of Fe bimetallic modified PAN fiber complexes prepared with different assisted metal ions for degradation of organic dye［J］. Catalysis Today，2011，175（1）：299-309.

［84］董永春，杜芳，韩振邦．改性 PAN 纤维与铁离子的配位结构及其对染料降解的催化作用［J］．物理化学学报，2008（11）：2114-2121.

［85］董永春，杜芳，马汉晓，等．铁改性聚丙烯腈纤维光催化剂的制备及其对活性红 MS 的降解［J］．过程工程学报，2008，8（2）：359-365.

［86］DONG Y，LI F，ZHAO X，et al. Effect of fibre diameter on fabrication of modified PAN nanofibrous membranes and catalytic performance of their Fe complexes for dye degradation［J］. Journal of Industrial Textile，2018，48（1）：146-161.

［87］李冰，董永春，丁志忠，等．铁改性 PTFE 纤维催化剂在偶氮染料氧化降解反应的应用［J］．太阳能学报，2013，34（11）：1957-1963.

［88］LI B，DONG Y，DING Z. Photoassisted degradation of CI Reactive Red 195 using an Fe（Ⅲ）-grafted polytetrafluoroethylene fibre complex as a novel heterogeneous Fenton catalyst over a wide pH range［J］. Coloration Technology，2013，129（6）：403-411.

［89］赵雪婷，董永春，程博闻．不同直径改性 PAN 纳米纤维膜与 Fe^{3+} 的配位反应及其配合物对有机染料降解的催化性能［J］．物理化学学报，2013，29（12）：2513-2522.

［90］庄晓虹．室内空气污染分析及典型污染物的释放规律研究［D］．沈阳：东北大学，2010.

［91］DONG Y，BAI Z，LIU R，et al. Preparation of fibrous TiO_2 photocatalyst and its optimization towards the decomposition of indoor ammonia under illumination［J］. Catalysis today，2007，126（3-4）：320-327.

［92］DONG Y，BAI Z，ZHANG L，et al. Finishing of cotton fabrics with aqueous nano-titanium dioxide dispersion and the decomposition of gaseous ammonia by ultraviolet irradiation [J]. Journal of Applied Polymer Science, 2006, 99 (1): 286-291.

[93] 董永春, 白志鹏, 刘瑞华, 等. 负载织物对纳米 TiO_2 光催化剂净化氨气性能的影响 [J]. 过程工程学报, 2006, 6 (1): 108-113.

[94] 吕慎水, 陈文兴, 潘勇, 等. 金属酞菁负载纤维对空气中含硫化合物的催化氧化 [J]. 功能材料, 2006, 37 (7): 1098-1101.

[95] 吕素芳, 邱化玉, 蒋剑雄, 等. 负载新型酞菁纤维素纤维的制备及催化氧化性能 [J]. 高分子材料科学与工程, 2007, 23 (6): 224-227.

[96] LIU Z, FANG P, WANG S, et al. Photocatalytic degradation of gaseous benzene with CdS-sensitized TiO_2 film coated on fiberglass cloth [J]. Journal of Molecular Catalysis A: Chemical, 2012, 363-364: 159-165.

[97] PENG W, DONG Y, BING L, et al. A sustainable and cost effective surface functionalization of cotton fabric using TiO_2 hydrosol produced in a pilot scale: Condition optimization, sunlight-driven photocatalytic activity and practical applications [J]. Industrial Crops & Products, 2018, 123: 197-207.

[98] 田明俊. 二氧化钛纤维/活性碳多孔材料的制备及其用于光催化降解有机污染物 [D]. 上海: 上海师范大学, 2018.

[99] 李容. Ag_3PO_4/TiO_2 复合材料的制备及其降解甲醛的研究 [D]. 苏州: 苏州大学, 2017.

[100] 王与娟, 黄翔, 狄育慧. 多功能羊毛纤维滤料净化室内空气的探讨 [C]. 第七届功能性纺织品及纳米技术应用研讨会论文集. 杭州, 2007.

[101] 王与娟, 黄翔, 狄育慧. 羊毛在室内空气净化中的应用 [J]. 毛纺科技, 2007 (9): 35-38.

[102] 蔡伟民, 龙明策. 环境光催化材料与光催化净化技术 [M]. 上海: 上海交通大学出版社, 2011.

[103] 姚玉元. 催化纤维净化室内空气有机污染物的研究 [D]. 上海: 东华大学, 2008.

[104] 丁浩, 童忠良, 杜高翔, 等. 纳米抗菌技术 [M]. 北京: 化学工业出版社, 2008.

[105] 张崇森. 水环境中肠道病原体的 PCR 检测方法与健康风险评价研究 [D]. 西安: 西安建筑科技大学, 2008.

[106] 商成杰. 纺织品抗菌及防螨整理 [M]. 北京: 中国纺织出版社, 2009.

[107] 李全鹏. 空气微生物在纤维滤料上收集存活的研究 [D]. 天津: 天津大学, 2007.

[108] 董艳. 纳米光触媒抗菌织物的研究开发 [D]. 青岛: 青岛大学, 2007.

[109] 张立成, 傅金祥. 紫外线消毒工艺与应用概况 [J]. 中国给水排水, 2002, 18 (2): 38-40.

[110] 包春磊, 符新, 王韬. 光催化抗菌纤维的制备 [J]. 化工进展, 2010 (11):

2125-2129.

[111] 张菁, 刘峥, 简家成, 等. 载纳米 TiO_2 剑麻抗菌纤维的制备及其抗菌性能研究 [J]. 化工新型材料, 2014, 42 (11): 63-66.

[112] MIHAILOVIĆ D, ŠAPONJIĆ Z, RADOICIĆ M, et al. Functionalization of polyester fabrics with alginates and TiO_2 nanoparticles [J]. Carbohydrate Polymers, 2010, 79 (3): 526-532.

[113] 毕松梅, 鲍进跃, 赵华俊. PET 织物的纳米 TiO_2 同浴染色整理 [J]. 纺织学报, 2009, 30 (3): 67-71.

[114] 吕晓凯, 万玉芹, 王鸿博, 等. 纳米复合纤维的制备和光催化降解及抑菌性能 [J]. 化工新型材料, 2013 (11): 85-88.

[115] 陈颖. 微波-超声波法制备 ZnO/棉布纳米复合材料及其自清洁性能研究 [D]. 武汉: 武汉工程大学, 2016.

[116] 蒋雷. 聚酰胺载银纳米二氧化钛抗菌纤维制备 [D]. 长沙: 中南大学, 2012.

[117] 郭凤芝, 黄玉丽, 丛琳. 用壳聚糖/纳米 TiO_2 对毛针织物进行功能性整理 [J]. 毛纺科技, 2008 (3): 13-16.

[118] 张慧书, 刘守新. TiO_2 光催化杀菌机理及应用研究进展 [J]. 科学技术与工程, 2009 (17): 5049-5056.

[119] PODPORSKA-CARROLL J, PANAITESCU E, QUILTY B, et al. Antimicrobial properties of highly efficient photocatalytic TiO_2 nanotubes [J]. Applied Catalysis B: Environmental, 2015 (176): 70-75.

[120] 王海云. 纳米载银二氧化钛整理棉织物的工艺及其抗菌性能研究 [D]. 苏州: 苏州大学, 2009.

[121] 刘鹏. 纳米 ZnO 的制备及其抗菌性能研究 [D]. 贵阳: 贵州大学, 2008.

[122] 徐延龙, 梁子辉, 李静. TiO_2 超亲水自清洁涂层的研究进展 [J]. 胶体与聚合物, 2018 (1): 37-39.

[123] 刘萍, 林益军, 艾陈祥, 等. 自清洁表面研究进展 [J]. 涂料工业, 2016, 46 (5): 76-80.

[124] 周树学, 杨玲. 二氧化钛自清洁涂层的研究现状与评述 [J]. 电镀与涂饰, 2013, 32 (1): 57-62.

[125] 郑建勇, 钟明强, 冯杰. 基于超亲水原理的自清洁表面研究进展及产业化状况 [J]. 材料导报, 2009 (11S): 42-44.

[126] 李志强. 纳米 TiO_2 水溶胶整理织物自清洁性能的定量化评价与研究 [D]. 天津: 天津工业大学, 2018.

[127] 陈震雷. 基于浸染工艺的纳米 TiO_2 负载涤纶织物的制备及性能研究 [D]. 天津: 天津工业大学, 2017.

[128] 董永春，李志强，李冰，等. 纳米 TiO_2 水溶胶整理涤纶织物的自清洁性能的定量化研究 [J]. 天津工业大学学报，2018，37 (4)：33-38.

[129] 贾国强，霍瑞亭，李文君. 光催化自清洁涂层纺织品的制备 [J]. 纺织学报，2017，38 (5)：93-97.

[130] MONTAZER M, PAKDEL E. Self-cleaning and color reduction in wool fabric by nano titanium dioxide [J]. The Journal of The Textile Institute，2011，102 (4)：343-352.

[131] LI Z, DONG Y, LI B, et al. Creation of self-cleaning polyester fabric with TiO_2 nanoparticles via a simple exhaustion process：Conditions optimization and stain decomposition pathway [J]. Materials & Design，2018 (140)：366-375.

[132] 孙颖. 纺织纤维生物降解性及降解生态性的表征 [D]. 上海：东华大学，2013.

[133] 巩继贤. DTP 高效降解菌的特性研究及对 PET 纤维的降解初探 [D]. 天津：天津工业大学，2004.

[134] 侯甲子，张万喜，李莉莉，等. 纤维素纤维材料几种降解方法的研究 [J]. 高分子学报，2013 (1)：30-35.

[135] 张健飞. 对苯二甲酸二乙酯（DTP）及聚酯（PET）纤维生物降解性研究 [D]. 天津：天津工业大学，2003.

[136] 王燕，康现江，穆淑梅. 纳米二氧化钛的毒理学研究进展 [J]. 中国药理学与毒理学杂志，2008，22 (1)：77-80.

[137] 习彦花，田莉瑛，钟金梅，等. 纳米 TiO_2 光催化机理及其毒理学研究进展 [J]. 应用化工，2009 (2)：273-281.

[138] 张智，杨浩，郭衡，等. 纳米 TiO_2 的健康风险与环境毒性研究进展 [J]. 环境科学与管理，2017 (3)：52-56.

[139] 张金洋，宋文华. 纳米氧化锌的健康危害与生态安全性研究进展 [J]. 生态毒理学报，2010，5 (4)：457-468.

[140] BISHOP G M, ROBINSON S R. Quantitative analysis of cell death and ferritin expression in response to cortical iron：implications for hypoxia-ischemia and stroke [J]. Brain Research，2001，907 (1)：175-187.

[141] PONNAMPERUMA F N, BRADFIELD R, PEECH M. Physiological Disease of Rice attributable to Iron Toxicity [J]. Nature，1955，175 (4449)：265-265.

[142] 向华，于晓英. 铜污染对水体-水生植物的毒害效应研究进展 [J]. 湖南农业科学，2009 (11)：54-56.

[143] 金姝兰，黄益宗. 土壤中稀土元素的生态毒性研究进展 [J]. 生态毒理学报，2014，9 (2)：213-223.

[144] 施时迪，白义，马勇军. 重金属污染对土壤动物的毒性效应研究进展 [J]. 中国农学通报，2010 (14)：288-293.

[145] 罗雪梅, 周瑞明. 酞菁类化合物的生理活性和毒性 [J]. 染料与染色, 1998 (4): 8-10.

[146] 韩振邦. 改性 PAN 纤维铁配合物的制备及其对有机染料降解的催化作用 [D]. 天津: 天津工业大学, 2011.

[147] 赵娟芝. 改性 PAN 纤维金属配合物催化剂使用稳定性的研究 [D]. 天津: 天津工业大学, 2010.

[148] CUI G, XIN Y, JIANG X, et al. Safety profile of TiO_2-based photocatalytic nanofabrics for indoor formaldehyde degradation [J]. International journal of molecular sciences, 2015 (11): 27721-27729.

[149] 李斯琦. 类沸石咪唑酯骨架材料 (ZIF-8) 的载体构建及其毒性研究 [D]. 长沙: 湖南大学, 2017.